机载 PHM 系统传感器优化配置方法及应用

李颖晖　朱喜华　袁国强　李　勐　著

国防科技大学出版社
·长沙·

图书在版编目（CIP）数据

机载 PHM 系统传感器优化配置方法及应用/李颖晖等著．—长沙：国防科技大学出版社，2018.12

ISBN 978－7－5673－0535－9

Ⅰ.①机…　Ⅱ.①李…　Ⅲ.①机载设备—传感器—优化配置—研究
Ⅳ.①V217

中国版本图书馆 CIP 数据核字（2018）第 237734 号

国防科技大学出版社出版发行
电话：(0731)84572640　邮政编码：410073
责任编辑：罗 燕　　责任校对：袁 媛
新华书店总店北京发行所经销
国防科技大学印刷厂印装

*

开本：710×1000　1/16　印张：12.5　字数：242 千
2018 年 12 月第 1 版第 1 次印刷　印数：1－800 册
ISBN 978－7－5673－0535－9
定价：35.00 元

前　言

随着科学技术的突飞猛进，航空航天、工业应用和国防等各领域中大型复杂系统的性能不断提高，其复杂度和集成度也越来越高，维修保障问题日益突出，传统的事前保障及事后保障模式已不能满足现代故障诊断任务的需求，系统的可靠性及维修保障等问题越来越受到各国科研及工程技术人员的重视。在这一背景需求下，从可靠性、安全性和经济性等方面考虑，一种综合的故障检测、诊断、隔离、预测及健康管理技术——故障预测与健康管理（Prognostics and Health Management，PHM）应运而生并不断发展，在航空航天和国防等领域逐步得到应用和发展，并显露出巨大的发展潜力和应用前景。

故障检测、诊断和预测等 PHM 系统功能的实现依赖于各种先进的算法和传感器所采集到的状态参数，合理的传感器选择、布局、安装和优化对信息的准确获取起着决定性作用，而且故障诊断和预测等性能在很大程度上也取决于算法运行所用数据的全面性和准确性，即与系统所安装传感器的类型、数量和位置密切相关。因此，一个高效的 PHM 系统不仅需要成熟先进的故障诊断及预测等各种算法，而且需要一个相应的优化的传感器配置。然而通过查阅文献发现，人们对 PHM 技术的研究基本都是默认传感器已经配置好且是最优状态，而把关注重点放在如何提高故障诊断和故障预测等各种算法的性能及其性能的改进上，传感器优化配置这一基础性问题却没有得到应有的重视。目前，以故障诊断为目的的传感器选择/配置研究，大多是定性分析，没有做具体深入的定量研究，不能为用于故障诊断的传感器优化配置提供系统的理论指导。此外，目前用于故障诊断的传感器优化配置只是作为一个开环问题来研究，没有把故障诊断及预测性能进行反馈构成闭环，以改进或验证传感器优化配置的效果。

机载系统包含众多的子系统，故障模式众多且相互影响，要对其应用PHM 技术就需要安装数量庞大的传感器监控系统的各类参数，然而由于经济、技术和空间限制等原因，并非所有的参数都能安装传感器进行测量，而且传感器的可靠性也不能保证，因而传感器能否最优地配置对 PHM 系统功能的有效实现具有至关重要的作用。测量变量选择不同，获得信息的充分程度可能完全不一样，从理论上讲，传感器数量越多所获取的系统状态信息就越完整，故障诊断效果也会越好，然而随着传感器数量的增加，系统所需相应设备也会增加，大大增加系统的复杂性并降低其可靠性，而传感器数目冗余和测试点选择不当会对系统自身的性能产生一定的负面影响。因此，在满足系统测试性和诊断性等指标要求的条件下，研究机载 PHM 系统传感器优化配置的理论和方法，选择给系统最关键的参数配置合适数量的传感器以对其运行状况进行监测，是PHM 系统的一项关键技术，对其进行系统深入的研究具有十分重要的理论意义及工程实用价值。

本书从定性描述和定量计算两个方面全面阐述了 PHM 系统传感器优化配置的相关理论和方法，包括 PHM 系统的传感器选择方法、PHM 系统传感器配置的建模及求解算法、基于传感器优化配置的故障诊断，传感器自身故障的诊断，传感器优化配置在机载 EHA 系统中的应用，以及机电作动系统的故障诊断、故障预测和健康状态评估等内容，基本涵盖了 PHM 领域相关的内容，可为从事 PHM 相关工作的广大教学科研人员、科技工作者和相关工程技术人员提供有益的参考和借鉴。

尽管作者力求使本书能更好地满足读者的要求，但因内容涉及面宽，作者知识水平受限，缺点和错误之处在所难免，敬请广大读者批评指正。

作 者

目 录

第四章　基于传感器优化配置及非线性观测器的故障诊断

第五章　基于自适应 KPCA 的传感器故障诊断

第一章 绪论

§1.1 PHM的内涵、功能和关键技术

§1.1.1 PHM的内涵和功能

PHM是指利用尽可能少的传感器采集系统各种必要的状态信息(如温度、压力、流量、湿度、电压和电流等),借助各种先进算法(傅里叶变换、小波分析、D-S证据理论等)和智能模型(神经网络、模糊逻辑和专家系统等)来对系统的健康状况进行监控、预测和管理,是机内测试(BIT)能力和状态监控技术的进一步延伸和拓展。PHM是一种综合的故障检测、隔离、预测和健康管理的技术,它的引入不仅仅是为了消除故障,更是为了了解和预测何时可能发生故障,使得人们在系统尚未发生完全故障之前就能依据系统当前的健康状况决定何时维修,从而实现自主式保障、降低使用和保障费用等目标[1]。

PHM代表的是一种方法的转变,即从传统的基于传感器的诊断转向基于智能系统的预测,从反应式的通信转向在准确时间对准确部位进行准确维修的先导式活动;也代表一种维护策略和概念的转变,实现了从传统基于传感器的诊断向基于智能系统的预测的转变,从而为在准确的时间对准确的部位进行准确而主动的维护活动提供技术基础[2]。PHM在不同领域中的应用技术和方法不尽相同,但其基本思想是类似的,视情维修的开放体系结构(Open System Architecture for Condition-Based Maintenance, OSA-CBM)综合了这些PHM系统共同的设计思想、应用技术和方法,如图1.1所示。

PHM技术是在系统有异常征兆而其工作状态仍然处于可以接受的工作范围内时,判断未来某时刻故障是否发生。它除了判断有无故障以外,还要判断故障的类型,以便事先采取合理的补救措施预防系统的完全故障。因此PHM还包含故障定位和隔离以及故障诊断等内容。PHM研究的对象是故障发生的征兆,因此要求对微小的故障信息有足够的分辨灵敏度,能检测和识别出系统的早期故障。同时,它所研究的故障征兆幅值一般都很小,容易混杂在系统的噪声中,

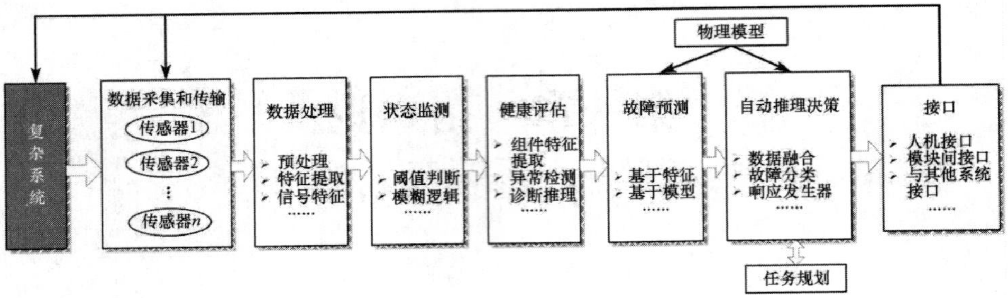

图 1.1　视情维修的开放体系结构

因此它相比故障检测对鲁棒性的要求也更高。

PHM 采用开放系统结构，其核心是利用先进传感器的集成，借助各种算法（如快速傅里叶变换、离散傅里叶变换等）和智能模型（如专家系统、神经网络、模糊逻辑等）来预测、监控和管理系统的健康状况，是机内测试能力（BIT）和状态监控技术的进一步拓展[3-6]。PHM 主要由数据预处理和实时状态监测、健康管理、状态预测、模块级故障诊断、元件级故障诊断、人机接口等组成。新一代飞机的 PHM 系统主要分为机载实时诊断与预测、飞机状态报告和记录、地面诊断及自主式后勤三个部分，如图 1.2 所示。以飞机为例，通常情况其 PHM 系统应具有以下功能[7]。

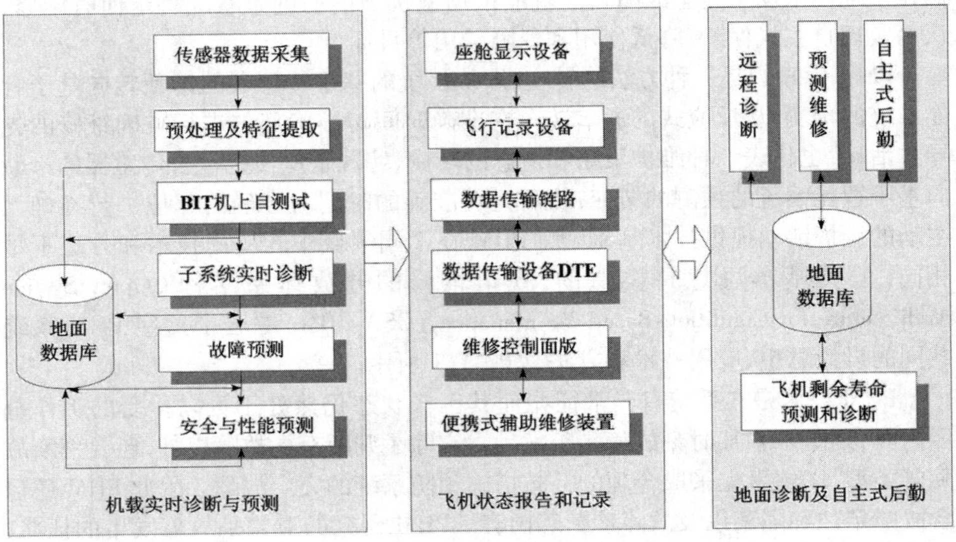

图 1.2　新一代飞机的 PHM 体系结构

(1)子系统实时状态监测与诊断

通过传感器对飞机系统中的部件、子系统的状态进行实时采集,实现系统的故障机上自测试和诊断。

(2)系统实时故障诊断

通过系统模型、推理、相关和信息融合在 BIT 结果的基础上进行进一步诊断,增强子系统和系统的诊断能力。将故障定位到外场可更换模块,给出模块的故障情况(正常、故障、可疑、未知),并根据系统情况实现系统重构。

(3)故障预测

故障预测的目的是尽可能早地检测系统发生的状态变化,实现诊断和预测,防止故障的升级,保证系统的安全性。

故障发展的时间特性分为三个阶段:第一阶段表现为元部件性能发生变化,出现早期故障特征;第二阶段发展为系统、部件或子部件故障;第三阶段发展为系统部件的二次损伤导致灾难性故障。要实现故障的预测预报,在第一阶段需要用先进的传感器和检测技术检测早期的初始故障;在第二阶段需要进行诊断和预测,了解故障发展的速率特性;在第三阶段需要有效的基于物理的和统计的剩余寿命预测模型,以及确定故障对系统影响的模型。

(4)飞行安全和系统性能预测

根据飞机系统实时故障诊断和预测结果,对飞行安全和系统性能进行预测,并及时向飞行员提供显示和报警信息,辅助飞行员决策。

(5)数据传输链路

为了将机载状态实时监测、诊断和预测信息及时反馈给地面远程诊断和维修保证系统,需要解决空中和地面之间的数据传输问题,同时需要解决其信息传输的保密性问题。

(6)地面远程故障诊断

以机载实时诊断和预测结果为基础,同时结合维修信息和专家知识等,实现融合诊断,对空中诊断结果中的未知故障和可疑模块进行进一步诊断,为维修和保障系统提供信息。

(7)预测维修

根据实时诊断和预测结果以及地面远程诊断结果,安排维修计划。预测维修就是根据对飞机系统的故障诊断和预测结果信息、维修历史信息、维修过程信息以及任务规划信息的综合情况,进行维修需求预测,做出维修计划安排,包括维修过程所需的零部件、人员、设备以及维修技术等。其中,对飞机系统所进行的实时和远程故障诊断及故障预测是基础,预测模型和方法是关键。

(8)自主式后勤

根据实时诊断、预测结果、地面远程诊断结果和维修计划来预测保障需求，如备件需求、库存预测、订单预测等。

(9)综合诊断数据库

综合诊断数据库用来对 BIT 信息、系统实时诊断结果信息、故障预测信息、远程诊断结果信息、维修信息、后勤保障信息以及系统的模型信息、地面测试信息、飞行员反馈信息、系统设计信息等进行管理。为包括空中诊断、地面诊断、维修、保障等在内的综合故障诊断过程的所有环节提供信息共享。

(10)交互式辅助维修及训练

在综合诊断数据库信息的基础上,实现交互式辅助维修和维修过程的技术培训,可进行维修过程的指导和信息记录,以及模拟真实故障及其维修过程,进行维修人员的自适应训练。

§1.1.2　PHM 的关键技术

PHM 的关键技术主要包括以下几个方面[8]。

(1) 先进的传感器和嵌入式测试诊断技术

PHM 要求传感器体积小、重量轻,能够适应复杂的工作环境,有良好的抗电磁干扰能力等。例如光纤传感器、无线传感器等就属于常用的先进测试传感器。这些传感器的性能比传统传感器更为优越,从而为 PHM 功能的实现提供更为准确的数据。嵌入式系统是一种软硬件可以裁减的特殊计算机系统,用于实现测试、控制和管理等,能够对设备的状况进行监测,并具有检测、诊断和隔离故障的能力。为更好地将嵌入式系统应用于 PHM 技术之中,在装备研制初期就要充分考虑其可测试性设计[9]。

(2) 预测技术

预测是指对故障的征兆进行检测和监控,并对设备的剩余使用寿命进行不间断地预计。当被监控对象可能出现早期故障、微小故障,或系统性能逐渐降级到不能完成其功能时,设计预测系统来检测被监控对象出现的早期故障、微小故障或系统的性能降级,并及时采取措施进行处理。

(3) 信息融合技术

信息融合是为获得更准确的推论结果而采取的协作或竞争方式,其最终目的是为了提高故障预测推理和健康评估的准确性,并确定推理结果的置信度,一般分为三个层次的数据融合:第一层次是直接根据传感器采集到的数据进行融合以提取特征信息;第二层次是将提取到的特征信息作进一步融合,提取出可用于故障诊断的信息;最高层次信息融合是将基于经验的信息(如历史故障率)与基于信号的信息进行融合。

(4)数据仓库和数据挖掘技术

数据仓库用于存储海量信息,可对有用信息进行分类和提取,从而为具体的应用提供决策支持,数据挖掘技术则是用于从海量数据中自动地提取变化、关联、模式和有意义的结构,其改善模型可应用于 PHM 中。

(5)接口技术

PHM 技术的广泛应用是系统或设备研发的必然趋势,即使在同一个系统或设备的内部也可能会出现不同级别的 PHM 系统。这就要求 PHM 系统的体系结构是开放性的,即具有“即插即用”的功能,既可以对其进行不断的更新或加入新的模块,又可以与其他系统进行信息交换或集成。PHM 系统的接口技术包括以下几个方面[10]:PHM 系统内部不同的模块之间,各子模块与 PHM 系统之间,部件级 PHM 与系统级 PHM 之间,PHM 系统与其他计划、库存、决策支持以及维修系统的接口之间,人-机接口等。

(6)智能推理与决策支持技术

PHM 系统的终极目的是实现“管理”,结合各种可利用的资源,根据故障预测和健康评估的结果,为操作人员提供有关维修保障决策的信息,最终实现系统的视情维修。为此,就要建立 PHM 系统的维修保障决策支持系统,并基于该系统对维修资源进行统一调配,自动生成维修决策信息等。建立决策支持系统的主要技术有仿真技术、专家系统和多 Agent 技术等[9]。

(7)传感器优化配置技术

PHM 是一门包含故障诊断、预测和健康管理的综合技术,而故障诊断、预测等功能的实现不仅依赖于各种先进的算法,也离不开传感器所采集的状态参数。参数的全面性和准确性对于 PHM 系统功能的实现具有重要的影响,合理的传感器选择和配置对信息的准确获取起着决定性作用。安装的传感器数量越多,获得的系统状态信息越详尽,但过多的传感器反而会增加系统的复杂性,并降低其可靠性。如何给系统最关键的变量(参数)配置合适数量的传感器是一个复杂的系统性问题,是 PHM 系统的关键技术之一,也是本书的主要研究内容。

§1.2 PHM 的研究现状和发展趋势

§1.2.1 PHM 的研究现状

航天领域是 PHM 的发源地，早在 20 世纪 70 年代，美国就提出了航天器综合健康管理（Integrated Vehicle Health Management, IVHM）的概念。美国军方于 1998 年首次提出 PHM 技术的概念，它要求能够预测系统的故障并对系统的健康状况进行管理，首先应用在陆军装备的直升机上。目前，在美国、英国、新加坡和以色列等国的直升机上已广泛应用了 PHM 技术，并演变成健康与使用监控系统（Health and Usage Monitoring System, HUMS）的集成应用平台。美国国防部门和各军种先后开发出飞机状态监测系统（Aircraft Condition Monitoring System, ACMS）、综合诊断预测系统（Integrated Diagnosistics and Prognostics System, IDPS）、发动机监测系统（Engine Monitoring System, EMS）和海军的综合状态评估系统（Integrated Condition Assesment System, ICAS）等大量使用 PHM 技术的系统[9]。其中，美军 F－35 JSF 上的 PHM 系统是最高水平的应用，代表了基于状态的维修（Condition-Based Maintenance, CBM）应用的最高水平。目前，PHM 技术已成为美国国防部武器采购的一项基本要求。

在民航飞机、桥梁、汽车和核电站等民用领域 PHM 也获得了广泛的应用，名副其实地成为一种军民两用技术，在民用航空领域 PHM 的应用尤为突出。据波音公司初步估计，使用飞机状态管理（Aircraft Health Management, AHM）系统可使航空公司节省约 25% 因航班延误或取消而导致的费用，并提高飞行安全和航班运营效率[11]。美国国家航空航天局（NASA）兰利研究中心与美国航空无线电通信公司（ARINC）开展合作，开发了飞机状态分析与管理系统（Aircraft Condition Analysis and Management System, ACAMS），该系统在 NASA 的 B757 飞机上进行了飞行试验，并已申请美国专利。

近年来，与 PHM 技术相关的学术交流活动也非常活跃，Honeywell、Impact Technologies 等国际知名企业都相继开展了 PHM 理论、技术、软件以及应用方面的研究。国际宇航“综合系统健康工程和管理”（航天领域的 PHM）被 NASA 作为一门新的学科推出；美国圣地亚国家实验室与美国国防部、能源部和学术界等单位合作，建立了预测与健康管理创优中心，用于支持 PHM 技术的开发、试验及确认；马里兰大学成立了预测与健康管理联合会，致力于电子预测与管理方法的研究和培训；美国、欧洲和日本也相继召开关于电子预测技术的 PHM 研讨会；

IEEE Reliability Society、IEEE Aerospace and Electronic System Society 以及其他 PHM 协会、组织等每年都定期召开国际会议、技术讨论会或专项技术交流会，积极探索和推动 PHM 技术的发展[12]。

国内在 PHM 方面也开展了较为广泛的研究工作，其中北航可靠性工程研究所的工作开展得较早，但由于起步较晚，加上国外对该技术进行了严密的封锁等原因，国内的研究缺乏系统、深层次的规划和探索，与我国新一代飞机研制的迫切需求还相差较远。PHM 研究主要集中在航空航天、船舶和兵器等复杂高技术装备领域，以高校和研究院所为主体，主要集中于体系结构、关键技术、智能诊断和预测算法，以及测试性和诊断性等方面的研究。虽然在三代机的设计中进行了积极的尝试，但是总体的应用研究规模和水平仍然相对落后，各机构的研究能力和水平参差不齐，行业或技术领域专业研究组织薄弱[12]。可以说，国内 PHM 的研究目前仍处于起步和探索阶段。

§1.2.2 PHM 的发展趋势

PHM 技术的发展经历了故障诊断、故障预测、系统集成三个日益完善的阶段。当前，PHM 技术的发展体现在以系统级集成应用为牵引，提高故障诊断与预测的精度，扩展健康监控的应用对象范围，以及支持基于状态的维修（CBM）和自助式保障（AL）的发展[13]。

在 PHM 系统集成应用方面，主要体现在以下几个方面：采用并行工程的原则，与被监控对象同步进行 PHM 的框架和细节设计；定量地对 PHM 的性能进行评价与验证；针对故障预测的不确定性，进行风险 - 收益分析，实现容忍不确定性的保障决策。在提高故障诊断与预测精度方面，主要体现在：研究混合故障预测算法和智能数据融合技术，加强经验数据与故障注入数据的积累，提高诊断与预测的置信度，不断寻求高信噪比的健康监控途径；研究灵巧、鲁棒性强的先进传感器和传感器布局，提高数据源阶段的精度。在扩展应用对象范围方面，主要体现在：向电子产品故障预测的扩展，即与故障预测技术相结合，提升 BIT 能力，减少不能复现（CND）故障，降低虚警率（FA）；实现寿命消耗监控（LCM）不确定性的定量评价，并与故障征兆技术相结合，提高寿命消耗监控的置信度等。

随着 PHM 技术在军事和民用领域的广泛应用，世界各国对 PHM 技术的兴趣日渐浓厚。PHM 成为国外新一代先进飞机研制和实现自主式保障的一项核心技术，是 21 世纪提高复杂系统可靠性、维修性、测试性、保障性、安全性和降低寿命周期费用的一项非常有前途的军民两用技术。

§1.3 传感器优化配置的研究现状

传感器最优配置问题的研究最早出现在20世纪70年代,主要集中在控制领域,用于确定可控/被控变量以达到系统的控制目标,以及状态估计、数据调和、可靠性分析等[14],其最终目的是为系统的控制提供充足的信息。可控变量的选择主要根据系统的要求确定[15],具体包括:①非自我调节变量;②涉及环境和设备安全的关键变量;③表征系统性能的关键变量;④与其他可控变量关系密切;⑤有明显的静态和动态特性。Lambert 最早研究了传感器的最优配置问题[16],根据故障树分析方法确定最优的传感器安装位置。文献[17]研究了流程网络的传感器网络设计问题,通过图论的方法确保重要变量的可观测性。Madron 利用生成树(Spanning Tree)的方法获得使线性系统成本最低、测量精度最大的传感器配置,通过 Gauss-Jordan 消除法寻找需要测量的最少变量数,在确保系统可观测性的同时使传感器成本最小化,并通过校验生成树到初始结构的距离得到次优解[18]。文献[19]提出了一种改进的生成树算法,在提高搜索效率的同时得到问题的最优解。Giraud 等研究了过程数据融合、移动机器人视觉系统等自动任务系统的传感器优选问题[20]。文献[21]研究了反馈控制的传感器优化配置问题。Al-Shehabi 和 Newman 根据跟轨迹原理研究了传感器的最优位置,并将其用于航空飞行器的反馈控制[22]。Chen 和 Li 研究了机器人侦查视觉导航的传感器优化配置技术[23]。NASA 航行器变体项目计划中的部分内容就是确定主动控制部件(如压电作动器)的最优数量及其布置问题。在该项目中,Padula 和 Kincaid 对以往传感器/作动器的优化配置问题进行了回顾,总结了不同应用领域中传感器/作动器优化配置的研究情况[24]。

在目标跟踪、故障检测和可靠性分析等领域也有传感器最优配置的研究。这些研究主要用于系统的故障检测和诊断,其目标是寻找满足系统的故障检测和诊断性能的传感器组,要求对系统各部件发生的故障都具有检测能力,并能准确识别所发生的故障类型而不发生误判。文献[25]基于对变量冗余度和系统模型的结构分析,以确保传感器的故障检测和隔离为目标,用周期矩阵分析和混合整数规划的方法求解传感器的优化配置问题。Bagajewicz 等对用于故障检测和隔离(Fault Detection and Isolation, FDI)的传感器配置研究情况进行了回顾和总结,指出基于模型的 FDI 仍然是一个开放性的问题[26],之后相继有学者在该领域做了不少的研究工作[31-37]。文献[32]提出了一种基于传感器递增策略的配置方法,该方法从结构角度分析系统的物理模型,并且考虑了系统的故障诊断性能。然而结构分析方法是建立在解析冗余关系（Analytical Redundancy Relations，ARRs）的基础上，这就要求预先求得给定传感器组的所有ARRs，但至今也没有一种方法能确保得到系统所有可能的ARRs[33]。文献[34]提出了一种新的考虑故障诊断性能的传感器配置方法，该方法能处理任意数量的线性或非线性方程，并且不需要设计系统的解析冗余关系。此外，E. Frisk[35]也研究了不需要设计系统的解析冗余关系的方法。文献[36]基于结构模型分析和Dulmage-Mendelsohn分解理论，研究了一种考虑故障诊断性能指标的传感器优化配置方法。该方法能广泛应用于各种系统，如线性系统、代数方程系统和动态系统等。文献[37]研究了基于无线电频率的无线传感器网络的故障预测及健康管理问题，并在某军事设备的遥控车上进行了应用和验证。

从PHM的角度来看，传感器优化配置的目的是在系统众多的变量中确定某些富含故障信息的关键变量进行测量，使系统所有可能的故障都能被有效检测和诊断。在建模过程中需考虑故障分辨性、可靠性、成本、漏检率和虚警率等指标。NASA自2005年就着手研究飞机发动机健康管理系统的传感器优化配置问题，并提出了著名的系统传感器优选策略[38-41]。Cheng S等对PHM系统的传感器优选技术进行了研究[42-44]，并指出了传感器系统选择策略的发展趋势。纵观以往各领域的传感器优化配置研究，基本都是围绕以下三个方面从部件级和系统级两个层面进行[45]：系统建模，满足系统设计要求的合理的优化指标，先进有效的优化算法。通常被监测系统一般是包含众多部件的大型系统，故障发生后可能会在不同的部件之间传播，在这些部件上安装传感器就能检测到故障的发生。对于一个含有成百上千个测量变量的复杂系统，在确定部件级传感器分布之前，应该从系统级水平上确定最优的传感器选型、安装位置以及数量。

1. 系统建模

系统的建模方法有很多种，其中物理模型和解析模型是最常用的方法，一般是根据系统的基本工作原理获得，适合做定性和定量分析。然而，建立系统的物理模型需要对系统进行简化和假设，这对于含有高度动态非线性的实际系统是不能准确描述其动态行为的，因而限制了此类方法的应用。数据驱动模型是一个“黑匣子”模型，需要大量的训练数据，很多智能方法可以作为建模工具，例如神经网络、机器学习、模式识别和互信息等。理论上，如果给定足够的训练数据，神经网络等智能算法可以很好地对实际系统进行模拟。因果分析方法，例如图论、Petri网、故障树等，因其描述简单而被广泛用作传感器优化配置的建模工具。

文献[46-47]最早将图论方法用于求解传感器网络的优化设计问题，文献[48]则通过有向图（Directed Graph，DG）模型描述过程变量之间的因果关系。

文献[27]在有向图的基础上提出了符号有向图(Signed Directed Graph, SDG)模型,其结构与 DG 模型完全相同,通过在 DG 模型的边上添加正负符号构成 SDG 模型。SDG 模型属于定性模型,适用于描述系统故障及其影响之间的因果关系,其优势在于只需知道系统简单的工程原理即可,而建立精确的数学模型需要大量的故障数据和实际经验,这在实际中往往是难以满足的[49-52]。文献[53-54]用二元矩阵和混合整数线性规划(Mixed Integer Linear Programming, MILP)模型来求解传感器网络的可观测性问题,优化目标为成本和系统的可靠性,文中 SDG 模型边的增益可以为非整数,以产生更多半定量的解。基于 SDG 模型,Bhushan 等研究了传感器配置的故障可检测性和可识别性,并给出了相应的求解算法[55-56]。

值得指出的是,SDG 模型属于静态模型,忽略了故障的传播时间。事实上,随着故障在不同部件或变量之间的传播,系统的故障检测性能会发生变化,而现有基于 SDG 模型的方法都是针对系统的稳定状态的。为了避免这一缺陷,Maurya 等给出了一种确定任意故障对应的系统初态和终态的整体框架,虽然该方法效果较好,但仍不能准确描述故障在系统输入输出之间的传播时序[57-58]。为进一步改进基于 SDG 模型的传感器优化配置及故障诊断方法,文献[59-61]研究了模糊理论在给定传感器情况下的优化问题。文献[62]在 SDG 模型中加入了故障的传播时间,在此基础上得到了一些合理的传感器配置结果。文献[63]研究了传感器网络对不确定性/误差的鲁棒性,但该文只考虑了故障漏检率的影响,而随着传感器数目的增加虚警率也会增加,该文对虚警率的影响只是作了补充说明。文献[64]在此基础上作了改进,基于有向图模型和传感器的漏检率和虚警率,对传感器配置的故障检测可靠性问题进行了研究。

2. 优化指标

传感器优化配置的目的是在满足系统各种指标约束的条件下,找到能完成系统预定性能的传感器组,通常考虑的性能指标有可观测性、传感器可靠性、故障检测/分辨能力和成本等,对此已有不少学者进行了研究。Raghuraj[27] 和 Wang[48] 根据故障可观测性(Fault Observability)和故障可分辨性(Fault Resolution)建立传感器配置模型。故障可观测性定义为,对于系统的每一个故障,都至少有一个传感器能够检测到,故障可分辨性则为准确识别所发生故障的能力。文献[65]根据灵敏度建立传感器的配置模型,通过分析系统变量的 Bode 灵敏度函数,并使其取最大值来确定传感器的配置位置,以达到故障检测的目的。文献[66]根据故障可观测性和故障可分辨性建立传感器的配置模型,并规定故障监控系统的可靠性与任意故障已发生却没有被检测到的概率成反比。根据“短板理论”,文中以系统可靠性最小的故障可靠性最大化为优化目标。因为系统的各个故障都有一定的发生概率,监测各变量的传感器也有一定的失效率(故障率),如果监测某一故障的所有相关传感器都同时出现了故障,则该故障发生时就不能被检测到。某一故障被检测到的可靠性与其不可观测性(Unobservability)成反比,那么,故障的不可观测性是该故障发生概率和相关传感器失效率的函数。

回顾以往的相关研究,建立传感器配置模型时一般考虑以下几个指标。

(1)可观测性:故障可观测性是指系统的所有故障都至少被一个传感器观测到的能力,是传感器配置中的一个重要指标,也是传感器网络提供被监测系统性能监控、健康状况的能力,通过对系统参数的直接测量或根据可观测变量重构不可观测变量,再经过数据处理得到。Hac 和 Liu[67]提出了一种由可观测性矩阵和可控性矩阵的组合特征值确定传感器位置的方法,以满足柔性结构的控制要求;对线性系统模型参数矩阵进行分解后,文献[18]提出了一种通过计算不可测量参数的预测误差确定基准传感器组的简单局部优化方法。文献[68]利用图论方法建立了关联矩阵定性地描述系统故障与状态变量之间的关系,用 Gauss-Jordan 法对关联矩阵进行分解,以确定有无出现不可测变量可观测和可测变量冗余的情况。基于图论和割集,Bagajewicz 和 Sanchez 定义了传感器网络可观测度和冗余度的概念[69]:对于不可测变量,其可观测度定义为在保证该变量可观测的前提下,可移除传感器数量的最大值;对于可测变量,其冗余度定义为可移除传感器的最大数量和保持冗余的测量数。根据线性空间理论将可观测性和可控性用矩阵形式描述,如果系统的可观测性矩阵(可控性矩阵)是满秩或非奇异的,则该系统可观(可控)。文献[70]将该方法应用于生物反应堆的传感器优化配置研究中。

Chmielewski 等设计了反映传感器组性能的误差协方差矩阵的计算策略和流程,并用混合整数线性规划方法求解了有其他约束条件的优化问题[71]。在文献[72]中,Musulin 等通过使卡尔曼滤波器的性能指标最大化来选择传感器,指出优化目标是使所有变量的滤波器性能指标最大,但最大化某一变量的滤波器性能会与其他变量发生冲突。文中提出了两种解决方法:一种是选择使滤波器性能指标最小的变量,另一种是根据各变量的性能指标与"理想"的传感器组性能之间的相关性构造一个综合的性能指标。Mushini 和 Simon 将这一方法应用于航空燃气涡轮发动机中[73]。文献[74]基于故障的可观测性和可靠性,建立了传感器分布的有向图模型,采用贪婪启发式算法进行求解,并在某卫星一次电源系统中得到了应用和验证。

(2)可靠性:无论传感器配置的优化目标如何,传感器信息的可靠性都是一个必须考虑的重要因素。在实际工程系统中,传感器经常发生故障,如何处理潜在的信号中断风险是传感器最优配置问题中不可忽视的问题。Ali 最早提出了可靠性和传感器网络可靠性的概念[75]。他根据传感器的可靠性和系统状态估计性能定义变量估计的可靠性,研究对于一个给定的传感器网络某一变量能被不同方法估计的数量,以及在传感器失效的情况下该变量仍能被估计的方法数,优化目标包含硬件冗余(用两个以上传感器测量同一变量)和软件冗余(变量估计方法为两种以上)。文献[68]从控制角度定义传感器网络的可靠性为从测量变量中获得控制变量的概率或在某一时期减少的概率,整个传感器网络的可靠性是所有传感器可靠性的函数。传感器的可靠性可表示为时间的函数,因此传感器网络之间的竞争可通过时间函数来定量地描述。基于图论,传感器网络的优化可以简化为单目标函数,因而可以用遗传算法[76]或混合整数非线性规划(Mixed Integer Non-Linear Programming, MINLP)[77]方法进行求解。

传感器网络要求对传感器故障要有鲁棒能力,即在传感器出现故障甚至移除某些传感器的情况下仍能继续完成系统的监测任务。文献[78]定义了一组反映传感器网络检测传感器故障能力的性能指标。文献[79]则在此基础上进一步将图形化的求解方法发展为显式的混合整数非线性规划形式。文献[80]提出了传感器网络软件可靠性(Software Accuracy)的概念,该概念包含可观测性、冗余度、误检率等所有性能参数,之后该软件可靠性概念被量化[81],并通过一种有效的近似算法来计算[82]。Bhushan 等基于 SDG 模型研究了故障检测的可靠性问题,并提出了提高故障检测可靠性的传感器配置方法[62,83-84]。杨光等考虑到传感器自身故障对系统故障监测性能的影响,建立的传感器配置模型以传感器的故障概率和及总成本最小为优化目标,并转化为非线性整数规划问题来求解[85]。在文献[86]中,大规模复杂系统故障检测的可靠性问题通过概率 SDG 模型来描述,根据系统中各种传感器不同的故障概率来分析传感器的选择和分布对系统故障检测可靠性的影响。文献[87]研究了非冗余线性传感器网络设计中的可靠性与方差框架的二元性问题,并用贪婪搜索算法求解。文献[64]基于有向图模型和传感器的漏检率和虚警率,研究了传感器配置的故障检测可靠性问题。文献[88]提出了具有鲁棒性的可靠传感器网络的多目标优化方法,在建模过程中考虑故障数据含有不同类型的不确定性,并用约束规划方法求解该组合优化问题。文献[89]以最小的期望诊断代价为目标函数,充分利用可靠性分析提供的定性和定量信息,提出一种证据信息函数(Evidence Information Function)的概念用于求解传感器的优化配置问题。

(3)故障检测性/分辨性:传感器对系统故障或异常情况的检测能力和分辨能力非常重要,这是对反映系统健康状态的变量的可观测性分析的进一步扩展。它要求系统的任意一个故障发生时不仅要被检测到,还要有效识别出具体的故障类型或部位。文献[27,55,90]利用系统的DG或SDG模型获得系统的故障信息,通过分析DG或SDG模型建立传感器配置的故障检测性/分辨性模型,但是该模型只能给出传感器与故障之间定性的相关关系,没有利用实际信号的大小和频率等信息。文献[91]将神经网络用于故障的检测和识别,传感器的配置则通过组合优化方法确定。文献[92]将过程监控和故障检测及隔离的传感器优化配置模型转化为混合整数线性规划问题来求解,优化目标是寻找能有效估计系统状态并检测和隔离预设故障的“最经济”传感器组。文献[93]利用系统模型和可靠性数据建立故障与故障影响之间的因果关系,以及故障检测率和虚警率等概念,通过常规的多故障诊断算法搜索出导致观测差异的最可能出现的故障源。文献[94]把故障检测和隔离作为约束条件,假设所有的ARRs均已知,将基于模型的FDI的传感器优化配置问题转化为混合整数优化问题。Zhang提出了一种量化有向图(Quantified Directed Graph, QDG)的方法建立故障传播模型。QDG中的节点表示一个可能的传感器安装点,且各节点上标明相应传感器的信噪比(Signal-to-Noise Ratio, SNR);各边包含故障在传感器之间的传播增益、方向和传播时间,并给出各个预先给定传感器的故障检测性能,整个传感器系统的故障检测性能为其平均值。文献[34]通过分析系统的结构矩阵,提出了一种基于故障诊断性标准的传感器配置方法。该方法利用故障检测性、可分辨性和诊断性等指标的结构矩阵求解传感器配置问题,且不要求设计ARRs。文献[95]提出了一种建立故障检测性和故障隔离性定量模型的传感器配置方法,在满足系统故障诊断性能要求的条件下使总成本达到最低。

3. **优化算法**

传感器配置模型建立之后,需要选择适当的优化算法来求解,各种算法如随机搜索、启发式算法等相继被用于传感器优化配置问题的求解。随机搜索属于直接式的简单搜索方式,只适用于简单的小型传感器优化配置问题,用于大型系统的优化则非常的耗时和低效。文献[27]基于二部图理论,通过贪婪搜索算法(Greedy Search Algorithm)计算满足系统可观测性和最大可分辨性要求的最小传感器组。近年来,智能计算技术逐渐被用于传感器的优化求解,例如基于生物进化论的遗传算法就被证明是求解传感器优化配置问题的强有力工具[96-99]。但遗传算法也有不足之处,常规的交叉和变异操作会产生不满足约束条件的染色体,用于求解复杂的优化问题时,会因为基于种群的搜索特性和目标函数的重复演化而花费较长的计算时间。

文献[100]基于符号有向图建立了传感器的优化配置模型,使故障可分辨性达到最大的同时确保可观测性,并用整数规划算法求解该优化问题。Sarrate

等[94]研究了基于模型的故障诊断的传感器优化配置问题，传感器的优化问题被转化为一个二元整数规划(Binary Integer Programming, BIP)问题，约束条件为故障检测和隔离性能，优化向量各维数的值表示相应传感器是否安装，然而非线性约束条件将导致计算的高复杂性。文献[101]将约束条件转化为线性，但目标函数仍为非线性，计算复杂性问题依然存在。文献[102]则作了进一步的改进，将传感器优化配置模型的约束条件和目标函数都转化为线性，并通过二元整数规划算法求解，大大提高了计算的速度和精度。T. Golonek[103]基于模糊集理论和启发式搜索算法研究了传感器的优化问题，但对于大型系统而言，该方法非常耗时和低效。文献[104]提出了一种更快的基于整数编码分类和启发式算法的求解方法。Zhang C J 等[105]将模糊理论和蚁群算法用于传感器优化配置模型的求解，该方法运算速度快，但仍不能得到最优解(很多时候给出多余的解)。刘晓芹等[106]将改进的混合蛙跳算法用于求解传感器配置优化问题，并将更新方式设计成一种离散化模式。

粒子群优化算法(Particle Swarm Optimization, PSO)是一种概率搜索算法，由 Eberhart 博士和 Kennedy 博士于 1995 年受鸟类觅食启发提出，与遗传算法等其他算法相比具有参数较少、结构简单、搜索速度快和寻优效果好等优点，在很多领域已得到了成功的应用[107-108]。在测试集优选或传感器最优配置的研究中，也有学者采用了粒子群算法或其改进算法，显示了粒子群算法的有效性和良好的优化性能。蒋荣华等[109]根据测试选择自身的特点对粒子及其速度赋予了新的定义，并将改进后的离散粒子群算法应用于测试选择。黄鑫等[110]利用二进制粒子群算法求解装备测试设计的优化模型，所得结果可为装备的测试性设计提供理论参考。文献[111]提出了一种产生解析冗余关系的有效方法，将传感器优化配置问题映射为 0-1 整数规划问题，并用二进制粒子群算法(Binary Particle Swarm Optimization, BPSO)进行求解。郝晋峰等[112]融合免疫算法的“亲和度”思想和惯性权重的非线性递减策略，对二进制粒子群算法进行了改进，并将其用于求解传感器优化配置模型。

§1.4　本书内容及结构

本书以 PHM 系统的传感器优化配置为研究内容，主要从 PHM 系统传感器的选择方法、优化算法、传感器配置优化设计、基于传感器优化配置的故障诊断、传感器故障诊断，以及上述理论在机载 EHA 系统中的应用等方面展开研究，本书一共有八章，各章主要内容如下。

第一章为绪论,系统阐述了 PHM 的内涵功能、关键技术、研究现状和发展趋势,以及传感器优化配置的研究现状,理清了本书的逻辑结构。

第二章为 PHM 系统传感器选择方法,是传感器优化配置的前期工作,属于定性研究范畴。针对 PHM 应用的特殊要求,结合传感器自身的性能及属性,提出一种基于扩展式故障模式影响及危害分析的传感器选择思路,并详细介绍了 PHM 系统传感器选择需考虑的因素及一般原则,为 PHM 系统传感器的选用提供理论和方法指导。

第三章为 PHM 系统传感器配置的建模及求解,属于定量研究范畴。通过设计一个 PHM 系统传感器优化配置的闭环体系结构,用故障 - 传感器相关性矩阵描述系统各故障模式与备选传感器(对应各测量变量)的关系,并结合传感器的故障检测能力对该相关性矩阵进行改进。基于改进的相关性矩阵,根据系统的测试性指标要求建立传感器配置的约束优化模型,对粒子群算法进行了系统深入的研究,提出了一种新的改进算法——基于群体早熟收敛程度和非线性周期振荡策略的自适应混沌粒子群优化算法,并对其进行收敛性分析和性能验证。用改进的离散粒子群算法求解,并通过一个仿真实例验证了所提理论和方法的可行性及有效性,可为复杂系统的传感器配置优化设计提供理论参考及可行途径。

第四章为基于传感器优化配置及非线性观测器的故障诊断,在基于解析模型、基于信号处理和基于知识三类故障诊断方法中,选择其中基于观测器的方法作为研究内容。通过引入传感器优化配置矩阵,使传感器优化配置结果与系统的故障诊断有机结合起来,将基于传感器优化配置的故障诊断问题转化成故障检测观测器的设计问题,从而探索一种验证 PHM 系统传感器优化配置结果的思路和方法。为使研究更加贴近实际,考虑了系统的非线性和鲁棒性等问题,通过线性矩阵不等式技术来求解鲁棒故障检测观测器的设计问题。最后以某实例进行了仿真验证,说明了所提理论和方法的可行性和有效性。

第五章为传感器自身故障的诊断,基于 PHM 系统中传感器的重要性及故障易发性提出本章的研究内容,介绍了传感器的故障类型及其特性,重点阐述了基于主元分析(PCA)和核主元分析(KPCA)的故障诊断原理,提出了一种根据训练数据自适应确定核函数的方法,有效解决了 KPCA 方法难以确定合适核函数参数的难题。此外,还对常规标准化处理方法进行了改进,提出一种"均值化"的训练数据标准化处理方法,进一步提高 KPCA 方法的故障检测性能,并以一个仿真实例对所提方法进行了验证。

第六章为传感器优化配置在机载电动静液作动(Electro-Hydrostatic Actuator, EHA)系统中的应用,将前文的相关理论和方法应用于机载 EHA 系统,进一步验证本书所提理论和方法的可行性和有效性。在研究 EHA 系统的传感器故障诊断时,用液压/机械系统建模、仿真及动力学分析的专业软件 AMESim 搭建其仿真模型,以尽可能真实地得到 EHA 系统的状态参数。

第七章为基于经验模式分解的机电作动系统故障诊断,首先介绍了机电作动系统的结构原理,并对其进行了扩展式故障模式影响及危害分析;然后介绍了非平稳信号的常用分析处理方法,并对一种新的自适应信号分析方法——经验模式分解(Empirical Mode Decomposition, EMD)的原理和算法进行了详细的阐述,并对其算法进行了改进。用改进后的 EMD 算法对机电作动系统驱动电机发生典型故障时的转矩信号进行了分析,得到了信号的瞬时故障信息,并提取了故障信号的本征模能量特征向量。仿真计算结果表明,基于 EMD 改进算法的本征模能量特征向量能够敏感到电机工作状态的微弱变化,有效地反映电机的健康状态。因此,可以根据本征模能量特征向量准确地对电机进行故障诊断。

第八章为机电作动系统故障预测及健康状态评估,首先对现有的预测方法进行了简单的介绍,然后详细介绍了灰色预测理论和支持向量机预测理论,并结合二者的优点,提出了一种新的预测模型——灰色 - 最小二乘支持向量机预测模型,用于机电作动系统的故障预测。仿真计算结果表明,该方法相对于单纯的灰色预测和最小二乘支持向量机预测,具有更高的预测精度。对于机电作动系统的健康状态评估,本书提出了一种基于信号 EMD 奇异值熵的方法,将 EMD 分解的自适应性和矩阵奇异值稳定性的优点结合起来,引进信息熵理论,并创造性地提出了健康指数的概念和算法。通过对机电作动系统的驱动电机——永磁同步电机的定子绕组发生不同程度匝间短路下的电磁转矩信号进行分析,表明基于信号 EMD 奇异值熵健康指数的方法能准确地对机电作动系统的健康状态进行评估。

最后结语总结了本书的研究工作,指出了本书研究中存在的不足,并对下一步可以继续深入研究的工作进行了展望。

第二章　PHM 系统传感器选择方法

准确获取系统的状态信息是 PHM 系统功能实现的基础,而传感器的选择是获取系统状态信息的首要环节,传感器一旦确定,相应的数据测量方法和相关仪器设备也就随之确定。因此,所选用传感器是否合理在很大程度上能决定测量结果的好坏。传感器的性能、质量等对 PHM 系统的性能有着非常重要的影响,在某种程度上甚至起决定性作用,而不同型号、不同厂家生产的传感器在性能和价格方面都有较大的差异。此外,在传感器的选择过程中要考虑形状、体积、可靠性和周围环境条件等其他因素,PHM 系统对传感器的要求比一般工程应用更为严格。目前,对于传感器的选择还缺乏行之有效的原则和方法,基本都是依据工程经验进行,为此,本章集中研究 PHM 系统传感器的选择方法。

§2.1　PHM 系统传感器选择的总体思路

PHM 需要传感器提供被监控系统准确的状态参数以实现故障/异常的检测、隔离和快速的故障预测,以及健康状态评估等功能,这些参数包括运行参数和环境参数。例如温度、振动、压力、疲劳、电压、电流、空气湿度、使用频率和使用强度等。对于 PHM 系统,所选用的传感器精度越高、性能越好,安装数量越多,就越有利于获取被监测对象全面准确的状态信息。然而,性能好的传感器必然价格昂贵,设备的空间条件也不允许安装过多的传感器,甚至有些参数无法用传感器直接进行测量。因此,寻找一种用于指导 PHM 系统传感器选择的合适方法就显得必要而紧迫。对于这个问题,目前还没有统一有效的方法和途径,一般是通过借鉴故障诊断的原理,根据所采用的故障诊断方法来确定选用的传感器。

本书针对 PHM 应用的特殊要求(如需要高性能的传感器),结合传感器自身的性能及属性,提出一种基于扩展式故障模式影响及危害分析(argument Failure Mode Effect and Critical Analysis, aFMECA)技术的 PHM 系统传感器选择方法。首先根据系统/设备的 aFMECA 结果确定其关键部件和需要监控的故障模式,然后根据需要测量的具体参数、传感器的性能指标和使用环境等,最终确定备选传感器集,如图 2.1 所示。

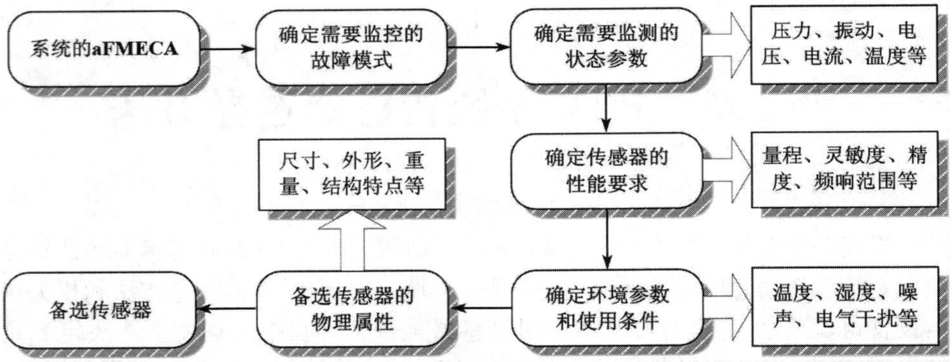

图 2.1 PHM 系统传感器选择的基本思路

§2.2 扩展式故障模式影响及危害分析

故障模式影响及危害分析(Failure Mode Effect and Critical Analysis, FMECA)是研究武器装备故障检测与诊断、故障预测及健康管理的基础,是对产品进行可靠性及维修性设计分析的重要方法。它通过分析装备各组成单元所有可能的故障模式和故障原因来确定故障对系统(或人员)安全、任务成功、系统性能和维修性等的潜在影响,并按影响的严重程度及发生概率的大小对故障模式加以分类,以便采取适当的预防改进措施消除或减轻这些影响[113]。FMECA 的最终目的是发现系统的薄弱环节和关键部件,并安装传感器或用其他监测手段对这些薄弱环节和关键部件进行监测,及时掌握其运行状态,并进行故障诊断、故障预测和健康状态评估,最终实现对系统的健康管理。因此,要合理有效地对传感器进行优化配置,首先应对系统进行故障模式影响及危害分析,获取系统详尽的故障信息。

传统的 FMECA 只是静态地对产品(或者系统)可能出现的故障模式进行分析,查找故障原因,分析故障模式的影响,并确定这些故障模式的检测方法。它虽然是一种有效的可靠性分析方法,但是不能满足先进飞机对于全面的故障检测、隔离、预测及健康管理的要求,主要包括:①不能描述故障发生的征兆;②不能描述检测故障征兆的传感器及其配置;③不能确定用于故障预测的状态管理方法。为克服传统 FMECA 的不足,以满足 PHM 系统的动态性要求,赵廷弟等在传统 FMEA 的基础上提出了面向 PHM 的 aFMECA 技术[114]。

aFMECA 得出的结果具有较为完整的映射关系链,能够全面地反映出故障征兆、故障模式、故障影响之间一对一、一对多和多对多的映射关系，为系统的故障分析提供准确的参考依据。

§2.2.1　aFMECA 方法描述

aFMECA 是在传统 FMEA 的基础上，增加了故障预测和状态监控的相关内容，因而能够克服传统 FMECA 静态性的不足，满足 PHM 系统的动态性要求，从而实现系统的实时状态监控和健康管理。aFMECA 是系统 PHM 体系设计中的重要环节，作为一种重要的故障分析方法，aFMECA 具备传统 FMECA 的所有功能，还考虑和分析了传感器设置、故障征兆信号和监测参数等信息，能够描述故障征兆与故障模式及其影响、需要测量的特征信号、所需传感器及其配置之间的因果关系，并将上述因素之间的映射关系以表格形式表达出来[114]。

1. aFMECA 的基本原理

aFMECA 涉及多种对象之间的映射关系，就某一产品单元而言，这种映射关系包括故障征兆与故障模式及其影响之间、被测参数与故障征兆之间，以及采集的信号与传感器配置之间的映射关系等。以故障征兆与故障模式之间的映射关系为例进行说明，故障征兆是指在故障模式尚未表现出来或在故障初期就能被检测到的事件，它与故障模式之间的映射关系如下所示：

$$\begin{cases} FS = \{Fs_i\}, & i = 1,2,\cdots,n \\ FM = \{Fm_j\}, & j = 1,2,\cdots,m \end{cases} \tag{2.1}$$

其中，FS 为系统所有故障征兆的集合，FM 为系统所有故障模式的集合。一般情况下，FS 与 FM 之间存在多对多的映射关系，然而在特定的环境和使用条件中，有相同故障征兆的不同故障模式不一定会同时发生，故障模式的所有故障征兆也不一定都会显现出来[114]。同理，故障模式、故障影响和监测系统硬件设置之间也存在多对多的映射关系，因此，在系统的故障模式、故障征兆、故障影响、所需传感器及其配置和需测量的参数之间构成了一条映射关系链，如图 2.2 所示。图中，$A_k(k=1,2,3,4)$为每组映射关系中的约束条件。图 2.2 所示的映射关系链是 aFMECA 的核心，需要专家经验和大量历史数据（如虚警率、失效率等）的支持。

2. aFMECA 的表达方式

aFMECA 根据分析的需要，在保留传统 FMECA 有关内容的基础上进行了扩展和增补，主要是增加了故障预测和状态监控的相关内容，具体包括：在传统 FMECA 表格中增加“故障征兆”分析栏目，用于列出故障模式显现之前可能出现的征兆；将需要监测的故障征兆参数、传感器所附部件及其所在分系统列在与

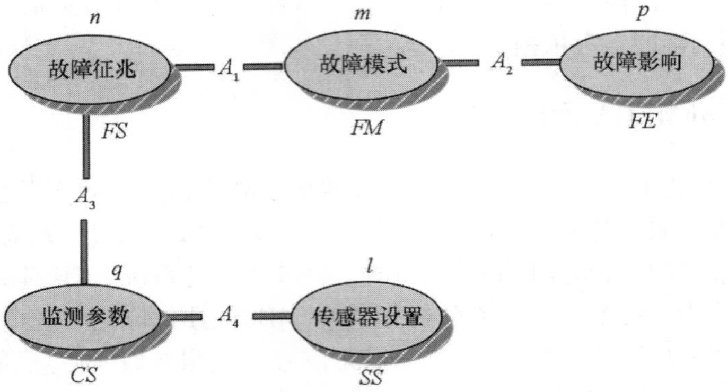

图 2.2　aFMECA 中的映射关系

传感器相关的栏目中;在“故障预测方法”栏目中分析故障征兆,列出可用于剩余寿命预测的所有算法。典型的 aFMECA 表格(表头部分)如表 2.1 所示。

表 2.1　扩展式故障模式影响及危害分析表(表头)

代码	产品名称	功能	故障模式	故障原因	故障征兆	任务阶段	故障影响			严酷度分类	监测参数	故障检测方法	传感器所在分系统	传感器所附部件	故障预测方法	发生频度	补偿措施	预防措施决策
							局部影响	高一层次影响	最终影响									

§2.2.2　aFMECA 在 PHM 中的应用

1. 应用 aFMECA 的 PHM 设计

PHM 是一门包含故障诊断、预测及健康管理的综合技术,一个完整的 PHM 系统包括各种嵌入式传感器和计算机、数据总线、电缆、状态监控和数据分析推理机,以及动态知识库等。通常,aFMECA 可用于状态监控和数据分析推理机的设计。在推理机处理故障征兆信息、分析设备的状态发展趋势和计算其剩余寿命时,aFMECA 可以提供设备的功能分解情况和层次关系,aFMECA 结果所描述的完整映射关系链能为设备的故障预测提供知识索引和推理依据。PHM 要求能确定待测故障合适的征兆信号及其监测方法,以确保监测方式的可行性和检测结果的准确性[114]。aFMECA 技术可用于确定故障特性信息,具体包括分析设备的环境/任务剖面、确定相应的传感器类型及其配置,以及故障检测和故障预测方法等，为故障征兆信号的采集和状态监控方案的设计提供参考。应用 aFMECA 的 PHM 系统设计模式如图 2.3 所示。

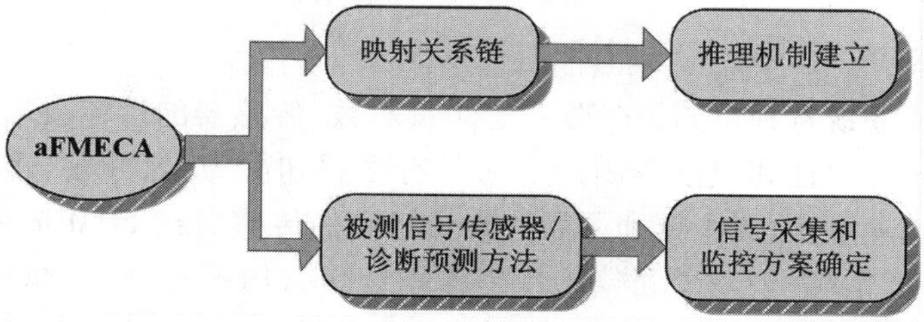

图 2.3 应用 aFMCEA 的 PHM 系统设计模式

2. 应用 aFMECA 的 PHM 运行

PHM 系统在运行过程中，利用先进的信号处理技术对采集到的系统状态信息进行处理，并判断信号是否出现异常，如果出现异常，则按如下步骤对 aFMECA 表格中的映射关系链进行搜索：首先，以存储于动态知识库内的 aFMECA 结果作为推理和判别的准则，激活所有与故障特征相关的故障模式和影响规则，并对故障特征与影响规则进行匹配；其次，根据匹配结果和专家知识对故障模式进行识别与分类，并确定故障模式的影响；最后，采用既定方法预测状态的发展趋势，评估系统（设备）的健康状态并对其进行剩余寿命预测，如图 2.4 所示。

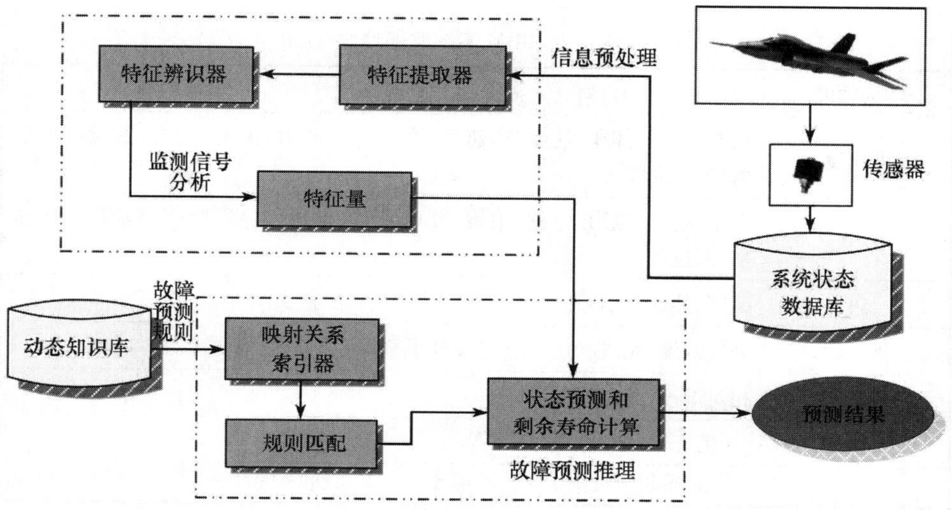

图 2.4 应用 aFMCEA 的 PHM 系统运行模式

§2.3 PHM 系统传感器选择的考虑因素

为 PHM 系统选择传感器时要考虑测量参数、传感器的性能要求、电气和物理特性，以及可靠性和成本等因素[115]，具有多感知能力、尺寸小、重量轻、能耗低、数据传输速度快、成本低和可靠性高等特点的传感器在 PHM 应用中有独特的优势。一般情况下，一个完整的传感器系统包含敏感元件、在线模数转换单元、在线存储器、嵌入式计算单元、数据传输和电源等模块[116]。值得一提的是，并非所有 PHM 的传感器系统都包含上述模块，也并不是所有的传感器系统都能满足 PHM 的要求，用户需要深刻理解 PHM 的应用要求并依此选择合适的传感器系统。

1. 需要监测的参数

一般情况下，为了评估被监控对象的健康状态，需要监测的参数包括系统的性能参数（如电脑风扇的转速）、物理特性参数（如石油管道的压力变化、印制电路板弯曲时的张力等）、电气特性参数（如电阻器的电阻值、流经电阻器的电流值或两端的电压值）、环境条件参数（如温度、振动、大气压强、空气湿度等）和运行条件参数（如使用频率、使用时间、功率和散热性等）等，按学科领域对上述参数进行分类[116]，如表 2.2 所示。

表 2.2　PHM 系统监测参数

学科领域	监测参数
机　械	长度、面积、体积、速度/加速度、力、转矩、压力、振动、张力、密度、硬度、角度、方向等
电　气	电压、电流、电阻、电感、电容、介电常数、电荷、电场、频率、功率、噪声水平、阻抗等
热	温度、热通量、热耗散等
化　学	烟气浓度、生理梯度、反应性、分子量等
湿　度	相对湿度、绝对湿度等
生物学	pH 值、分子浓度、微生物等
电磁/电离辐射	波长（频率）、反射系数、折射率、极化、吸收剂量、透射比、放射（剂）量率等
磁	磁场、磁通密度、磁导率、磁场方向等

对于 PHM 应用这一特殊要求，那些与设备安全关系密切，能反映系统灾难性故障、任务完成情况或会导致系统长时间停工检修的参数应被确定为需监测的参数。此外，根据系统/设备的历史经验确定的关键参数、通过相似设备或合格性测试(Qualification Testing)获得的故障数据也是确定监测参数的重要依据。PHM 要求综合系统/设备的各种参数以评估其健康状态，并预测系统/设备的剩余寿命，如果传感器具有多参数感知能力，这将大大简化 PHM 系统的复杂性并降低其成本，多参数感知能力是指一个传感器能同时测量多种类型的参数，如温度、空气湿度、振动和压力等。

2. 测量要求

首先要明确测量目的，对于那些需要长时间连续监控的系统，要选用性能比较稳定的传感器，而对于时间比较短的工序如机械加工等，则要求传感器的灵敏度较高、动态特性较好。此外，要明确系统的精度要求，并根据监测信号确定输入信号的频带宽度以及测量范围。

3. 传感器的性能指标

确定了监测参数之后，应该了解参数的可能范围和频率等特性(可以根据设备的历史数据或说明书获得)，并转化为传感器系统的性能品质要求。传感器种类繁多，类型不同，其性能品质也不相同。传感器的特性包括动态特性和静态特性，动态特性是指传感器输出对时变输入量的响应特性，传感器的动态特性越好，其输出量变化曲线越接近被测量；传感器的静态特性是指输入为恒定值时传感器输出与输入的关系。传感器的主要性能指标有以下几种。

(1)测量范围/量程(Measurement Range)：传感器能够按照规定的精确度进行测量的范围，如果超出该范围，测量结果会有较大的误差甚至损坏传感器。传感器测量范围应大于实际被测量的范围，在被测量没有较大变动的情况下，量程范围应是被测量的两倍左右。

(2)线性度(Linearity)：传感器实际的输出－输入校准曲线与其理论拟合直线之间的最大偏离程度，也称为传感器的“非线性误差”，如图 2.5 所示。通常情况下，线性度的大小用相对误差来表示，即最大偏差与传感器满量程输出的百分比。在电路处理中采用线性度高的传感器会比较方便，也能得到较高的测量精度，如果采用非线性较大的传感器，一般需要采用线性化补偿电路或机械式非线性补偿机构，这样就增加了电路及机构复杂性，调试也较烦琐。

(3)滞后/迟滞(Hysteresis)：在相同的工作条件下，传感器在被测量正向(增大)和反向(减小)行程中输出－输入特性曲线不一致的程度，如图 2.6 所示。滞后特性反映了传感器机械部分的缺陷，如螺钉松动、轴承摩擦、灰尘积塞和材

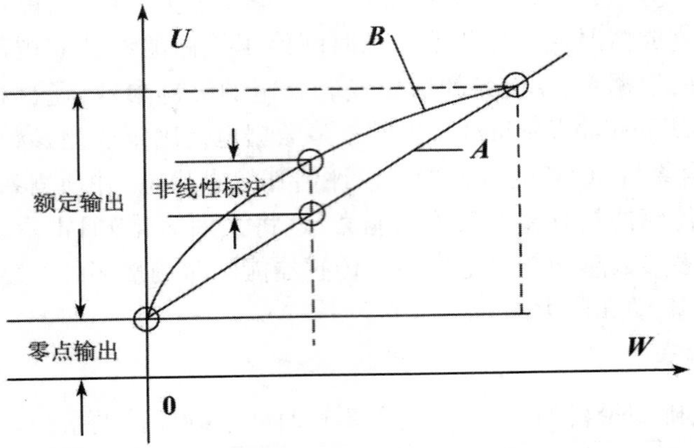

图 2.5　传感器的线性度

料的内摩擦等。一般根据实验确定滞后的大小,为正反行程特性曲线的最大偏差与满量程输出的比值。

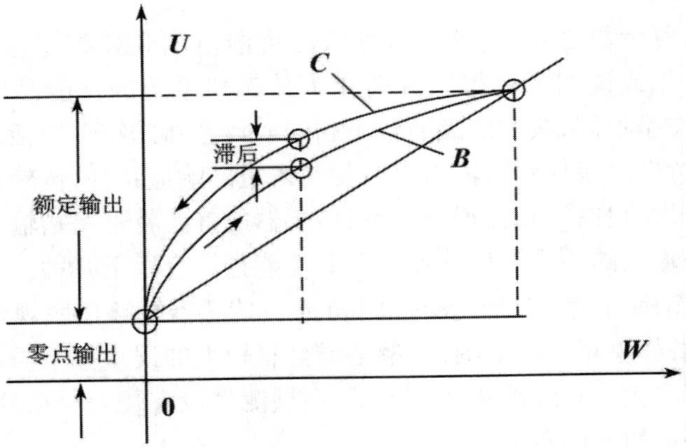

图 2.6　传感器的滞后

(4)重复性(Repeatability):在相同的测量条件下,被测量按同一方向(增大或减小)作全量程多次重复测量时,所得特性曲线的不一致程度[117],如图 2.7 所示。它是一个反映传感器能否精密测量的性能指标,一般用 3 次加载输出特性曲线在相同输入量时的最大偏移量与满量程输出之比的百分比来表示。

(5)灵敏度(Sensitivity):又称为传感器系数,是指在稳定工作状态下,传感器输出变化量与输入变化量的比值,通常输入变化量为一个单位值。线性传感器校准曲线的斜率就是其灵敏度,而非线性传感器的灵敏度则较为复杂,随输入量的变化而变化,如图 2.8 所示。

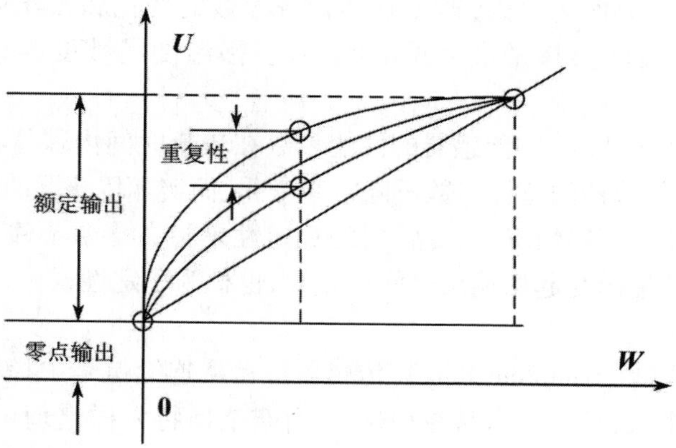

图 2.7　传感器的重复性

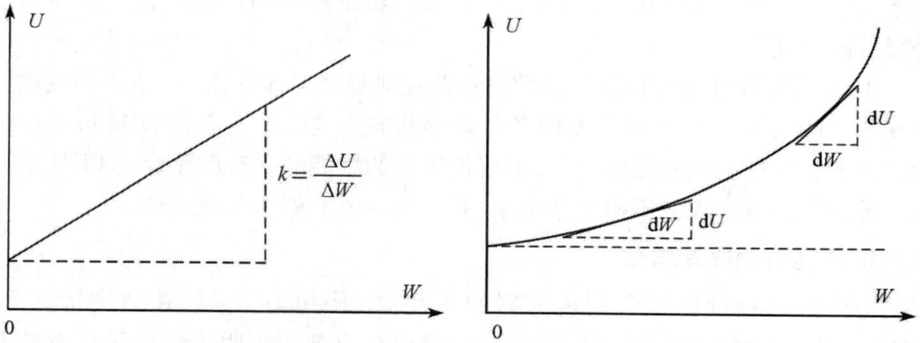

图 2.8　传感器的灵敏度

(6)分辨率(Resolution):传感器能“敏感”到被测量的最小变化量的能力叫分辨力,即能引起传感器输出发生变化的输入变化的最小值[118],只有在输入变化量超过分辨力的情况下,传感器才能“觉察”到,其输出才会发生变化。通常,在量程范围内的不同点传感器的分辨力是不同的,一般用能使输出产生阶跃变化的输入变化的最大值来衡量分辨力,分辨率是指分辨力以满量程的百分比来表示。

(7)精度(Accuracy):传感器测量值与被测量真实值之间的接近程度,是测量结果可靠程度的体现,反映了测量过程中各种误差的影响,其大小为量程范围内的最大基本误差与满量程输出之比,一般用百分数表示。

(8)漂移(Drift):是指在输入保持恒定时传感器的输出随时间发生变化的

现象,一般有两个方面的原因,即传感器自身参数的变化和工作环境(湿度、温度等)的变化。温度漂移是最常见的漂移,包括温度灵敏度漂移和温度零点漂移。

(9)稳定性(Stability):传感器的性能参数在较长时间内保持稳定的能力称为稳定性,理想传感器的特性参数不随时间变化,而实际传感器的特性基本都会随时间发生变化。一般情况下,传感器的稳定性是指在室温条件下经过某一规定时间后传感器输出与起始输出之间的差异,也称为稳定性误差,可以用相对误差或绝对误差来表示。

(10)采样频率(Sampling Rate):传感器每秒从连续信号中提取采样点并组成离散信号的个数,其单位为赫兹(Hz)。由奈奎斯特采样定理可知,只有当采样频率高于信号中最高频率的两倍时,才能根据采样信号不失真地恢复原始信号。当采样信号用于故障诊断等 PHM 功能时,可以根据典型故障的特征频率来确定传感器的最低采样频率,即通过采集某一特征频率下的故障信号来对系统进行故障诊断。

PHM 需要高性能的传感器以评估被监控对象的健康状态,并使不确定性保持在一定的水平。Gu. J 研究发现[119],传感器的测量误差是造成 PHM 应用中故障预测不确定性的主要原因之一,了解传感器的性能品质有助于确定 PHM 应用中由传感器系统造成的不确定性水平,并控制系统的整体不确定性。

4. 传感器的物理属性

传感器的物理属性包括传感器的尺寸、外形、重量、包装和结构特点等,PHM 应用对传感器的形状、尺寸、结构和重量都有要求。为了确保传感器能够嵌入到系统中,同时要尽量减少对系统的负面影响,因为传感器的附加重量可能会改变系统原有的响应特性。因此,当选择传感器时,用户需要首先考虑设备尺寸和重量的限制,然后确定整个传感器系统的尺寸和重量,包括电池、天线和电缆等其他附件。同时,用户也需要考虑传感器的外形(圆形、方形等)、包装材料(金属或塑料)和固定形式(胶带、磁铁、螺栓、支架或螺丝钉等),其中,固定形式会直接影响到测量的精度和控制的可靠性。此外,连接传感器的信号电缆要尽量远离电源,最大限度地降低或削弱电磁干扰和射频干扰的影响。

5. 环境参数和使用条件

在选择传感器时,需要考虑环境参数的影响,如温度、空气湿度、电气干扰和噪声等,其中对传感器的影响最大、最普遍的是温度,如由于环境温度变化引起的温度漂移。空气湿度也会影响传感器的性能,较大的空气湿度会使传感器的大气腐蚀和电化腐蚀加速,并降低其电气绝缘性能,而空气湿度较低时则容易产生静电。同时,要尽可能使用无源传感器,尽量不用需要校准的传感器;使用有源传感器时应使其对系统可靠性的影响最小,传感器的工作寿命、疲劳性能、平均无故障时间等可靠性参数必须满足系统的要求。此外,尽量采用通用标准型的传感器,以保证良好的互换性。

6. 可靠性

带故障的传感器提供的数据不准确或不完整,这将导致 PHM 产生错误的故障检测、报警和预测结果,如果传感器监测的是关键参数,后果会更加严重。可靠性要求传感器在一定时期内、一定的条件下完成必需的功能,然而生产商不会对传感器在特定环境和运行条件下的平均故障时间(Mean Time Between Failures, MTBF)、故障率等可靠性信息进行说明。

提高传感器系统可靠性的一个策略是使用多个传感器测量同一变量,即传感器冗余,传感器冗余会降低数据丢失的风险,却增加了成本。其他策略如传感器证实也能改善传感器系统的可靠性[120],可以用来评定传感器系统的完整性,并在必要时进行调节或纠正。传感器系统自身的可靠性固然重要,同时也要考虑对被监控对象可靠性的影响。此外,如果传感器的安装材料与设备的材料不相容,也会降低设备的可靠性。

7. 经济因素

为 PHM 应用选择合适的传感器时必须考虑经济因素,成本估算应该包含购买、安装、维护和备用件等所有环节。事实上,产品最初的购买成本还不及其整个生命周期费用的 20%[121]。对设备应用 PHM 技术需要安装大量的传感器对参数进行监测,传感器的选择策略就变得非常重要,选择不当会产生较大的经济损失。

§2.4　传感器选用的一般原则

传感器有很多种不同的类型,其原理和结构也各不相同,测量同一个变量往往就有多种不同类型的传感器可以选用。进行参数测量时首先要根据具体的测量目的、测量环境和测量对象合理地选用传感器,确定选用的传感器之后,即可确定相应的测量设备和测量方法。因此,传感器的选用是否合理很大程度上能够决定测量结果的准确性,选用不当不仅会影响参数测量的准确性,还会影响整个 PHM 系统功能的有效实现,甚至造成重大的经济损失。一般情况下,选择传感器时应遵循以下几个原则。

1. 根据测量环境和测量对象确定传感器类型

采用何种原理的传感器是进行具体测量工作时首先需要考虑的问题,往往有多种不同原理的传感器均可用来测量同一个物理量。在具体的选择过程中,需要综合考虑传感器的使用条件和被测量的特点,包括量程、被测量所处位置对传感器形状和体积的要求、测量方式、被测信号的类型,以及价格等。

2. 明确与测量条件有关的因素

通常,要明确测量目的,如果是用于定性分析,选用重复精度高的传感器就可满足要求;如果是用于定量分析,则根据精度等级要求选用合适的传感器,然后确定需要测量的物理量,并确定其幅值和频带宽度。此外,还要明确测量系统的要求,如精度、测量所需要的时间等。

3. 选择合适的传感器技术指标

(1)灵敏度:在传感器的线性范围内,灵敏度越高越好,这样有利于信号的分析和处理,但也容易混入噪声,进而被系统放大,严重影响测量精度。为尽量减少从外界混入的噪声等干扰信号,要求传感器本身的信噪比较高。此外,传感器的灵敏度是有方向性的,如果被测量是单向量且对方向性有较高的要求,所选传感器在其他方向的灵敏度应较小;如果被测量是多维向量,则选用交叉灵敏度小的传感器。

(2)频率响应特性:可测的信号频率范围与传感器的频率响应速度成正比,测量信号的频率范围由传感器的频率响应特性决定,因此,要想使测量结果不失真,就必须满足一定的测量条件。理论上,传感器的频率响应越快越好,然而实际传感器的响应总会有或多或少的延迟,跟实际值也会有一定的偏差。在动态测量中,为避免产生较大的误差,应该根据信号的瞬态、稳态和随机等特点来选择适当的频率响应特性。

(3)线性范围:传感器的线性范围是指其输出与输入成正比例关系的输入量范围,在该范围内传感器灵敏度的理论值为一恒定值。线性范围宽的传感器量程也较大,测量结果在一定程度上也越精确。在确定传感器的种类后,首先要考虑的其量程是否满足要求。实际上绝对线性的传感器是不存在的,为使测量工作方便易行,在实际测量中如果系统要求较低,在一定范围内可以作线性化处理。

(4)稳定性:影响传感器稳定性的主要因素有传感器自身的结构和使用环境,较强的环境适应能力是传感器具有良好稳定性的重要保证,必要的时候还得采取保护措施。在给某系统或设备选择传感器之前,应根据其工作条件来确定合适的传感器,或采取一些能减小环境影响的措施。

(5)精度:是传感器重要的性能指标,直接影响整个测试系统的测量精度,因此,必须满足系统的要求。精度高的传感器价格必然昂贵,因此没必要一味地追求高精度,在满足测量系统的精度要求的前提下,尽量选用比较简单便宜的传感器。

4. **确定与使用环境相关的因素**

要根据安装现场条件选择合适的传感器类型,常用方法是采用接触式传感器并直接安装在被测对象上,该方法的优点是能减小环境变化对测试结果的影响,但其对负载的影响可能会导致监测不到正确的信息,可以采取控制传感器的体积、热容量和刚性等措施来减少传感器对被测对象负载的影响,或采取其他补偿措施,必要的时候选用非接触式传感器。此外,还要考虑维护空间的影响,确保安装传感器后不影响设备本身及其他部件和设备的维修。环境条件如湿度、温度等也不能忽视,对于使用环境比较恶劣的传感器,要保证其各项性能参数的稳定性,且有较强的抗干扰能力,以保证测量结果的准确性。有些传感器不能忽视振动的影响,振动不仅会影响传感器的输出,当振动频率与传感器的固有频率一致时还会产生共振,可适当采取一些减振措施来减小发生共振的可能性。

5. **考虑与购买和维修有关的因素**

在满足系统测量要求的前提下,经济成本要控制在合理、可接受的范围内,尽量选用简单便宜的传感器。总成本包括传感器的购置费、安装费和运行维护费,以及相配套的数据采集设备、电源和备用件的费用等。此外,还得明确传感器的服务与维修制度、保修时间等,以便在传感器出现质量问题时能及时联系商家进行维修。

§2.5　本章小结

本章定性地研究了 PHM 系统的传感器选择方法,首先介绍了 FMECA 的基本概念和主要任务,针对 PHM 系统的要求,详细介绍了 aFMECA 技术的基本原理及在 PHM 中的应用,aFMECA 结果能够全面地反映出故障征兆、故障模式、故障影响之间复杂的映射关系,为系统的传感器优化配置提供详尽的故障信息;然后详细介绍了 PHM 系统传感器选择的考虑因素,包括系统的测量要求、需要测量的参数、传感器的性能指标等;最后介绍了传感器选用的一般原则,为 PHM 系统传感器的选用提供有价值的参考依据。

第三章 PHM 系统传感器配置的建模及求解

第二章系统研究了 PHM 系统的传感器选择方法，给出了 PHM 系统传感器选择的基本思路，可以定性地得到传感器的备选集，然而，这远远没有达到 PHM 应用的要求。PHM 是一门综合的故障检测、诊断和预测的技术，一个确定对象的 PHM 系统要求达到各类性能指标要求如故障检测率、故障隔离率等，PHM 就是要根据采集到的系统状态信息，利用先进的数据分析处理方法实现故障诊断、预测和健康管理等目的。从理论上讲，采用高性能（如精度高、故障率低等）的传感器对系统的所有状态参数进行监测，能更好地实现 PHM 的功能，但这样势必造成费用的提高；此外，由于技术水平或空间限制等原因，也不可能对系统的所有状态参数都安装传感器进行测量，过少的传感器达不到状态监控和故障诊断等目的，而过多的传感器可能会对系统本身的性能造成一定的负面影响。因此，在满足 PHM 系统测试性指标要求的条件下，研究其传感器优化配置的理论和方法，给系统最关键的参数（变量）配置尽可能少的传感器进行监测，是 PHM 系统需要重点考虑的问题，也是本章的主要研究内容。

§3.1 PHM 系统传感器优化配置体系结构设计

传感器优化配置是系统测试性设计的重要内容，也是 PHM 功能得以实现的基础[42]，PHM 系统的有效运行不仅需要成熟先进的故障诊断及预测等各类算法，而且需要优化的传感器配置。PHM 系统传感器优化配置的目的是在满足系统各项测试性指标要求的前提下，用尽可能少的传感器获得尽可能多的故障信息，需要解决以下两个问题[122]：一是在保证系统所有故障被有效覆盖和辨识的前提下，确定需要采用的传感器类型（由监测变量确定）；二是对选定传感器的配置进行优化，保证系统具有较高的可靠性，以及较好的检测和诊断等性能。

通过查阅文献发现，现有用于故障诊断的传感器配置研究大多数都是定性分析，而且几乎没有考虑传感器自身的故障检测性能。在实际工作过程中，传感器也有一定的故障率，其故障检测能力除受自身性能的影响外，还与环境因素密切相关，是各种因素综合作用的结果。此外，目前关于传感器优化配置的研究只是将其作为一个开环问题，没有把故障诊断及预测等性能进行反馈构成闭环，即没有对感器优化配置的效果进行验证。为避免上述不足，本文设计了一个 PHM 系统传感器优化配置的闭环体系结构，并且在建立优化模型时考虑传感器的故障检测性能，使传感器优化配置结果具有更高的准确性和可靠性，如图 3.1 所示。

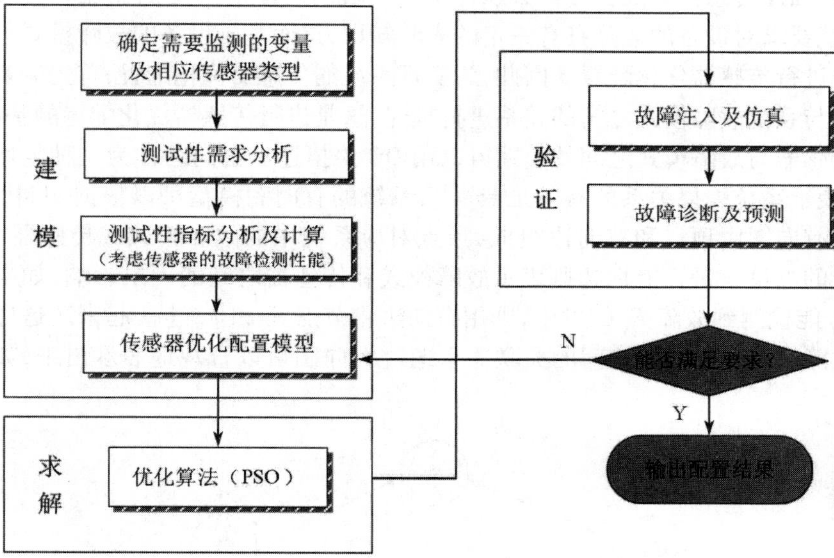

图 3.1　PHM 系统传感器优化配置的闭环体系结构

由图 3.1 可知，PHM 系统的传感器优化配置总体分为三大部分，即优化模型的建立、求解和配置结果的验证。首先要对系统的测试性需求进行分析，根据测试需求并结合传感器的故障检测性能计算相关的测试性指标，建立传感器配置的优化模型，然后采用先进的优化算法（本文采用改进 PSO 算法）进行求解，最后通过故障注入和仿真的方法对结果进行验证（该内容放在第四章）。如果验证结果不理想，则需要返回到建模过程，对其中的各个环节进行检查、补充或纠正，直至达到系统预定的要求。

§3.2 传感器与系统故障模式关系的描述

PHM 系统性能的有效实现很大程度上依赖于传感器所采集的参数信息，如果传感器配置不当，可能导致系统某些故障无法检测或对其不敏感，以致造成严重后果，因此传感器的配置方案必须保证对系统所有故障的全面覆盖和有效辨识，这就要求对设备的故障具有一定的先验知识，进而基于设备的故障模式分析对系统进行传感器优化配置。因此，为实现系统的传感器优化配置，首先需要对传感器与系统故障模式之间的关系进行描述，这是进行传感器优化配置的基础。

传感器与故障模式之间的关系可以用 DG 来描述。有向图作为一种定性模型，是表示系统因果关系的有效工具[123]，系统的有向图模型可以根据 aFMECA 得到。有向图由顶点和有向边组成，顶点对应系统中的故障模式或传感器（对应相应的测量变量），有向边则表示故障模式和传感器之间的因果影响，如果传感器 S_j 能检测到故障 F_i 的发生，则用有向边将节点 S_j 和 F_i 连接起来。这样系统的故障模式与传感器之间的关联关系通过有向图可以直观地表示出来，如图 3.2 所示。

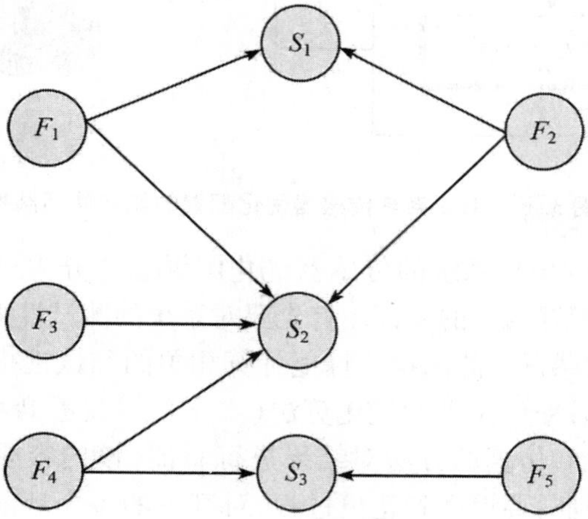

图 3.2 传感器与故障模式关系的有向图描述

将有向图顶点集中的故障模式集和传感器集分别划分到两个非空子集 F 和 S 之中，且 F 和 S 中任何两顶点之间都无边相连，就得到了对应的二部图（Bipartite Graph）。F、S 分别称作起点集和终点集，分别表示系统的故障集和传感器集。图 3.2 对应的二部图如图 3.3 所示。

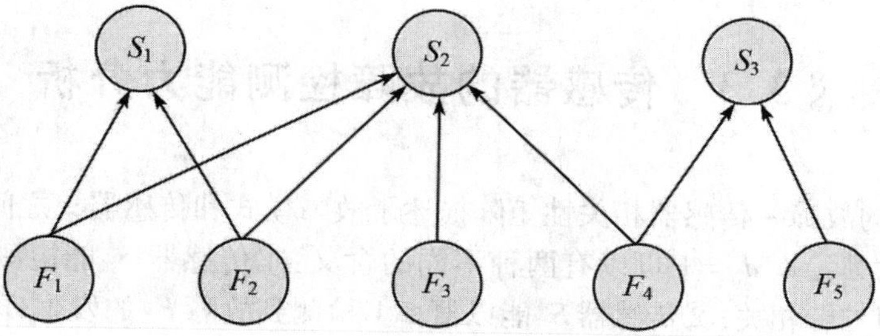

图 3.3　传感器与故障模式关系的二部图描述

二部图可以进一步以矩阵的形式描述，即系统的故障 - 传感器相关性矩阵。设某系统的故障模式有 m 种，有 n 类可供选择的传感器测量信号，则该系统的故障 - 传感器相关性矩阵可表示为布尔逻辑矩阵 $\boldsymbol{D}=\{d_{ij}\}$，其中 $i=1,2,\cdots,m$，$j=1,2,\cdots,n$。矩阵 $\boldsymbol{D}$ 的行表示故障模式，列表示传感器类型（对应相应的测量变量），图 3.3 中二部图对应的相关性矩阵如表 3.1 所示（$m=5,n=3$）。

表 3.1　系统的故障 - 传感器相关性矩阵

	S_1	S_2	S_3
F_1	1	1	0
F_2	1	1	0
F_3	0	1	0
F_4	0	1	1
F_5	0	0	1

表 3.1 中，元素 $d_{ij}=1$ 表示传感器 S_j 检测到故障 F_i 的发生，即故障 F_i 的发生会引起传感器 S_j 测量信号发生变化；元素 $d_{ij}=0$ 表示传感器 S_j 不能检测到故障 F_i 的发生，即故障 F_i 的发生不会引起传感器 S_j 测量信号发生变化，或者所发生的变化不足以被传感器 S_j“察觉”到。故障 - 传感器相关性矩阵描述了系统的故障模式与传感器集之间的二元相关性关系，是对复杂系统进行传感器优化配置的基础。

§3.3 传感器的故障检测能力分析

系统的故障 - 传感器相关性矩阵描述了故障模式和传感器集之间的简单对应关系，对其元素 $d_{ij}=1$ 可以有两种不同的含义：①传感器 S_j 能检测到故障 F_i 的发生，即二者相关；②传感器 S_j 能以概率 1 检测到故障 F_i 的发生，即只要故障 F_i 发生，传感器 S_j 就能检测到，同理可得 $d_{ij}=0$ 时的含义。易知第一种解释更为合理，第二种解释则不符合实际情况，因为在工程实际中，由于传感器自身属性和环境因素的影响，即使 $d_{ij}=1$，传感器 S_j 也不一定能检测到故障 F_i 的发生。传感器的故障检测性能由其故障检测能力决定，是多种因素如信噪比、灵敏度和故障反应相对速度等因素综合作用的结果[124]。

(1) 信噪比(Signal-to-Noise Ratio, SNR)

在相同的条件下，信噪比低的传感器对噪声的抑制能力较差，因而更容易受到噪声的干扰，其故障检测能力也较低；反之，信噪比高的传感器其故障检测能力也较高。

(2) 故障检测灵敏度(Fault Detection Sensitivity, FDS)

传感器的故障检测灵敏度定义为传感器输出信号的变化与故障信号的变化之比，同时还与传感器本身的分辨率和故障信号的分辨率相关，故障信号的分辨率为能够检测到的故障信号的最小变化量。传感器故障检测灵敏度的计算公式如下：

$$FDS=\frac{\Delta s/R_s}{\Delta f/\Delta f_{\min}} \tag{3.1}$$

式中 Δs 为传感器输出信号的变化量；Δf 为故障信号的变化量；R_s 为传感器的分辨率；$\Delta f_{\min}$ 为能检测到的故障信号的最小变化量。

(3) 故障检测相对速度(time-to-Detection to time-to-Failure Ratio, DFR)

传感器的故障检测相对速度定义为故障检测时间(Time-to-Detection)与系统失效时间(Time-to-Failure)之比，故障检测时间为故障初发时刻与传感器检测到该故障时刻之间的时间间隔，失效时间为故障初发时刻与该故障引起系统失效时刻之间的时间间隔。传感器的故障检测相对速度值越小，它对故障的反应速度越快，传感器的故障检测性能越好；反之，则传感器的故障检测性能越差。值得一提的是，当该比值大于或等于 1 时，表示传感器检测到故障是在故障引起系统失效之后，这时故障检测已没有任何意义，此时传感器的故障检测能力为 0。

(4)故障征兆相对持续时间(Symptom duration time to time-to-Failure Ratio, SFR)

故障征兆相对持续时间是指传感器能“敏感”到故障信号的持续时间(Symptom Duration Time)与该故障引起系统失效时间(Time-to-Failure)之比。在大多数情况下,故障征兆能持续到故障引起系统失效,但是相应的传感器测量信号可能在短时间后就恢复到正常情况的测量值状态,即在引起系统失效前就对故障不敏感,这样的传感器不适合用来检测故障,其故障检测性能较差。

综合上述因素和实际工程经验,定义传感器的故障检测能力(Detectability)的计算公式如下[124]:

$$sd_{ij}=\begin{cases}(1+\mathrm{e}^{-b\cdot(V_{ij}-c)})^{-1}\times(1+\mathrm{e}^{-g\cdot(SNR_j-h)})^{-1}\times\left(1-\dfrac{TTD_{ij}}{TTF_{ij}}\right)^{\alpha}\times\left(\dfrac{SyD_{ij}}{TTF_{ij}}\right)^{\beta}, & TTD_{ij}<TTF_{ij}\\ 0, & TTD_{ij}\geqslant TTF_{ij}\end{cases}\tag{3.2}$$

其中,V_{ij}为传感器 S_j 对故障 F_i 的检测灵敏度;SNR_j 为传感器 S_j 的信噪比;TTD_{ij} 为故障 F_i 的初发时刻与传感器 S_j 检测到该故障时刻之间的时间间隔;TTF_{ij}为故障 F_i 的初发时刻与该故障引起系统失效时刻之间的间隔;SyD_{ij}为传感器 S_j 能“敏感”到故障 F_i 的征兆的持续时间;b、c、g、h、α 和 β 为常数。由式(3.2)可知,传感器的故障检测能力值为(0,1)之间的实数。

典型的传感器故障检测能力如式(3.3)所示[124]:

$$sd_{ij}=\begin{cases}(1+\mathrm{e}^{-10\cdot(V_{ij}-0.5)})^{-1}\times(1+\mathrm{e}^{-(SNR_j-0.5)})^{-1}\times\left(1-\dfrac{TTD_{ij}}{TTF_{ij}}\right)^{0.5}\times\left(\dfrac{SyD_{ij}}{TTF_{ij}}\right)^{0.2}, & TTD_{ij}<TTF_{ij}\\ 0, & TTD_{ij}\geqslant TTF_{ij}\end{cases}\tag{3.3}$$

信噪比等各因素对传感器故障检测能力的影响如图 3.4 所示。

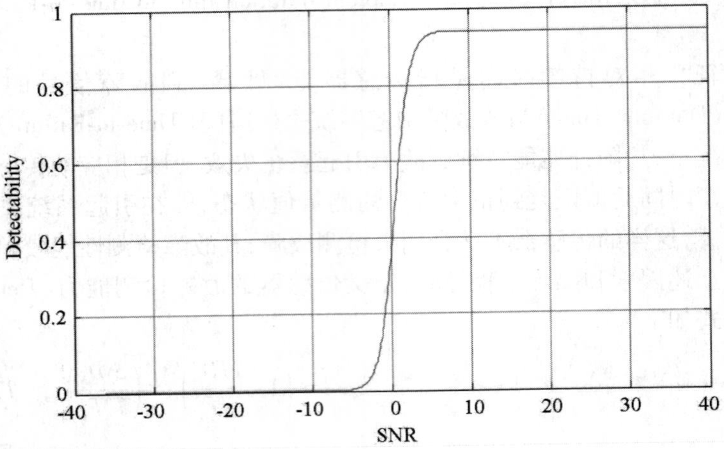

(a) 故障检测能力 – 信噪比曲线($V=1$;$TTD/TTF=0.1$;$SyD/TTF=1$)

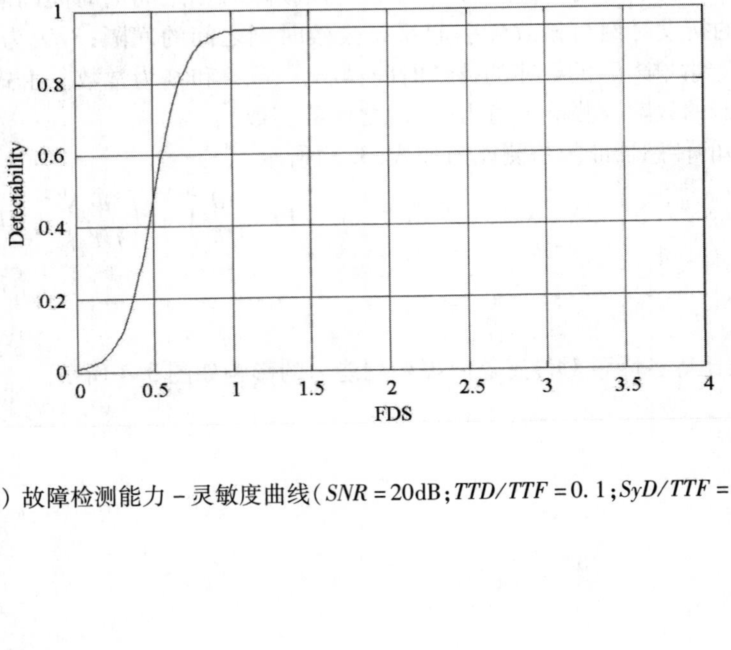

(b) 故障检测能力 – 灵敏度曲线($SNR=20\text{dB}$;$TTD/TTF=0.1$;$SyD/TTF=1$)

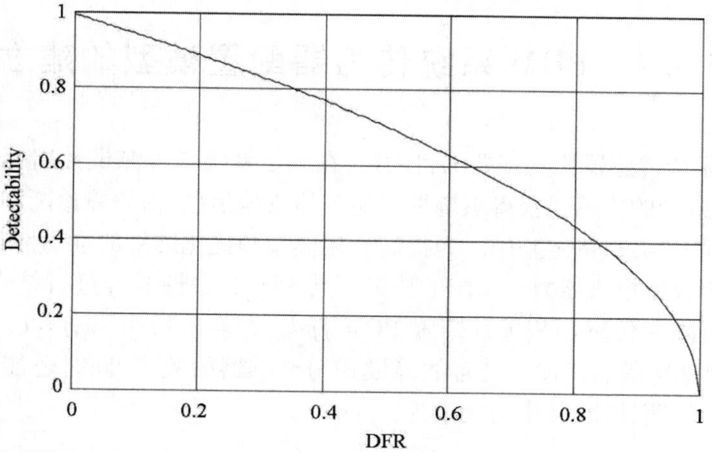

（c）故障检测能力－故障检测相对速度曲线（$V=1$；$SNR=20\text{dB}$；$SyD/TTF=1$）

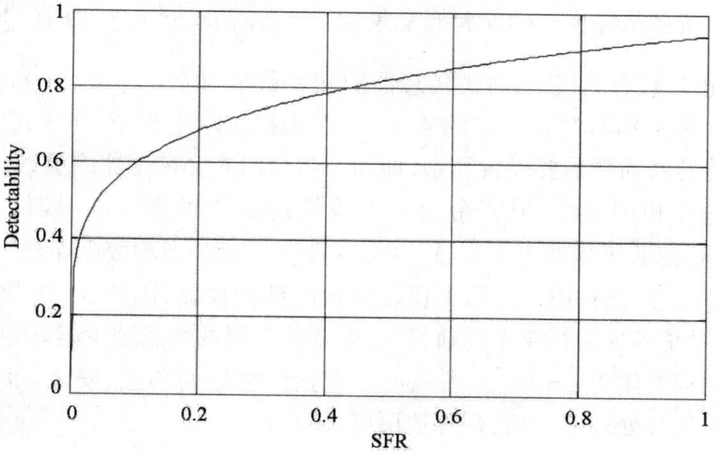

（d）故障检测能力－故障征兆相对持续时间曲线（$V=1$；$SNR=20\text{dB}$；$TTD/TTF=0.1$）

图 3.4 各因素对传感器故障检测能力的影响

§3.4 PHM 系统传感器配置模型的建立

PHM 系统传感器优化配置的目的是,在满足系统各种测试性指标要求的前提下,使用最少的传感器获得系统尽可能多的故障信息,为故障诊断和故障预测等 PHM 功能的实现奠定基础。为提高所建模型和优化结果的准确性和可靠性,将传感器的故障检测能力与系统的故障 - 传感器相关性矩阵进行结合,提出一种改进的故障 - 传感器相关性矩阵 $\boldsymbol{PD}=\{pd_{ij}\}(i=1,2,\cdots,m;j=1,2,\cdots,n)$。相关性矩阵 $\boldsymbol{PD}$ 既能描述系统各故障模式与传感器的关系,同时还能反映传感器对故障的检测性能,其中的元素为:

$$pd_{ij}=d_{ij}\cdot sd_{ij} \tag{3.4}$$

§3.4.1 目标函数

假设系统各故障模式的先验概率集为 $P=\{p_0,p_1,\cdots,p_m\}$,且有 $\sum\limits_{i=0}^{m}p_i=1$,其中 p_0 为正常状态的概率;各类传感器的安装数量为 $Q=\{q_1,q_2,\cdots,q_n\}$,$q_j\geqslant 0$ 且 $q_j\in Z$,实际传感器都有一定的故障率,因此在实际工程中,对于那些监测重要参数的传感器通常需要设置冗余,即同一参数用多个传感器测量,以提高测量结果的准确性和可靠性,但冗余会降低系统的整体可靠性,一般设置为 $q_j\leqslant 3$[125];各传感器的故障率为 $\lambda=\{\lambda_1,\lambda_2,\cdots,\lambda_n\}$。对于大型复杂系统,需要监测的参数数量很多,而传感器又属于比较昂贵的精密仪器,因此,必须考虑成本因素,在满足系统各项指标要求的前提下,安装传感器的数量越少越好。设传感器的全寿命周期费用为 $c=\{c_1,c_2,\cdots,c_n\}$,包括传感器的购置、安装、维护以及相应的数据采集和处理等费用,则总费用可表示为:

$$C=\sum_{j=1}^{n}c_jq_j \tag{3.5}$$

在传感器的优化配置过程中,一般都会考虑使总费用最低,即使式(3.5)取最小值。在实际的工程应用中,不能忽略系统的可靠性,一个最优的传感器配置不仅要求总费用最低,还要尽可能提高故障检测的可靠性,故障检测可靠性可以描述为:当系统发生某一故障时,能“敏感”到该故障的传感器至少有一个正常工作,以保证能检测到该故障的发生;如果所有相关传感器都同时发生了故障,那么该故障就不能被有效检测,即会发生漏检,从而使故障检测的可靠性降低。

对于某一故障模式 F_i，定义其不可观测性(Undetectability)如下[64]：

$$U_i = p_i \cdot \prod_{j=1}^{n} \lambda_j^{q_j pd_{ij}} \tag{3.6}$$

U_i 的含义是：当故障 F_i 发生时，所有传感器都发生了故障，从而导致该故障无法被“观测”到，U_i 即为无法检测到该故障发生的概率。F_i 的故障检测可靠性应与其不可观测性成反比例或反相关的关系，并与其发生概率和传感器的故障率相关，因此，可构造故障模式 Fi 的故障检测可靠性如式(3.7)所示：

$$Rf_i = \exp(-U_i) = \exp(-p_i \cdot \prod_{j=1}^{n} \lambda_j^{q_j pd_{ij}}) \tag{3.7}$$

整个系统的故障检测可靠性可用类似于数学期望的函数来描述，如式(3.8)所示：

$$R = \sum_{i=1}^{m} p_i \cdot Rf_i = \sum_{i=1}^{m} p_i \cdot \exp(-p_i \cdot \prod_{j=1}^{n} \lambda_j^{q_j pd_{ij}}) \tag{3.8}$$

§3.4.2 约束条件

传感器配置优化设计需要在多个约束条件下进行，这些条件一般包括故障检测率、故障隔离率和虚警率等性能指标，优化的目的就是在满足这些指标要求的条件下使成本最小，并获得尽可能高的故障检测可靠性。

1. 故障可检测性要求

为了保证系统所有故障模式都能被检测到，即对于每一种故障模式 F_i，都至少有一个传感器对其进行检测，需满足如下条件：

$$pd_i = \sum_{j=1}^{n} q_j \cdot pd_{ij} > d_{th} \tag{3.9}$$

式(3.9)中，$i=1,2,\cdots,m$，m 为故障模式种类；$d_{th} \in (0,1)$ 为故障 F_i 的检测阈值，决定了传感器对该故障的最小检测能力要求，可根据被监控系统的重要程度对其进行设定。

一般情况下，大型复杂系统有很多种故障模式，没必要要求检测出其所有故障模式，可以忽略那些影响很小但测试费用高的故障，确保能检测到系统的Ⅰ类故障(会引起人员死亡或导致系统毁坏的故障)和Ⅱ类故障(会严重伤害操作人员、造成重大经济损失或系统严重损坏的故障)即可[126]。为此，可为所有故障模式增加一个布尔变量属性项 $A_i(i=1,2,\cdots,m)$，$A_i=1$ 时，表示故障 F_i 为Ⅰ类故障或Ⅱ类故障，该类故障必须保证被有效检测；$A_i=0$ 则表示故障 F_i 不属于Ⅰ类故障或Ⅱ类故障，即不用检测。因此，故障可检测性约束(3.9)可写为：

$$pd_i = \sum_{j=1}^{n} q_j \cdot pd_{ij} > d_{th}, \forall A_i = 1, i = 1,2,\cdots,m \tag{3.10}$$

2. **故障检测率(False Detection Rate，FDR)要求**

故障检测率定义为在规定的时间 T 内,由机内测试(BIT)或外部测试设备(ETE)正确检测到的故障数(N_D)与故障总数(N_T)之比,用百分数表示,其数学描述为:

$$FDR = \frac{N_D}{N_T} \times 100\% \tag{3.11}$$

对故障率为常数的系统或设备来说,式(3.11)可写为:

$$FDR = \frac{N_D}{N_T} = \frac{T \cdot p_D}{T \cdot p} = \frac{\sum p_i}{p} \times 100\% \tag{3.12}$$

其中,p_D 为被检测出的故障模式的总故障率,p 为系统所有故障模式的故障率总和,p_i 为第 i 个被检测出的故障模式的发生概率。

为了使检测结果更加准确和可靠,必须考虑传感器及测试设备自身故障对检测结果的影响,根据概率论的相关知识,可构造系统的故障检测率约束如式(3.13)所示[125]:

$$\frac{\sum_{i=1}^{m} p_i \cdot \left(1 - \prod_{j=1}^{n} \lambda_j^{q_j pd_{ij}}\right)}{\sum_{i=1}^{m} p_i} \geqslant \gamma_{FD}^{\ *} \tag{3.13}$$

式中 $\gamma_{FD}^{\ *}$ 为系统的故障检测率要求。

3. **故障可分辨性要求**

检测到故障之后,PHM 还要作进一步的隔离和诊断。一般情况下,同一系统同时发生多个故障的概率非常小,因此,本文只考虑单故障的可分辨问题,即两个故障的隔离问题,故障可分辨条件为[127]:

$$\begin{cases} \sum_{j=1}^{n} q_j \cdot pd_{ij} \cdot pd_{kj} \leqslant \sum_{j=1}^{n} q_j \cdot pd_{ij} - d_{th} \\ \sum_{j=1}^{n} q_j \cdot pd_{ij} \cdot pd_{kj} \leqslant \sum_{j=1}^{n} q_j \cdot pd_{kj} - d_{th} \end{cases}, \forall i,k = 1,2,\cdots,m, \text{且 } i \neq k \tag{3.14}$$

式(3.14)的含义是:要保证故障 F_i 可分辨,则需要使其他任意故障对传感器的影响都不同于故障 F_i 对传感器的影响。

4. 故障隔离率(False Isolation Rate，FIR)要求

故障隔离率定义为在规定的时间 T 内，由机内测试(BIT)或外部测试设备(ETE)正确隔离到不大于规定的可更换单元数的故障数(NL)与同一时间内检测到的故障总数(ND)之比，用百分数表示，如式(3.15)所示：

$$FIR = \frac{N_L}{N_D} \times 100\% \tag{3.15}$$

考虑传感器自身可靠性及系统故障的影响，根据概率论可构建故障隔离率约束如式(3.16)所示：

$$\frac{\sum_{i=1}^{m} p_i \cdot \prod_{j=1}^{n} (1 - \lambda_j^{q_j p d_{ij}})}{\sum_{i=1}^{m} p_i \cdot (1 - \prod_{j=1}^{n} \lambda_j^{q_j p d_{ij}})} \geqslant \gamma_{FI}{}^{*} \tag{3.16}$$

式中 $\gamma_{FI}{}^{*}$ 为系统的故障隔离率要求。

5. 虚警率(False Alarm Rate，FAR)要求

虚警是指 BIT 或 ETE 指示被测对象/设备有故障，而该对象/设备实际上不存在故障的现象。PHM 系统存在较高的虚警率，不仅会直接影响系统的有效性，而且会对系统任务的完成以及系统的可用性和维修等产生不利的影响，甚至使使用人员对其丧失信心[128]。传感器故障是产生虚警的主要原因之一，因此，在传感器的优化配置过程中必须考虑传感器故障和虚警的影响。虚警率定义为在规定的时间 T 内，BIT 系统产生的虚警故障数目与故障报警总数之比。根据定义并结合概率论的相关知识，可构建虚警率约束如式(3.17)所示：

$$\frac{\sum_{i=1}^{m} \left[(1 - p_i) \cdot \prod_{j=1}^{n} \lambda_j^{q_j p d_{ij}} \right]}{\sum_{i=1}^{m} \left[p_i \cdot (1 - \prod_{j=1}^{n} \lambda_j^{q_j p d_{ij}}) \right] + \sum_{i=1}^{m} \left[(1 - p_i) \cdot \prod_{j=1}^{n} \lambda_j^{q_j p d_{ij}} \right]} \leqslant \gamma_{FA}^{*} \tag{3.17}$$

式中 $\gamma_{FA}{}^{*}$ 为系统的虚警率要求。

综上可得，传感器配置的优化模型为在满足约束条件(3.10)、(3.13)、(3.14)、(3.16)和(3.17)的条件下，使目标函数(3.5)取得最小值，同时使目标函数(3.8)取得最大值，如下所示：

$$
\min C = \sum_{j=1}^{n} c_j q_j, \ \max R = \sum_{i=1}^{m} p_i \cdot \exp\left(-p_i \cdot \prod_{j=1}^{n} \lambda_j^{q_j pd_{ij}}\right)
$$

$$
\text{s.t.}\begin{cases}
0 \leqslant q_j \leqslant 3, \text{且 } q_j \in Z \\
pd_i = \sum_{j=1}^{n} q_j \cdot pd_{ij} > d_{th}, \forall i = 1,2,\cdots,m, A_i = 1 \\
\dfrac{\sum_{i=1}^{m} p_i \cdot \left(1 - \prod_{j=1}^{n} \lambda_j^{q_j pd_{ij}}\right)}{\sum_{i=1}^{m} p_i} \geqslant \gamma_{FD}^{*} \\
\left.\begin{aligned}
\sum_{j=1}^{n} q_j \cdot pd_{ij} \cdot pd_{kj} \leqslant \sum_{j=1}^{n} q_j \cdot pd_{ij} - d_{th} \\
\sum_{j=1}^{n} q_j \cdot pd_{ij} \cdot pd_{kj} \leqslant \sum_{j=1}^{n} q_j \cdot pd_{kj} - d_{th}
\end{aligned}\right\} \forall i,k = 1,2,\cdots,m, \text{且 } i \neq k \\
\dfrac{\sum_{i=1}^{m} p_i \cdot \prod_{j=1}^{n} \left(1 - \lambda_j^{q_j pd_{ij}}\right)}{\sum_{i=1}^{m} p_i \cdot \left(1 - \prod_{j=1}^{n} \lambda_j^{q_j pd_{ij}}\right)} \geqslant \gamma_{FI}^{*} \\
\dfrac{\sum_{i=1}^{m} \left[(1 - p_i) \cdot \prod_{j=1}^{n} \lambda_j^{q_j pd_{ij}}\right]}{\sum_{i=1}^{m} \left[p_i \cdot \left(1 - \prod_{j=1}^{n} \lambda_j^{q_j pd_{ij}}\right)\right] + \sum_{i=1}^{m} \left[(1 - p_i) \cdot \prod_{j=1}^{n} \lambda_j^{q_j pd_{ij}}\right]} \leqslant \gamma_{FA}^{*}
\end{cases}
\tag{3.18}
$$

§3.5 PHM 系统传感器优化配置模型的求解算法

粒子群优化算法（PSO）是进化算法的一个重要分支，最早由 Kennedy 博士和 Eberhart 教授于 1995 年提出，是一种基于种群迭代搜索的自适应优化算法，它通过种群粒子中个体的交互作用来寻找复杂问题空间中的优化解。与遗传算法等其他进化算法相比，PSO 算法不要求被优化函数具有可微、可导、连续等性质，并且具有结构简单、控制参数少等优点，而且被证明能够以较小的计算代价获得良好的优化解，因此得到了广泛的研究和应用。

通过分析国内外在智能优化研究领域的现状可知，目前基于粒子群算法的群体智能优化技术正成为继遗传算法、蚁群算法之后新的研究热点和方向。PSO 算法具有快速收敛等特性，但其数学基础比较薄弱，且存在容易停滞于局部最优值和早熟收敛等问题，如何提高 PSO 算法的全局收敛能力一直是当前研究的热点问题。为克服粒子群算法的上述缺陷，本章对其算法原理及改进策略进行了系统深入的研究，提出了一种基于群体早熟收敛程度和非线性周期振荡参数策略的自适应混沌粒子群算法，仿真实例验证了其先进性和有效性，可为传感器优化模型的求解提供强有力的工具。

§3.5.1　粒子群算法的基本原理

PSO 算法的思想来源于鸟类迁徙觅食的模型，其关键在于每个粒子在解空间内根据自己的记忆和从其他粒子获取的社会信息更新自己的位置，通过个体间的协作与竞争，实现复杂空间中最优解的搜索，数学描述为：设每个粒子是 D 维搜索空间中的一个点，粒子规模为 N，第 i 个粒子（$i=1,2,\cdots,N$）的位置矢量可表示为 $x_i=(x_{i1}, x_{i2}, \cdots, x_{iD})$，速度矢量为 $v_i=(v_{i1}, v_{i2}, \cdots, v_{iD})$；第 i 个粒子搜索到的最优位置 $p_i=(p_{i1}, p_{i2}, \cdots, p_{iD})$，称为个体最优值，表示粒子的个体经验；整个粒子群体搜索到的最优位置 $p_g=(p_{g1}, p_{g2}, \cdots, p_{gD})$，为全局最优值，表示粒子的群体经验。各粒子根据对个体和群体飞行经验的综合分析来动态调整自身的飞行速度，同时向着自己以前经历过的最好位置和其他微粒曾经经历过的最好位置飞行。对于第 $k+1$ 次迭代，每个粒子按照式(3.19)更新自己的速度和位置[129]：

$$\begin{cases} v_{id}^{k+1}=\omega v_{id}^{k}+c_1 r_1(p_{id}-x_{id}^{k})+c_2 r_2(p_{gd}-x_{id}^{k}) \\ x_{id}^{k+1}=x_{id}^{k}+v_{id}^{k+1} \end{cases} \tag{3.19}$$

其中，k 为迭代次数；$i=1,2,\cdots,N$，N 为粒子规模；$d=1,2,\cdots,D$，D 为解空间的维数，即自变量的个数；c_1 为粒子的个体学习因子，c_2 为社会学习因子，分别用于调节粒子向个体极值和全局极值方向飞行的最大步长；r_1、r_2 为$[0,1]$之间均匀分布的随机数。$\omega>0$ 为惯性权重，如果取较大的值则算法有较强的全局搜索能力，反之则有较强的局部搜索能力，一般设置为随迭代步数线性递减的函数，如式(3.20)所示：

$$\omega(k)=\omega_{\max}-(\omega_{\max}-\omega_{\min})\cdot\frac{k}{T} \tag{3.20}$$

式(3.20)中，$\omega_{\max}$、$\omega_{\min}$ 分别为惯性权重的初值和终值，一般情况下惯性权重的取值范围为$[0.2, 0.9]$[130]；k 为当前迭代步数，T 为最大迭代步数。

式(3.19)中的速度更新方式由三个部分组成,第一部分称为“记忆项”,是粒子目前的状态,体现了粒子当前速度的影响,具有自身开拓、扩大搜索空间的趋势使算法具有全局优化能力,但是在迭代后期可能会影响局部精细搜索;第二部分是“认知”部分(Cognition Part),表示粒子对自身的学习;第三部分为“社会”部分(Social Part),表示粒子间的协作。三个部分共同决定粒子的空间搜索能力:第一部分平衡全局和局部搜索能力,第二部分加强粒子的局部搜索能力,第三部分则体现粒子间的信息共享。

所有粒子的适应度值都由被优化函数 $f(x)$ 评价,对于求解最小问题 $\min f(x)$,个体极值点 p_i 根据其适应度值 $f(p_i)$ 的大小按照式(3.21)更新:

$$p_i^{k+1}=\begin{cases}x_i^{k+1}, & \text{if} \quad f(x_i^{k+1})<f(p_i^k)\\ p_i^k, & \text{otherwise}\end{cases} \tag{3.21}$$

为了防止粒子在迭代过程中超出解空间范围,通常用一个大于零的常量 $V_{\max}$ 限制粒子的最大飞行速度,数学描述如式(3.22)所示。一般情况下,$V_{\max}$ 的选择不应该超过粒子搜索空间的宽度,如果 $V_{\max}$ 太大,粒子可能会“飞过”最优解的位置;如果取值太小,粒子就不能在局部区间之外进行足够的探索,可能降低粒子的全局搜索能力。

$$\begin{cases}\text{if} \quad v_{id}>V_{\max} & \text{then} \quad v_{id}=V_{\max}\\ \text{else if} \quad v_{id}<-V_{\max} & \text{then} \ v_{id}=-V_{\max}\end{cases} \tag{3.22}$$

§3.5.2 粒子群算法的收敛性分析

起初,PSO 算法只是用来模拟动物的行为,未详细分析其收敛性,参数选取也是根据经验进行。随着对算法研究的不断深入,学者对其行为分析和收敛性分析方面做了大量工作[131-132],粒子群算法的理论逐步形成。实际上,参数和收敛性是影响算法效率和性能的重要因素,并且二者紧密联系。

从粒子群的观念更新公式(3.19),即粒子速度和位置的更新方式,除了粒子的个体最优值 p_i 和群体最优值 p_g 与搜索空间各维有联系外,搜索空间各维之间是相互独立的,算法分析可以简化到一维空间进行。作如下假设:种群中除第 i 个粒子外其余粒子均保持不动,则可对第 i 个粒子的行为进行分析。为使计算变得简便,进一步假设粒子群的个体最优值 p_i 和全局最优 p_g 固定不变。令 $\phi_1=c_1r_1$,$\phi_2=c_2r_2$,$\phi=\phi_1+\phi_2$,则式(3.19)可写为:

$$\begin{cases}v_i^{k+1}=\omega v_i^k+\phi_1(p_i-x_i^k)+\phi_2(p_g-x_i^k)\\ x_i^{k+1}=x_i^k+v_i^{k+1}\end{cases} \tag{3.23}$$

合并(3.23)中的两式可得:

$$x_i^{k+1}=(1-\phi)x_i^k+\phi_1 p_i+\phi_2 p_g+\omega\cdot v_i^k \tag{3.24}$$

进一步可得粒子位置的递推关系为：

$$x_i^{k+1}=(1+\omega-\phi)x_i^k+\phi_1 p_i+\phi_2 p_g-\omega x_i^{k-1} \tag{3.25}$$

式(3.25)可以表示为向量的形式：

$$\begin{bmatrix} x_i^{k+1} \\ x_i^k \\ 1 \end{bmatrix}=\begin{bmatrix} 1+\omega-\phi & -\omega & \phi_1 p_i+\phi_2 p_g \\ 1 & 0 & 0 \\ 0 & 0 & 1 \end{bmatrix}\begin{bmatrix} x_i^k \\ x_i^{k-1} \\ 1 \end{bmatrix} \tag{3.26}$$

式(3.26)中矩阵的特征方程为：

$$(1-\lambda)[\omega-\lambda(1+\omega-\varphi)+\lambda^2]=0 \tag{3.27}$$

求解上述特征方程，可得矩阵的三个特征值如下：

$$\begin{cases} \lambda_1=(1+\omega-\varphi+\gamma)/2 \\ \lambda_2=(1+\omega-\varphi-\gamma)/2 \\ \lambda_3=1 \end{cases} \tag{3.28}$$

其中，$\gamma=\sqrt{(1+\omega-\phi)^2-4\omega}=\sqrt{\Delta}$。

解式(3.25)可得：

$$x_i^k=a_0+a_1\lambda_1^k+a_2\lambda_2^k \tag{3.29}$$

式(3.29)中，a_0、a_1 和 a_2 为待定系数，由粒子的初始位置 x_i^0、x_i^1 确定，且有：

$$\begin{cases} a_0=\dfrac{\phi_1 p_i+\phi_2 p_g}{\phi} \\ a_1=\dfrac{\lambda_2(x_i^0-x_i^1)-x_i^1+x_i^2}{\gamma(\lambda_1-1)} \\ a_2=\dfrac{\lambda_1(x_i^1-x_i^0)+x_i^1-x_i^2}{\gamma(\lambda_2-1)} \end{cases} \tag{3.30}$$

易知当且仅当 $\max(\|\lambda_1\|_2,\|\lambda_2\|_2)<1$ 时，x_i 的极限存在，即算法是收敛的，其中 $\|\cdot\|_2$ 表示求向量的 L_2 范数。下面根据 $\Delta=(1+\omega-\phi)^2-4\omega$ 的大小详细分析算法参数与收敛性的关系。

(1) $\Delta=(1+\omega-\phi)^2-4\omega<0$

当 $\Delta<0$ 时，特征值 λ_1、λ_2 为虚部不为零的复数，且有：

$$\begin{cases} \lambda_1=\dfrac{1+\omega-\phi}{2}+\mathrm{i}\,\dfrac{\sqrt{4\omega-(1+\omega-\phi)^2}}{2} \\ \lambda_2=\dfrac{1+\omega-\phi}{2}-\mathrm{i}\,\dfrac{\sqrt{4\omega-(1+\omega-\phi)^2}}{2} \end{cases} \tag{3.31}$$

则有：

$$\|\lambda_1\|_2 = \|\lambda_2\|_2 = \sqrt{\left(\frac{1+\omega-\phi}{2}\right)^2 + \left(\frac{\sqrt{4\omega-(1+\omega-\phi)^2}}{2}\right)^2} = \sqrt{\omega} \tag{3.32}$$

根据复数理论,λ_1、λ_2 可表示为如下形式:

$$\begin{cases}\lambda_1 = \sqrt{\omega}(\cos\theta + \mathrm{i}\sin\theta) \\ \lambda_2 = \sqrt{\omega}(\cos\theta - \mathrm{i}\sin\theta)\end{cases} \tag{3.33}$$

式(3.33)中,$\theta = \arg\tan\left(\frac{\sqrt{4\omega-(1+\omega-\phi)^2}}{1+\omega-\phi}\right)$。

因此,当 $\omega > 1$ 时,$\max(\|\lambda_1\|_2, \|\lambda_2\|_2) = \|\lambda_1\|_2 = \|\lambda_2\|_2 > 1$,数列 $\{x_i^k\}$ 发散,即算法不收敛;当 $\omega = 1$ 时,极限 $\lim\limits_{k\to\infty} x_i^k = a_0 + a_1(\cos\theta + \mathrm{i}\sin\theta) + a_2(\cos\theta - \mathrm{i}\sin\theta)$ 不存在,算法不收敛;当 $0 < \omega < 1$ 时,极限 $\lim\limits_{k\to\infty} x_i^k = a_0$,算法收敛。

综上可得,$\Delta = (1+\omega-\phi)^2 - 4\omega < 0$ 时,算法收敛的参数范围如图 3.5 中阴影部分所示,不包括边界。

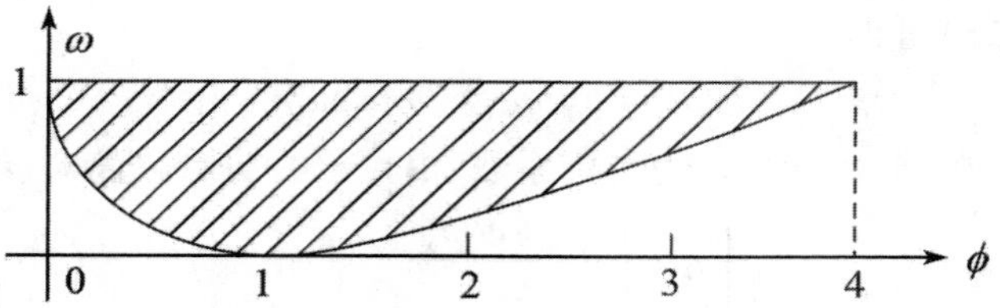

图 3.5　Δ<0 时算法收敛的参数范围

(2)$\Delta = (1+\omega-\phi)^2 - 4\omega = 0$

当 $\Delta = 0$ 时,有 $(1+\omega-\phi)^2 = 4\omega \geqslant 0$,由(3.28)可得:

$$(\|\lambda_1\|_2)^2 = (\|\lambda_2\|_2)^2 = \frac{(1+\omega-\phi)^2}{4} = \omega \tag{3.34}$$

因此,当且仅当 $0 \leq \omega < 1$ 时,满足 $\max(\|\lambda_1\|_2, \|\lambda_2\|_2) = \|\lambda_1\|_2 = \|\lambda_2\|_2 < 1$,即算法收敛,极限 $\lim\limits_{k\to\infty} x_i^k = a_0$,收敛区域为图 3.1 中抛物线部分。

(3)$\Delta = (1+\omega-\phi)^2 - 4\omega > 0$

当 $\Delta > 0$ 时,λ_1、λ_2 均为实数,分三种情况讨论:

① 当 $1+\omega-\phi < 0$ 时,由式(3.28)可知,$\max(\|\lambda_1\|_2, \|\lambda_2\|_2) = \|\lambda_2\|_2$,要使算法收敛,必须满足:

$$\|\lambda_2\|_2 = \left\|\frac{1+\omega-\phi-\gamma}{2}\right\|_2 = \frac{\phi-\omega-1+\sqrt{(1+\omega-\phi)^2-4\omega}}{2} < 1 \tag{3.35}$$

令 $\eta=\phi-\omega-1>0$,则式(3.35)变为:

$$\frac{\eta+\sqrt{\eta^2-4\omega}}{2}<1 \tag{3.36}$$

进一步可等价为:

$$\begin{cases}\sqrt{\eta^2-4\omega}<2-\eta\\ 2-\eta>0\end{cases} \tag{3.37}$$

求解式上式(3.37),可得:

$$\begin{cases}2\omega-\phi+2>0\\ \omega<1\end{cases} \tag{3.38}$$

此时参数的收敛范围为图 3.6 中阴影部分 A,不包括边界。

② 当 $1+\omega-\phi=0$ 时,$\Delta=-4\omega>0$,则 $\omega<0$。由式(3.28)可知 $\max(\|\lambda_1\|_2,\|\lambda_2\|_2)=\sqrt{-\omega}$,要使算法收敛必须满足 $-1<\omega<0$,收敛区域为图 3.6 中阴影内部虚线段。

③ 当 $1+\omega-\phi>0$ 时,由式(3.28)可知,$\max(\|\lambda_1\|_2,\|\lambda_2\|_2)=\|\lambda_1\|_2$,要使算法收敛,必须满足:

$$\|\lambda_1\|_2=\left\|\frac{1+\omega-\phi+\gamma}{2}\right\|_2=\frac{\omega-\phi+1+\sqrt{(\omega-\phi+1)^2-4\omega}}{2}<1 \tag{3.39}$$

解上式可得:

$$\begin{cases}\phi>0\\ \omega-\phi+1>0\end{cases} \tag{3.40}$$

此时参数的收敛范围为图 3.6 中阴影部分 B,不包括边界。

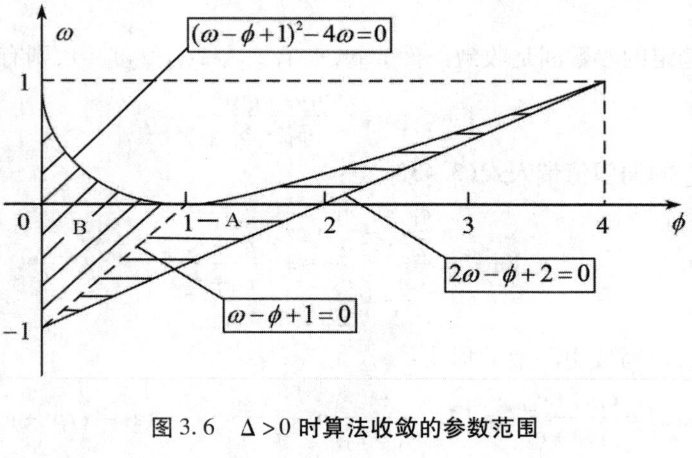

图 3.6　Δ>0 时算法收敛的参数范围

综合 Δ 取值的三种情况可知,PSO 算法收敛的参数范围为:

$$\phi > 0,\ \omega < 1,\ 2\omega - \phi + 2 > 0 \tag{3.41}$$

参数收敛范围如图 3.6 中阴影部分所示,不包括边界。当算法参数满足式(3.41)即位于图 3.7 中收敛区域内时,任意的粒子初始速度和位置都能保证算法的收敛性。

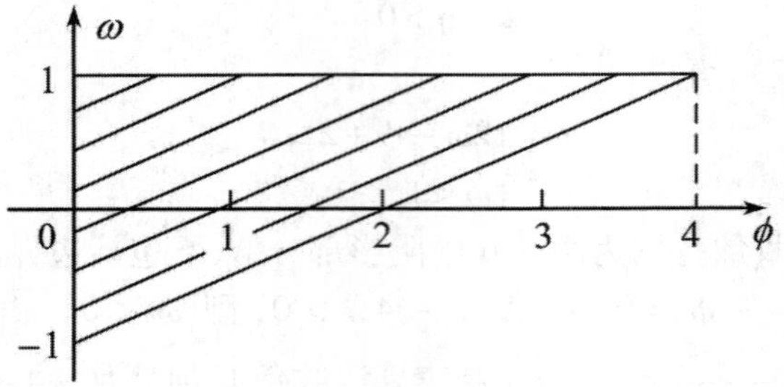

图 3.7　算法收敛的参数范围

值得注意的是,以上分析都是基于算法参数 $\phi_1 = c_1 r_1$、$\phi_2 = c_2 r_2$ 为常数的假设,实际上由于 r_1、r_2 是随机数,ϕ_1 和 ϕ_2 也具有随机性,c_1、c_2 可以当作是 ϕ_1、ϕ_2 的上限。根据统计理论可知,系统的一般行为可通过其数学期望值来描述,假设 r_1、r_2 是[0,1]之间均匀分布的随机数,则有:

$$\begin{cases} E(\phi_1) = c_1 E(r_1) = c_1 \int_0^1 \frac{x}{1-0} \mathrm{d}x = \frac{c_1}{2} \\ E(\phi_2) = c_2 E(r_2) = c_2 \int_0^1 \frac{x}{1-0} \mathrm{d}x = \frac{c_2}{2} \end{cases} \tag{3.42}$$

假设选定的参数满足收敛条件 $\max(\|\lambda_1\|_2, \|\lambda_2\|_2) < 1$,则有:

$$\lim_{k\to\infty} x_i^k = a_0 = \frac{\phi_1 p_i + \phi_2 p_g}{\phi_1 + \phi_2} \tag{3.43}$$

将 ϕ_1 和 ϕ_2 的期望值带入式(3.43),得:

$$\lim_{k\to\infty} x_i^k = \frac{\frac{c_1}{2} p_i + \frac{c_2}{2} p_g}{\frac{c_1}{2} + \frac{c_2}{2}} = \frac{c_1 p_i + c_2 p_g}{c_1 + c_2} \tag{3.44}$$

式(3.44)可以写成更一般的形式:

$$\lim_{k\to\infty} x_i^k = \frac{c_1 p_i + c_2 p_g}{c_1 + c_2} = \left(1 - \frac{c_2}{c_1 + c_2}\right) p_i + \frac{c_2}{c_1 + c_2} p_g = (1-\alpha) p_i + \alpha p_g \tag{3.45}$$

其中,$\alpha \in (0,1)$。由式(3.45)可知,粒子最终收敛于个体最优值和全局最优值的某个线性组合点。

进一步分析可得算法收敛的参数范围为：

$$\begin{cases}\omega < 1 \\ c_1 + c_2 > 0 \\ \omega > \dfrac{c_1 + c_2}{2} - 1\end{cases} \tag{3.46}$$

§3.5.3　粒子群算法的改进策略

1. 粒子参数的混沌初始化

混沌一般定义为由确定性方程得到的随机运动状态，混沌状态广泛存在于各种自然现象和社会现象中，在非线性系统中尤为普遍，其行为复杂且类似随机现象。混沌优化是一种新颖的优化方法，它主要利用混沌的遍历性特点来进行优化搜索，而且不要求目标函数连续和可微。混沌粒子群算法的基本思想包括两个方面[133]：一是利用混沌序列初始化粒子的速度和位置，这样既不会改变PSO 算法参数初始化的随机性特性，还能提高种群的多样性和搜索的遍历性，并从大量初始群体中择优选出初始群体；二是根据当前整个粒子群搜索到的全局最优值产生混沌序列，并用混沌序列中最优位置的粒子替代当前粒子群中的任意一个粒子，算法迭代过程中会产生局部最优值的许多邻域点，使“惰性”粒子逃离局部最优值，进而提高算法的收敛速度。

一般应用 Logistic 映射来产生混沌变量，其映射形式如下：

$$z_{k+1} = \mu \cdot z_k \cdot (1 - z_k),\ k = 0,1,2,\cdots \tag{3.47}$$

其中 $\mu \in [0,4]$ 为控制变量，$z_k \in [0,1]$。当 $\mu = 4$ 时，系统(3.47)处于完全混沌状态，此时，轨道布满区间[0,1]，即混沌轨道遍历区间[0,1]，给定任意初值 $z_0 \in [0,1]$，就可迭代出一个确定的混沌序列 $z_1, z_2, z_3, \cdots$。

2. 基于群体早熟程度的自适应惯性权重调整

当粒子几乎停止不动时就表明 PSO 算法搜索已陷入局部极值，此时粒子群的最优适应度值也会长时间处于不变(或停滞)状态，应根据群体早熟收敛程度对惯性权重进行调整。如果所有粒子都采用相同的调整方式，当群体已收敛到全局最优值附近时，会增大“优秀”粒子被破坏的概率，从而降低 PSO 算法的性能。为了充分发挥自适应操作的优势，本书根据粒子群体的早熟程度和粒子自身的适应度值，将粒子群体分为三个子群，对不同子群里的粒子采用不同的自适应调整策略，使算法的全局寻优能力和局部寻优能力得到了较好的平衡。

引用文献[134]中的指标来评价粒子群的早熟收敛程度：

$$\delta = |f_g - f_{ap}| \tag{3.48}$$

式(3.48)中,f_g 为全局最优粒子的适应度值,f_{ap} 为当前所有粒子的适应度平均值,f_{ap} 为适应度值优于 f_{ag} 的粒子的适应度平均值。可以用 δ 来评价粒子群的早熟收敛程度,δ 越小粒子群越趋于早熟收敛。对于适应度值为 f_i 的粒子,其自适应调整策略如下。

(1)当 f_i 优于 f_{ap} 时:此时粒子是比较接近全局最优值的较优粒子,其惯性权重应取较小值,以避免"逃离"全局最优值,粒子的惯性权重按式(3.49)自适应调整:

$$\omega(k) = \omega_m - [\omega_m - \omega_{\min}] \cdot \left|\frac{f_i - f_{ap}}{\delta}\right| \tag{3.49}$$

其中,$\omega_{\min}$ 为 ω 的最小值,ω_m 为 ω 取值范围的中间值。粒子适应度值越接近全局最优值,惯性权重取值应越小,以加强粒子的局部寻优能力。

(2)当 f_i 劣于 f_{ap} 但优于 f_{ag} 时:此时的粒子是群体中的一般粒子,具有较好的局部和全局寻优能力,其惯性权重按式(3.50)所示的非线性递减策略自适应调整:

$$\omega(k) = \omega_{\max} - (\omega_{\max} - \omega_{\min}) \cdot \left(\frac{k}{T}\right)^2 \tag{3.50}$$

(3)当 f_i 劣于 f_{ag} 时:此时的粒子质量较差,应赋予较大的惯性权重加强其全局寻优能力,自适应调整策略如下:

$$\omega(k) = 1 - \frac{1}{1 + \gamma_1 \cdot \exp(-\gamma_2 \cdot \delta)} \tag{3.51}$$

其中,参数 $\gamma_1 > 1$ 用于控制 ω 的上限,γ_1 越大,ω 的上限越大;$\gamma_2 > 0$ 用于控制 ω 的调节能力。

3. 学习因子的非线性周期振荡策略

受社会群体中常发生的分散和重组交替现象(如鸟类觅食过程)的启发,张治俊等[135]提出了一种采用振荡参数策略的粒子群优化算法,在整个搜索过程中惯性权重和学习因子都采用周期振荡策略,使全局搜索和局部挖掘在整个优化过程中多次交替,提高了算法的全局寻优性能。本书将该方法作了进一步的改进,结合上述惯性权重的自适应调整策略,对学习因子采用非线性周期振荡策略进行调整,以进一步提高算法的性能。

在搜索初期,较大的个体学习因子和较小的社会学习因子有利于群体搜索整个空间;在搜索后期,较小的个体学习因子和较大的社会学习因子则有利于群体收敛于全局最优值。因此,粒子的个体学习因子 c_1 采用非线性周期递减策略,而社会学习因子 c_2 采用非线性周期递增策略,如式(3.52)所示:

$$\begin{cases} c_1(k) = c_{1\max} - (c_{1\max} - c_{1\min}) \cdot \left(\dfrac{\operatorname{mod}(k,L)}{L}\right)^2 \\ c_2(k) = c_{2\min} + (c_{2\max} - c_{2\min}) \cdot \left(\dfrac{\operatorname{mod}(k,L)}{L}\right)^2 \end{cases} \tag{3.52}$$

式(3.52)中，$c_{1\max}$、$c_{2\max}$分别为粒子个体学习因子和社会学习因子的最大值；$c_{1\min}$、$c_{2\min}$分别为粒子个体学习因子和社会学习因子的最小值；L 为振荡周期；mod(·)表示取模运算。学习因子 c_1、c_2 的调整策略如图 3.8 所示。

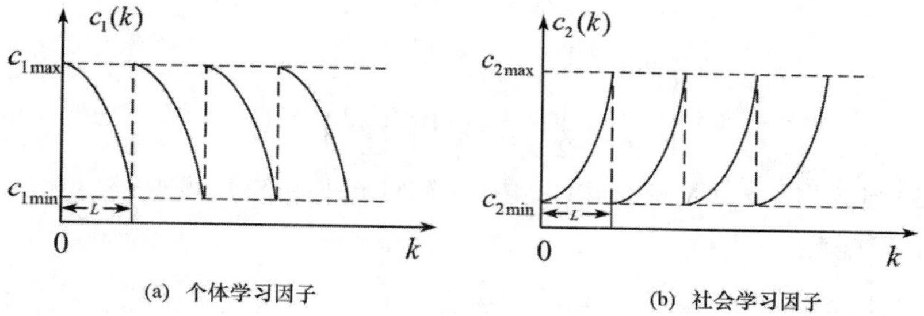

图 3.8　粒子学习因子的非线性周期振荡策略

§3.5.4　改进粒子群算法的收敛性分析

收敛性是衡量算法性能的重要指标，本节结合上文 3.3 节中的结论直接分析改进后 PSO 算法的收敛性。针对粒子惯性权重的三种调整策略，分三种情况对所提算法的收敛性进行具体的分析。

(1) 当f_i 优于f_{ap}时，综合式(3.46)、(3.49)和(3.52)，可得：

$$\begin{cases} c_1 + c_2 > 0 \\ \omega_m - [\omega_m - \omega_{\min}] \cdot \left|\dfrac{f_i - f_{ap}}{\delta}\right| < 1 \\ \omega_m - [\omega_m - \omega_{\min}] \cdot \left|\dfrac{f_i - f_{ap}}{\delta}\right| > \dfrac{1}{2}\left[l_1 + l_2 \cdot \left(\dfrac{\operatorname{mod}(k,L)}{L}\right)^2\right] - 1 \end{cases} \tag{3.53}$$

其中，$l_1 = c_{1\max} + c_{2\min}$，$l_2 = c_{2\max} - c_{2\min} - c_{1\max} + c_{1\min}$。不妨作最保守的估计，把不等式两边看作两个函数，要满足(3.53)中第 3 个不等式，只需满足不等式左边函数的最小值不小于右边函数的最大值(以下简称“最小 - 最大”原理)，则式(3.53)可化简为：

$$\begin{cases} c_1 + c_2 > 0 \\ \omega_m < 1 \\ \omega_{\min} > \dfrac{1}{2}\left[l_1 + l_2 \cdot \left(\dfrac{L-1}{L}\right)^2\right] - 1 \end{cases} \tag{3.54}$$

(2)当f_i劣于f_{ap}但优于f_{ag}时,综合式(3.46)、(3.50)和(3.52),可得:

$$\begin{cases} c_1+c_2>0 \\ \omega_{\max}-(\omega_{\max}-\omega_{\min})\cdot\left(\dfrac{k}{T}\right)^2<1 \\ \omega_{\max}-(\omega_{\max}-\omega_{\min})\cdot\left(\dfrac{k}{T}\right)^2>\dfrac{1}{2}\left[l_1+l_2\cdot\left(\dfrac{\mathrm{mod}(k,L)}{L}\right)^2\right]-1 \end{cases} \tag{3.55}$$

根据"最小-最大"原理,可将(3.55)式简化为:

$$\begin{cases} c_1+c_2>0 \\ \omega_{\max}<1 \\ \omega_{\min}>\dfrac{1}{2}\left[l_1+l_2\cdot\left(\dfrac{L-1}{L}\right)^2\right]-1 \end{cases} \tag{3.56}$$

(3)当f_i劣于f_{ag}时,综合式(3.46)、(3.51)和(3.52),可得:

$$\begin{cases} c_1+c_2>0 \\ 1-\dfrac{1}{1+\gamma_1\cdot\exp(-\gamma_2\cdot\delta)}<1 \\ 1-\dfrac{1}{1+\gamma_1\cdot\exp(-\gamma_2\cdot\delta)}>\dfrac{1}{2}\left[l_1+l_2\cdot 2\left(\dfrac{\mathrm{mod}(k,L)^2}{L}\right)^2\right]-1 \end{cases} \tag{3.57}$$

由$\gamma_1>1,\gamma_2>0$可知,式(3.57)第3个不等式左边函数的值域为(0,1.0),因此,根据"最小-最大"原理,式(3.57)等价为:

$$\begin{cases} c_1+c_2>0 \\ 0>\dfrac{1}{2}\left[l_1+l_2\cdot\left(\dfrac{L-1}{L}\right)^2\right]-1 \end{cases} \tag{3.58}$$

综上可得,算法收敛时参数需满足的条件为:

$$\begin{cases} \omega_{\max}<1 \\ c_1+c_2>0 \\ \dfrac{1}{2}\left[l_1+l_2\cdot\left(\dfrac{L-1}{L}\right)^2\right]-1<\min\{\omega_{\min},0\} \end{cases} \tag{3.59}$$

因此,只需选取合适的算法参数使其满足式(3.59),即可保证本书所提算法的收敛性。

§3.5.5 改进粒子群算法性能检验

根据上文中的算法改进原理,本书所提基于群体早熟收敛程度和非线性周期振荡参数策略的自适应混沌粒子群算法的实现步骤如下:

Step 1:确定粒子群规模 N、最大迭代次数 T 和振荡周期 L 等参数,并对粒子的位置和速度进行混沌初始化；

Step 2：初始化粒子的局部最优值和全局最优值；

Step 3：计算各粒子的适应度值，并根据各粒子的适应度值和粒子群的早熟收敛程度对不同的粒子选择不同的策略调整其惯性权重；

Step 4：采用非线性周期振荡策略对粒子的个体学习因子和社会学习因子进行更新；

Step 5：根据优化要求更新粒子群的局部最优值和全局最优值；

Step 6：若满足停止条件，停止搜索，并输出全局最优值及其适应度值；否则转向 Step 3。

为了对本书所提改进算法的性能进行分析和验证，选取 4 个典型 Benchmark 优化问题进行分析。粒子种群参数采用非对称初始化，此外，对粒子的位置和速度加以限制，防止粒子远离搜索空间。各基准测试函数的初始化范围和粒子取值区间如表 3.2 所示。

表 3.2　基准测试函数及其参数设置

函数名称	数学表达式	全局最优值	非对称初始化区间	$[x_{\min},\ x_{\max}]$
Sphere	$f(x)=\sum_{i=1}^{n}x_i^2$	$(0,\cdots,0)$	$(50,\ 100)^n$	$[-100,\ 100]$
Rosenbrock	$f(x)=\sum_{i=1}^{n-1}[100(x_{i+1}-x_i^2)^2+(x_i-1)^2]$	$(1,\cdots,1)$	$(5,\ 10)^n$	$[-10,\ 10]$
Rastrigrin	$f(x)=\sum_{i=1}^{n}[x_i^2-10\cos(2\pi x_i)+10]$	$(0,\cdots,0)$	$(5,\ 10)^n$	$[-10,\ 10]$
Griewank	$f(x)=\frac{1}{4000}\sum_{i=1}^{n}x_i^2-\prod_{i=1}^{n}\cos(x_i/\sqrt{i})+1$	$(0,\cdots,0)$	$(50,\ 100)^n$	$[-100,\ 100]$

为验证所提算法（Prematurity Degree and Nonlinear Periodic Oscillating-based PSO，PDNPO-PSO）的性能，将其与参数线性调整 PSO 算法（L-PSO，惯性权重线性递减，个体学习因子随迭代次数线性递减，而社会学习因子随迭代次数线性递增，未引入混沌）、参数非线性调整 PSO 算法（N-PSO，惯性权重非线性递减，学习因子非线性变化，但没采用振荡策略，且未引入混沌）、混沌粒子群算法（C-PSO，惯性权重线性递减，个体学习因子随迭代次数线性递减，而社会学习因子随迭代次数线性递增，用混沌初始化粒子群的参数）和基于群体早熟程度的自适应 PSO 算法（PD-PSO，惯性权重线性递减，学习因子非线性更新，但没采用振荡策略，且未引入混沌）进行对比分析。考虑到算法运行结果的随机性，对于每

个测试函数，每种优化算法都重复运行 20 次，取其均值作为最终的优化结果。算法参数的设置为：粒子群规模 $N=40$，最大迭代次数 $T=1000$，惯性权重取值范围 $\omega\in[0.3,0.9]$，学习因子取值范围 $c\in[0.45,1.45]$，振荡周期取 $L=300$，易知该参数设置满足算法的收敛条件式(3.45)，各基准测试函数的仿真结果如图 3.9 所示。

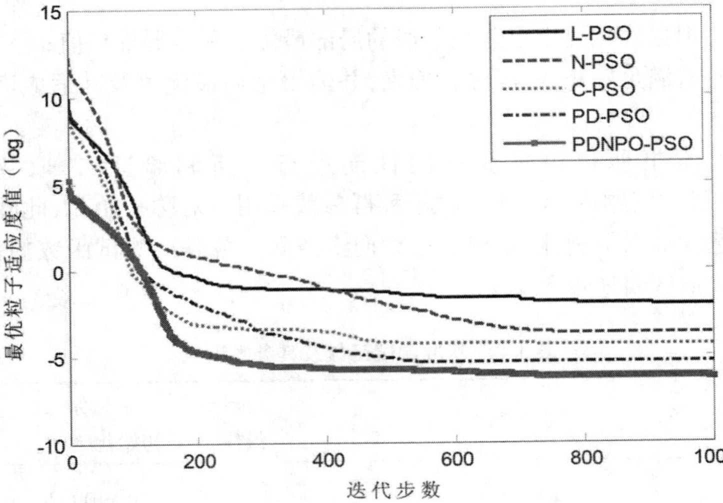

(a) Sphere 函数

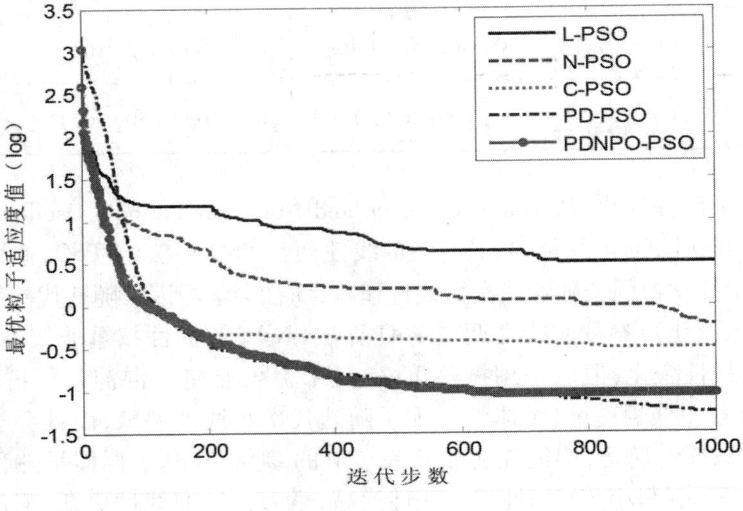

(b) Rosenbrock 函数

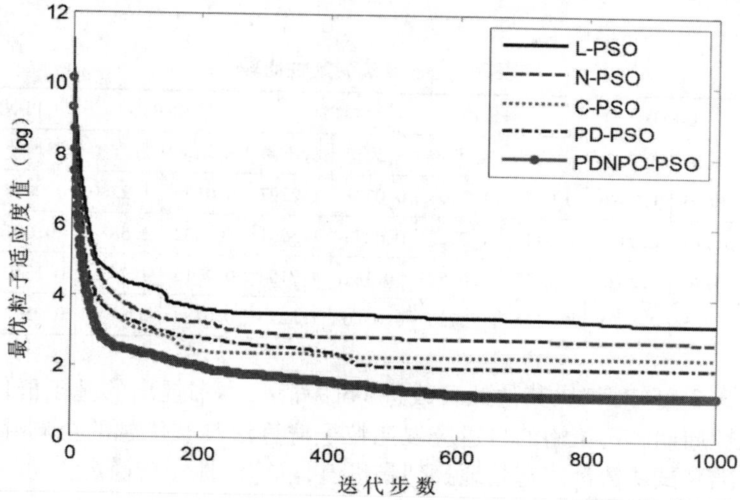

（c）Rastrigrin 函数

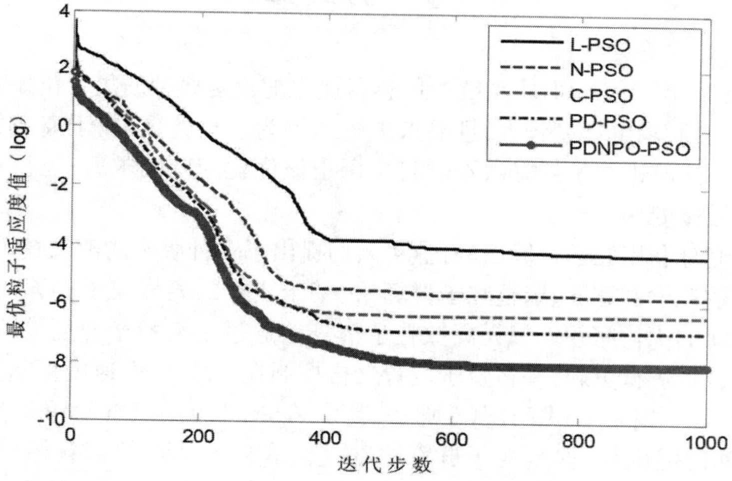

（d）Griewank 函数

图 3.9　基准测试函数收敛曲线

为进一步比较上述各算法的稳定性，对于每一个基准测试函数，将各种算法重复运行搜索到的最优值求平均值并作为最终的全局最优值，分别对重复测试中每次得到的最优粒子位置的各维求标准差，然后对所有维数的标准差求和，以此作为该算法稳定性的指标，标准差越小，算法越稳定。各算法的稳定性能指标如表 3. 3 所示。

表 3. 3 各算法稳定性比较

	L-PSO		N-PSO		C-PSO		PD-PSO		PDNPO-PSO	
	平均值	标准差	平均值	标准差	平均值	标准差	平均值	标准差	平均值	标准差
Sphere	0. 0600	1. 9396	0. 0450	1. 2466	0. 0324	1. 2297	0. 0169	1. 2280	0. 0064	0. 3513
Rosenbrock	-0. 1150	2. 0434	0. 0117	1. 7327	0. 0273	1. 5531	-0. 0323	2. 5881	-0. 0015	0. 7600
Rastrigrin	0. 3176	6. 2420	0. 2670	4. 6752	-0. 1812	4. 2154	0. 2016	4. 7634	0. 1340	2. 2665
Griewank	-0. 1254	2. 6096	0. 1725	1. 9726	0. 0386	1. 3245	0. 0483	0. 8246	0. 0563	1. 5347

由表 3. 3 可知，相比其他几种改进 PSO 算法，本书提出的基于群体早熟程度和非线性周期震荡策略的自适应混沌粒子群算法具有优越的全局寻优能力，对 4 个基准测试函数都能有效地找到最优值，且算法性能较稳定。

§3. 6 仿真应用

由式(3. 18)可知，PHM 系统的传感器优化配置是典型的集合覆盖和多目标组合优化问题，求解难度较大，且要求求解结果为非负整数，属于离散领域的优化问题。上述改进粒子群算法不能直接用于该优化问题的求解，还得对其做进一步的离散化处理。

为了充分利用粒子群算法的优点，人们提出了多种版本的离散粒子群算法，如二元离散粒子群算法、取整粒子群算法、基于交换的离散粒子群算法等，以解决离散空间的优化问题。二元离散粒子群算法通过定义粒子速度的 sigmoid 函数来对其位置进行更新，并将粒子位置严格控制在 0 或 1，而速度更新方式与基本粒子群算法相同，如式(3. 60)所示，其中 $\mathrm{sigmoid}(v)=1/(1+\mathrm{e}^{-v})$，*rand* 为(0,1)之间的随机数；取整粒子群算法则直接取粒子位置的整数部分(或者用 round 函数取整)，速度更新公式不变，实验表明，该算法是一种有效的优化方法[136-137]。

$$\begin{cases} v_{id}^{k+1}=\omega\cdot v_{id}^{k}+c_1r_1(p_{id}-x_{id}^{k})+c_2r_1(p_d-x_{id}^{k}) \\ x_{id}^{k+1}=1,\ rand<\mathrm{sigmoid}(v_{id}^{k+1}) \\ x_{id}^{k+1}=0,\ rand\geqslant\mathrm{sigmoid}(v_{id}^{k+1}) \end{cases} \tag{3.60}$$

本书综合利用二元离散粒子群算法和取整粒子群算法的思想，并对其进行如下改进：粒子的速度更新方式采用上文中所提的参数调整策略，包括惯性权重和学习因子的调整；对于粒子位置的更新，则先让其对1进行求模运算，运算结果与一随机数比较大小，根据其大小关系对粒子位置向上取整或向下取整，以保持粒子群体的多样性，如式(3.61)所示：

$$\begin{cases} v_{id}^{k+1} = \omega \cdot v_{id}^{k} + c_1 r_1 (p_{id} - x_{id}^{k}) + c_2 r_1 (p_d - x_{id}^{k}) \\ x_{id}^{k+1} = \begin{cases} \text{ceil}(x_{id}^{k} + v_{id}^{k+1}), & rand < \text{mod}((x_{id}^{k} + v_{id}^{k+1}), 1) \\ \text{floor}(x_{id}^{k} + v_{id}^{k+1}), & rand \geqslant \text{mod}((x_{id}^{k} + v_{id}^{k+1}), 1) \end{cases} \end{cases} \tag{3.61}$$

其中，ceil(·)为向上取整运算，向上取为最接近的整数；floor(·)为向下取整运算，向下取为最接近的整数；*rand* 为[0,1]之间的随机数。

为检验上述理论的正确性和有效性，对文献[138]中某车载稳定与跟踪伺服系统进行传感器优化配置，该系统的测试性设计要求为：故障检测率不低于98%，故障隔离率不低于95%，虚警率不高于10%。该系统的故障－传感器相关性矩阵如表3.4所示，各故障模式的先验概率如表3.5所示，各传感器的全寿命周期费用相对值(将最低费用视为单位“1”)及其故障率如表3.6所示。

表3.4 某伺服系统故障－传感器相关性矩阵

	电平信号 S_1	振动传感器 S_2	电流传感器 S_3	光电编码器 S_4	温度传感器 S_5	振动传感器 S_6	光电编码器 S_7	速率陀螺 S_8	捷联惯导 S_9
F_1：驱动器工作不正常	1	0	0	0	0	0	0	0	0
F_2：定子与转子的气隙不均匀	0	1	1	1	0	0	0	0	0
F_3：电机定子线圈短路	0	0	1	1	0	0	0	0	0
F_4：电机定子线圈短路	0	0	0	1	1	0	0	0	0
F_5：电机定子线圈接地	0	0	1	0	1	0	0	0	0
F_6：电机轴承磨损	0	1	0	1	0	0	0	0	0
F_7：减速器齿轮疲劳磨损	0	0	0	0	0	1	1	1	1
F_8：减速器轴承疲劳磨损	0	0	0	0	0	1	0	0	0
F_9：减速器无输出	0	0	0	0	0	0	1	1	1

表3.5 某伺服系统先验故障概率(/1000h)

F_1	F_2	F_3	F_4	F_5	F_6	F_7	F_8	F_9
0.01	0.01	0.10	0.01	0.10	0.15	0.20	0.15	0.01

表 3.6 传感器的全寿命周期费用(相对值)及故障率(/1000h)

	S_1	S_2	S_3	S_4	S_5	S_6	S_7	S_8	S_9
全寿命周期费用	1	200	150	1000	100	200	1000	10000	100000
故障率	0.01	0.001	0.001	0.01	0.01	0.001	0.01	0.001	0.0001

为了简单起见,结合本章第三节的相关内容,影响传感器故障检测能力的各因素中,假设所有传感器的信噪比 *SNR* 均为 20dB,灵敏度、故障检测相对速度和故障征兆相对持续时间三个参数则根据故障 – 传感器相关性矩阵赋予某一适当的值(各不相同)。考虑传感器的故障检测能力后,该系统的改进型故障 – 传感器相关性矩阵如表 3.7 所示(保留 4 位小数)。

表 3.7 改进的故障 – 传感器相关性矩阵

	S_1	S_2	S_3	S_4	S_5	S_6	S_7	S_8	S_9
F_1	0.9631	0	0	0	0	0	0	0	0
F_2	0	0.9210	0.8963	0.9451	0	0	0	0	0
F_3	0	0	0.8922	0.9678	0	0	0	0	0
F_4	0	0	0	0.8922	0.9033	0	0	0	0
F_5	0	0	0.9766	0	0.9421	0	0	0	0
F_6	0	0.9312	0	0.9033	0	0	0	0	0
F_7	0	0	0	0	0	0.8960	0.8836	0.8971	0.9156
F_8	0	0	0	0	0	0.9122	0	0	0
F_9	0	0	0	0	0	0	0.8920	0.9623	0.9272

根据上文理论建立该伺服系统的传感器配置优化模型,假设该系统的所有故障 $F_1 \sim F_9$ 都需要检测,两个目标通过线性加权转化为一个目标函数,并用添加惩罚函数的方法将约束优化问题转化为非约束优化问题,构造适应度函数以适合粒子群算法的求解,粒子各维的数值即表示相应传感器的安装数量,求解结果为:传感器的配置向量为[2,0,1,1,2,1,0,1,0],故障检测率为 0.9925,故障隔离率为 0.9826,虚警率为 0.0216,故障检测可靠性 $R = 0.7396$,总费用为 11552。文献[138]的优化结果为:传感器配置向量为[2,0,1,1,1,1,0,0,1],故障检测率为 0.9936010,故障隔离率为 0.9938112,虚警率为 0.01756336,总费用为 101452。

通过分析上述应用实例的优化结果可知,采用本书传感器配置优化理论得到的结果能满足系统的测试性设计要求,只是故障检测率等指标略逊色于文献[138],然而相比之下却节省了大量的成本(本书优化结果的总费用为文献[138]的 11.38%)。究其原因是本书在建模过程中考虑了传感器的故障检测能力,并且构造了故障检测可靠性这一目标函数。综合考虑系统的各项指标要求、成本和系统各故障情况,本书的优化结果更加符合实际情况。

§3.7 本章小结

本章系统地研究了 PHM 系统传感器优化配置的建模问题,首先根据 PHM 系统的测试性要求和 aFMECA 确定的测量变量及相应传感器类型,设计了一个 PHM 系统传感器优化配置的闭环体系结构,优化结果最终通过故障诊断和预测等进行验证,形成一个完整的闭环系统。然后分别用有向图、二部图和故障 - 传感器相关性矩阵描述系统各故障模式与备选传感器(对应各测量变量)的关系,并结合传感器的故障检测能力对相关性矩阵进行了改进。改进后的相关性矩阵不仅能描述故障模式与传感器的关联关系,同时还能反映传感器实际的故障检测性能。根据系统的故障检测率等各项测试性指标要求建立传感器配置的约束优化模型,除考虑传感器的全寿命周期费用,还提出并构建了故障检测可靠性的概念及其计算方法,将其也作为传感器配置的优化目标。最后将文中理论用于某车载稳定与跟踪伺服系统的传感器优化配置,验证了所提理论的有效性和可行性,可为复杂系统的传感器优化配置提供参考依据及可行途径。

第四章　基于传感器优化配置及非线性观测器的故障诊断

传感器优化配置的最终目的是用数量最少的传感器实现系统的PHM功能，即通过对传感器配置进行优化，使用最少数量的传感器监测系统的关键参数，并通过对传感器采集信息的处理（用各种方法或算法）实现故障检测、诊断和预测等功能，这对于含有众多变量、需要安装大量传感器的大型复杂系统来说，具有特别重要的意义。因此，在完成传感器的优化配置之后，应将配置结果与系统的故障诊断结合起来，以验证配置方案的可行性和准确性。

故障诊断方法包括基于解析模型的方法、基于数据驱动的方法和基于知识的方法三类，其中基于解析模型的方法是通过比较诊断对象的可测信息和由数学模型表达的先验信息产生残差，根据对残差的分析处理结果来实现故障诊断；基于数据驱动的方法是利用相关函数、频谱等信号模型直接分析可测信号，通过提取方差、频率等特征值进行故障诊断；基于知识的方法是随着人工智能和计算机技术的飞速发展而发展起来的一种智能方法，该方法不需要建立对象的精确数学模型，是一种很有生命力的方法。相比于其他两种方法，基于解析模型的方法可以充分利用被诊断系统内部的深层知识，对系统整体的故障进行诊断尤其是微小故障（Incipient Fault）的早期诊断，因此得到了更为广泛的关注和应用[139]。

基于解析模型的故障诊断方法可以分为观测器方法、等价空间方法、滤波器方法和参数估计方法等，其中观测器方法一直是故障诊断领域的研究热点，也是本章的研究内容。本章将基于观测器的故障诊断方法与传感器的优化配置有机结合起来，探索一种验证PHM系统传感器优化配置结果的思路和方法。同时，为了使研究更加贴近实际，考虑了实际系统的非线性和故障诊断的鲁棒性等问题，并用线性矩阵不等式（Linear Matrix Inequality，LMI）技术来求解。

§4.1　线性矩阵不等式及 Schur 补引理

线性矩阵不等式(LMI)是一种解决控制理论问题的重要方法,近十多年来已被广泛用于解决系统和控制问题。系统和控制中的很多问题通过 LMI 技术都可以转化为一个 LMI 的可行性问题,或者一个受 LMI(组)约束的凸优化问题,进而利用有效的凸优化算法求解。大多数不存在解析解的多目标、多约束问题,通过 LMI 技术往往能够得到较好的解决。

定义 4.1[140]　$\boldsymbol{Q}^n:=\{\boldsymbol{S}\in\boldsymbol{R}^{n\times n},\boldsymbol{S}=\boldsymbol{S}^{\mathrm{T}}\}$,$\boldsymbol{Q}^n_+:=\{\boldsymbol{S}\in\boldsymbol{Q}^n,\boldsymbol{x}^{\mathrm{T}}\boldsymbol{S}\boldsymbol{x}\geqslant 0,\ \forall\boldsymbol{x}\in\boldsymbol{R}^n\}$,当 $\boldsymbol{S}\in\boldsymbol{Q}^n_+$ 时,矩阵 $\boldsymbol{S}\in\boldsymbol{Q}^n$ 为半正定矩阵,即 $\boldsymbol{S}\geqslant 0$;当 $\boldsymbol{S}\in\mathrm{int}(\boldsymbol{Q}^n_+)$ 时,矩阵 $\boldsymbol{S}\in\boldsymbol{Q}^n$ 为正定矩阵,即 $\boldsymbol{S}>0$,int(·)表示集合的内部,即如果 $\forall\boldsymbol{x}\in\boldsymbol{R}^n\setminus\{0\}$ 都有 $\boldsymbol{S}\boldsymbol{x}\geqslant 0$ 成立,则 $\boldsymbol{S}>0$。对于矩阵 $\boldsymbol{S}\in\boldsymbol{Q}^n$,下列三个条件是等价的:

(1)$\boldsymbol{S}\boldsymbol{x}\geqslant 0$;

(2)$\boldsymbol{S}$ 的特征值非负;

(3)$\boldsymbol{S}=\boldsymbol{H}^{\mathrm{T}}\boldsymbol{H}$,$\boldsymbol{H}$ 不一定是方阵。

线性矩阵不等式的一般形式如下:

$$\boldsymbol{F}(\boldsymbol{x}) = \boldsymbol{F}_0 + \sum_{i=1}^{m}\boldsymbol{x}_i\boldsymbol{F}_i > 0 \tag{4.1}$$

其中,$\boldsymbol{x}=[x_1,\cdots,x_m]^{\mathrm{T}}\in\boldsymbol{R}^m$ 是未知的决策向量,元素 x_i 为决策变量。$\boldsymbol{F}_i=\boldsymbol{F}_i{}^{\mathrm{T}}\in\boldsymbol{R}^{n\times n}(i=0,1,\cdots,m)$ 为给定的对称矩阵。$\boldsymbol{F}(\boldsymbol{x})>0$ 表示是 $\boldsymbol{F}(\boldsymbol{x})$ 正定的,即对于任意非零向量 $\boldsymbol{\nu}\in\boldsymbol{R}^n$,都有 $\boldsymbol{\nu}^{\mathrm{T}}\boldsymbol{F}(\boldsymbol{x})\boldsymbol{\nu}>0$ 或者 $\boldsymbol{F}(\boldsymbol{x})$ 的所有特征值均大于零。$\boldsymbol{F}(\boldsymbol{x})$ 为正定时,对应的 LMI 为严格的 LMI;$\boldsymbol{F}(\boldsymbol{x})$ 为半正定时,对应的 LMI 为非严格的 LMI。当集合 $\{\boldsymbol{x}\mid\boldsymbol{F}(\boldsymbol{x})>0\}$ 非空时,严格 LMI 是可行的,通过消除一些隐含的等式约束,任何可行的非严格 LMI 总是可以转化为一个等价的严格 LMI。

假设 $\boldsymbol{x}_1$ 和 $\boldsymbol{x}_2$ 是满足 $\boldsymbol{F}(\boldsymbol{x}_1)>0$ 和 $\boldsymbol{F}(\boldsymbol{x}_2)>0$ 的两个变量,$\lambda\in(0,1)$,则有

$$\boldsymbol{F}(\lambda\boldsymbol{x}_1+(1-\lambda)\boldsymbol{x}_2)\geqslant\lambda\boldsymbol{F}(\boldsymbol{x}_1)+(1-\lambda)\boldsymbol{F}(\boldsymbol{x}_2) \tag{4.2}$$

故集合 $\{\boldsymbol{x}\mid\boldsymbol{F}(\boldsymbol{x})>0\}$ 为一凸集,即线性矩阵不等式(4.1)是关于自变量 $\boldsymbol{x}$ 的一个凸约束,这一特性使得线性矩阵不等式问题可以用解决凸优化问题的有效方法来求解。

此外,多个 LMI 即 LMI 组 $\{\boldsymbol{F}_1(\boldsymbol{x})>0,\boldsymbol{F}_2(\boldsymbol{x})>0,\cdots,\boldsymbol{F}_n(\boldsymbol{x})>0\}$ 可以用单一的 LMI 来表示,如式(4.3)所示:

$$\boldsymbol{F}(\boldsymbol{x})=\begin{bmatrix}\boldsymbol{F}_1(\boldsymbol{x}) & & & \\ & \boldsymbol{F}_2(\boldsymbol{x}) & & \\ & & \ddots & \\ & & & \boldsymbol{F}_n(\boldsymbol{x})\end{bmatrix}=\boldsymbol{F}_0+\sum_{i=1}^{n}\boldsymbol{x}_i\boldsymbol{F}_i>0 \tag{4.3}$$

LMI 的标准问题有三类,即可行性问题(Feasibility Problem, FP)、特征值问题(Eigenvalue Problem, EVP)和广义特征值问题(Generalized Eigenvalue Problem, GEVP),大多数凸优化问题都可以转化成这三种问题中的一种。

(1)可行性问题:求线性矩阵不等式 $\boldsymbol{F}(\boldsymbol{x})>0$ 是否有解,如果有解则该 LMI 问题可行,否则不可行。

(2)特征值问题:含有线性矩阵不等式约束的线性规划问题,一般形式如下:

$$\begin{cases}\min c^{\mathrm{T}}\boldsymbol{x}\\ \text{s.t. } \boldsymbol{F}(\boldsymbol{x})\geqslant 0\end{cases} \tag{4.4}$$

其中,$\boldsymbol{x}$ 和 $\boldsymbol{c}$ 为具有适当维数的实向量,$\boldsymbol{F}(\boldsymbol{x})$ 为仿射依赖于优化变量 $\boldsymbol{x}$ 的对称矩阵。

(3)广义特征值问题:求两个仿射矩阵函数的最大广义特征值在线性矩阵不等式约束下的最小化问题,一般形式如下:

$$\begin{cases}\min \lambda\\ \text{s.t. } \begin{cases}\lambda\boldsymbol{B}(\boldsymbol{x})-\boldsymbol{A}(\boldsymbol{x})>0\\ \boldsymbol{B}(\boldsymbol{x})>0\\ \boldsymbol{C}(\boldsymbol{x})>0\end{cases}\end{cases} \tag{4.5}$$

其中,$\boldsymbol{A}(\boldsymbol{x})$、$\boldsymbol{B}(\boldsymbol{x})$、$\boldsymbol{C}(\boldsymbol{x})$是关于 $\boldsymbol{x}$ 的仿射矩阵函数。

在控制理论的研究过程中,通常会遇到一类不是 LMI 问题但通过适当处理可以转化为 LMI 问题的情况,Schur 补引理就是将这样一类凸非线性矩阵不等式问题转化为线性矩阵不等式的一种常用工具。

引理 4.1(Schur 补引理)[141] 对于给定的对称矩阵 $Z=\begin{bmatrix}Z_{11} & Z_{12}\\ Z_{12}^{\mathrm{T}} & Z_{22}\end{bmatrix}\in \boldsymbol{R}^{(n_1+n_2)\times(n_1+n_2)}$,其中 $Z_{11}\in\boldsymbol{R}^{n_1\times n_1}$,$Z_{12}\in\boldsymbol{R}^{n_1\times n_2}$,$Z_{22}\in\boldsymbol{R}^{n_2\times n_2}$,且 Z_{11}、Z_{22} 可逆,则下列三个条件是等价的:

(1)$Z<0$;

(2)$Z_{11}<0$ 且 $Z_{22}-Z_{12}^{\mathrm{T}}Z_{11}^{-1}Z_{12}<0$($Z_{22}-Z_{12}^{\mathrm{T}}Z_{11}^{-1}Z_{12}$ 称为 Z_{11} 在 Z 中的 Schur 补);

(3)$Z_{22}<0$ 且 $Z_{11}-Z_{12}Z_{22}^{-1}Z_{12}^{\mathrm{T}}<0$($Z_{11}-Z_{12}Z_{22}^{-1}Z_{12}^{\mathrm{T}}$ 称为 Z_{22} 在 Z 中的 Schur

补）。

进一步分析可得：当 $Z_{11}<0$ 时，$Z<0$ 的充分必要条件为 $Z_{22}-Z_{12}^{\mathrm{T}}Z_{11}^{-1}Z_{12}<0$；当 $Z_{22}<0$ 时，$Z<0$ 的充分必要条件为 $Z_{11}-Z_{12}Z_{22}^{-1}Z_{12}^{\mathrm{T}}<0$。

§4.2　基于观测器的故障诊断方法的基本原理

基于观测器的故障诊断方法属于基于解析模型的方法中的一种，其基本思想是[142]：系统在故障发生前后分别处于正常状态和故障状态，建立系统在正常状态下的观测器模型，将真实系统的测量输出与观测器的输出进行比较产生残差，如果系统没有故障发生，残差将为零或接近于零的数；如果系统发生了故障，系统的测量输出会受影响，导致残差超过设定的阈值，依此即可检测到故障的发生，若进一步对残差进行分析和评估，有可能得到故障分离或估计等信息。本书主要进行故障检测方法的研究，不考虑故障的分离或估计，即不进行完整的故障诊断研究。基于观测器的故障诊断包含残差生成和残差评价两部分，其基本原理如图 4.1 所示，本书方法不考虑滤波器 $\boldsymbol{R}(s)$，即 $\boldsymbol{R}(s)=\boldsymbol{I}$。

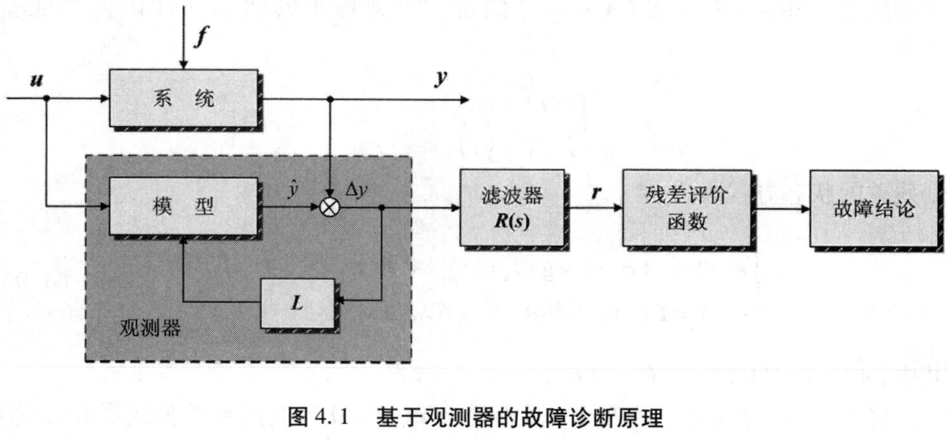

图 4.1　基于观测器的故障诊断原理

§4.2.1　残差生成

考虑如下一类含故障的非线性不确定系统：

$$\begin{cases}\dot{\boldsymbol{x}}(t)=\boldsymbol{A}\boldsymbol{x}(t)+\boldsymbol{B}\boldsymbol{u}(t)+\boldsymbol{g}(t,\boldsymbol{x}(t))+\boldsymbol{E}_d\boldsymbol{d}(t)+\boldsymbol{E}_f\boldsymbol{f}(t)\\ \boldsymbol{y}(t)=\boldsymbol{C}\boldsymbol{x}(t)+\boldsymbol{D}\boldsymbol{u}(t)+\boldsymbol{F}_d\boldsymbol{d}(t)+\boldsymbol{F}_f\boldsymbol{f}(t)\end{cases}\tag{4.6}$$

其中，$\boldsymbol{x}(t)\in\boldsymbol{R}^n$、$\boldsymbol{u}(t)\in\boldsymbol{R}^p$ 分别为系统的状态向量和控制输入向量；$\boldsymbol{g}(t,\boldsymbol{x}(t))$

为已知的非线性向量函数，且满足 $\boldsymbol{g}(t,0)=0$ 和 $\|\boldsymbol{g}(t,\boldsymbol{x}(t))-\boldsymbol{g}(t,\boldsymbol{v}(t))\|\leqslant\delta\|\boldsymbol{x}(t)-\boldsymbol{v}(t)\|$，$\delta$ 为已知正数；$\boldsymbol{y}(t)\in\boldsymbol{R}^q$ 为系统的测量输出向量；$\boldsymbol{d}(t)\in\boldsymbol{R}^{n_d}$ 为干扰、噪声或模型结构不确定等因素引起的未知输入，不妨假设 $\|\boldsymbol{d}\|\leqslant\Delta_d$；$f(t)\in\boldsymbol{R}^m$ 为系统必须检测出来的所有可能的故障向量信号，包括元部件故障、执行器故障和传感器故障等；$\boldsymbol{A}$、$\boldsymbol{B}$、$\boldsymbol{C}$、$\boldsymbol{D}$、$\boldsymbol{E}_d$、$\boldsymbol{E}_f$、$\boldsymbol{F}_d$、$\boldsymbol{F}_f$ 是具有适当维数的已知矩阵或向量。

假设系统(4.6)满足以下条件[142]：

(1)矩阵 $\boldsymbol{A}$ 渐近稳定；

(2)$(\boldsymbol{C},\boldsymbol{A})$可检测；

(3)$\begin{bmatrix}\boldsymbol{A}-\mathrm{j}\omega\boldsymbol{I} & \boldsymbol{E}_d\\ \boldsymbol{C} & \boldsymbol{F}_d\end{bmatrix}$对于所有 ω 行满秩。

为产生残差，对系统(4.6)构造如下全阶故障检测观测器：

$$\begin{cases}\dot{\hat{\boldsymbol{x}}}(t)=\boldsymbol{A}\hat{\boldsymbol{x}}(t)+\boldsymbol{B}\boldsymbol{u}(t)+\boldsymbol{L}(\boldsymbol{y}(t)-\hat{\boldsymbol{y}}(t))\\ \hat{\boldsymbol{y}}(t)=\boldsymbol{C}\hat{\boldsymbol{x}}(t)+\boldsymbol{D}\boldsymbol{u}(t)\end{cases}\tag{4.7}$$

其中，$\hat{\boldsymbol{x}}(t)\in\boldsymbol{R}^n$ 为状态估计向量；$\hat{\boldsymbol{y}}(t)\in\boldsymbol{R}^q$ 为输出估计向量；$\boldsymbol{L}$ 为需要设计的观测器的增益矩阵，需满足$(\boldsymbol{A}-\boldsymbol{LC})$稳定。定义系统的状态估计误差和残差如下：

$$\begin{cases}\boldsymbol{e}(t)=\boldsymbol{x}(t)-\hat{\boldsymbol{x}}(t)\\ \boldsymbol{r}(t)=\boldsymbol{y}(t)-\hat{\boldsymbol{y}}(t)\end{cases}\tag{4.8}$$

则残差的状态方程为：

$$\begin{cases}\dot{\boldsymbol{e}}(t)=\bar{A}\boldsymbol{e}(t)+\boldsymbol{g}(t,x(t))+\bar{\boldsymbol{E}}_d\boldsymbol{d}(t)+\bar{\boldsymbol{E}}_f\boldsymbol{f}(t)\\ \boldsymbol{r}(t)=\boldsymbol{C}\boldsymbol{e}(t)+\boldsymbol{F}_d\boldsymbol{d}(t)+\boldsymbol{F}_f\boldsymbol{f}(t)\end{cases}\tag{4.9}$$

其中，$\bar{\boldsymbol{A}}=\boldsymbol{A}-\boldsymbol{LC}$，$\bar{\boldsymbol{E}}_d=\boldsymbol{E}_d-\boldsymbol{LF}_d$，$\bar{\boldsymbol{E}}_f=\boldsymbol{E}_f-\boldsymbol{LF}_f$。

将式(4.9)中的非线性项 $\boldsymbol{g}(t,\boldsymbol{x}(t))$在 $\boldsymbol{e}(t)=0$ 处通过泰勒公式展开，以传递函数的形式可表示为：

$$\boldsymbol{r}(s)\approx\boldsymbol{r}_d(s)+\boldsymbol{r}_f(s)=\boldsymbol{T}_{rd}(s)\boldsymbol{d}(s)+\boldsymbol{T}_{rf}(s)\boldsymbol{f}(s)\tag{4.10}$$

其中，$\boldsymbol{T}_{rd}(s)=\boldsymbol{C}(s\boldsymbol{I}-\bar{\boldsymbol{A}})^{-1}\bar{\boldsymbol{E}}_d+\boldsymbol{F}_d$，表示包括干扰、噪声或模型不确定性等引起的未知输入到残差的传递函数；$\boldsymbol{T}_{rf}(s)=\boldsymbol{C}(s\boldsymbol{I}-\bar{\boldsymbol{A}})^{-1}\bar{\boldsymbol{E}}_f+\boldsymbol{F}_f$，表示系统的故障信号到残差的传递函数。这样，系统(4.6)的故障诊断问题即转化为设计故障观测器(4.7)的增益矩阵 L，需满足如下性能指标[143]：

(1)无故障时,系统(4.6)渐近稳定;

(2)对于给定的性能指标 $\eta>0$,由干扰、噪声和模型误差等引起的未知输入信号 $\boldsymbol{d}(t)$ 到残差 $\boldsymbol{r}(t)$ 的传递函数 $\boldsymbol{T}_{rd}(s)$ 满足 $\|\boldsymbol{H}\|_{\infty}=\|\boldsymbol{T}_{rd}(s)\|_{\infty}\leqslant\eta$;

(3)故障发生时,对于给定的性能指标 $\gamma>0$,故障信号 $\boldsymbol{f}(t)$ 到残差 $\boldsymbol{r}(t)$ 的传递函数 $\boldsymbol{T}_{rf}(s)$ 满足 $\|\boldsymbol{H}\|_{-}=\|\boldsymbol{T}_{rf}(s)\|_{-}\geqslant\gamma$。

$\|\boldsymbol{H}\|_{\infty}$用于描述残差对干扰、噪声和模型误差等未知信号的抑制作用,反映了残差对未知输入的最差鲁棒性,η 越小,残差对未知输入的抑制能力越强[144],且有:

$$\|\boldsymbol{H}\|_{\infty}=\|\boldsymbol{T}_{rd}(s)\|_{\infty}=\sup_{\omega}\underline{\sigma}(\boldsymbol{T}_{rd}(\mathrm{j}\omega)) \tag{4.11}$$

其中,$\underline{\sigma}(\cdot)$表示求矩阵的最大奇异值。系统的鲁棒性指标可描述为:

$$\|\boldsymbol{H}\|_{\infty}\leqslant\eta\Leftrightarrow\int_{0}^{+\infty}\boldsymbol{r}_d^{\mathrm{T}}(t)\boldsymbol{r}_d(t)\,\mathrm{d}t\leqslant\eta^2\int_{0}^{+\infty}\boldsymbol{d}^{\mathrm{T}}(t)\boldsymbol{d}(t)\,\mathrm{d}t,\eta\rightarrow\min \tag{4.12}$$

$\|\boldsymbol{H}\|_{-}$用于描述残差对故障的灵敏性,反映了残差对故障的最差灵敏度,γ 越大,残差对故障的灵敏度越高,根据残差可获得越多的故障信息[144],且有:

$$\|\boldsymbol{H}\|_{-}=\|\boldsymbol{T}_{rf}(s)\|_{-}=\inf_{\omega}\underline{\sigma}(\boldsymbol{T}_{rf}(\mathrm{j}\omega)) \tag{4.13}$$

其中,$\underline{\sigma}(\cdot)$表示求矩阵的最小非零奇异值。系统的灵敏度指标可描述为:

$$\|\boldsymbol{H}\|_{-}\geqslant\gamma\Leftrightarrow\int_{0}^{+\infty}\boldsymbol{r}_f^{\mathrm{T}}(t)\boldsymbol{r}_f(t)\,\mathrm{d}t\geqslant\gamma^2\int_{0}^{+\infty}\boldsymbol{f}^{\mathrm{T}}(t)\boldsymbol{f}(t)\,\mathrm{d}t,\ \gamma\rightarrow\max \tag{4.14}$$

§4.2.2　残差评价

残差产生器设计完成之后,接下来的任务就是对产生的残差进行评价。一般做法是选择一个阈值(可固定或自适应变化),通过比较残差的评价函数值 $J(\boldsymbol{r}(t))$与阈值的大小进行故障检测,如式(4.15)所示:

$$\begin{cases}J(\boldsymbol{r}(t))>J_{th}\Rightarrow\text{fault}\\ J(\boldsymbol{r}(t))\leqslant J_{th}\Rightarrow\text{normal}\end{cases} \tag{4.15}$$

其中,J_{th}为故障检测阈值。通常用残差的 H_2 范数作为评价函数,时域形式如式(4.16)所示[145]:

$$J(\boldsymbol{r}(t))=\|\boldsymbol{r}\|_2=\left(\int_{-\infty}^{+\infty}\boldsymbol{r}(t)^{\mathrm{T}}\boldsymbol{r}(t)\,\mathrm{d}t\right)^{\frac{1}{2}} \tag{4.16}$$

频域形式如式(4.17)所示:

$$J(\boldsymbol{r}(j\omega))=\|\boldsymbol{r}\|_2=\left(\frac{1}{2\pi}\int_{-\infty}^{+\infty}\boldsymbol{r}(\mathrm{j}\omega)^{\mathrm{T}}\boldsymbol{r}(\mathrm{j}\omega)\,\mathrm{d}\omega\right)^{\frac{1}{2}} \tag{4.17}$$

评价函数选定之后，阈值可确定为：

$$J_{th}=\sup_{d,f=0}\|\boldsymbol{r}(s)\|_2=\sup_{d}\|\boldsymbol{r}_d(s)\|_2=\|T_{rd}(s)\|_\infty\sup_{d}\|d\|_2 \tag{4.18}$$

实际系统往往存在模型误差、噪声和干扰等不确定性因素，使得残差成为一个近似高斯分布的非平稳随机过程。因此，系统无故障时，残差的条件概率密度曲线与有故障的条件概率密度曲线会有重叠，如果阈值取得不恰当，会出现虚警和漏检[146]，严重影响故障检测的精度。本书基于随机理论提出一种确定故障检测阈值的新方法。

设残差矢量的均值和方差分别为：

$$\begin{cases}\mu=\dfrac{1}{N}\displaystyle\sum_{n=1}^{N}\boldsymbol{r}(n)\\ \sigma^2=\dfrac{1}{N-1}\displaystyle\sum_{n=1}^{N}[\boldsymbol{r}(n)-\mu]^2\end{cases} \tag{4.19}$$

求取均值 μ 的 $(1-\alpha)$ 置信区间，即满足：

$$p\left(\bar{\mu}-\frac{\sigma}{\sqrt{N}}\mu_{1-\alpha/2},\bar{\mu}+\frac{\sigma}{\sqrt{N}}\mu_{1-\alpha/2}\right)=1-\alpha \tag{4.20}$$

其中，$(1-\alpha)$ 为置信水平或置信度，$\mu_{1-\alpha/2}$ 为均值 μ 的 $(1-\alpha/2)$ 分位数。在工程实践中，置信度通常取 95% ~99% 。

由此可得残差矢量的阈值为：

$$J_{th}=\bar{\mu}\pm\frac{\sigma}{N}\mu_{1-\alpha/2}+r_0 \tag{4.21}$$

式(4.21)中，r_0 为系统正常工作时，由于建模误差和外界干扰等不确定因素引起的无故障残差，理想情况下 $r_0=0$。由式(4.21)可知，故障检测阈值的 $(1-\alpha)$ 置信区间为 $\left[\bar{\mu}-\frac{\sigma}{N}\mu_{1-\alpha/2}+r_0,\bar{\mu}+\frac{\sigma}{N}\mu_{1-\alpha/2}+r_0\right]$，即如果评价函数的值位于该区间内，则视系统为正常状态，否则认为系统有故障。

§4.3 基于传感器优化配置的故障诊断问题描述

对于式(4.6)描述的一类含故障的非线性不确定系统，假设系统可提供的最大输出变量个数为 q，即系统可提供 q 个测量点对输出变量进行监测，传感器优化配置的目的就是在 q 个测量点中选择 $z(z<q)$ 个作为测量输出 $y_i(i=1,2,\cdots,z)$，使得 z 尽可能小，同时满足系统的各项 PHM 性能指标要求，即用最小的测量成本获得最大的故障信息。为方便描述，受文献[147]的启发，引入传感器

优化配置矩阵 $\boldsymbol{S}\in\boldsymbol{R}^{q\times q}$，$\boldsymbol{S}$ 中的元素为布尔变量{0,1}，其中"1"表示安装传感器对相应输出变量进行监测；"0"表示不安装相应传感器，即相应变量不作为测量输出，且 $\boldsymbol{S}\in\boldsymbol{R}^{q\times q}$ 已知。传感器优化配置矩阵 $\boldsymbol{S}$ 中各元素 $\boldsymbol{S}_{ij}$ 定义如下：

$$\boldsymbol{S}_{ij}=\begin{cases}1, & i=j\text{ 且安装传感器监测 } y_i\\ 0, & \text{其他}\end{cases},\quad i,j=1,2,\cdots,q \tag{4.22}$$

由式(4.22)可知，传感器优化配置矩阵 $\boldsymbol{S}$ 中所有非对角线上的元素全为0，主对角线对应于 z 个监测变量 y_i 的元素为1，其余 $(q-z)$ 个元素全为0。这样，经过传感器优化配置后，系统(4.6)的状态空间描述变为：

$$\begin{cases}\dot{\boldsymbol{x}}(t)=\boldsymbol{A}\boldsymbol{x}(t)+\boldsymbol{B}\boldsymbol{u}(t)+\boldsymbol{g}(t,\boldsymbol{x}(t))+\boldsymbol{E}_d\boldsymbol{d}(t)+\boldsymbol{E}_f\boldsymbol{f}(t)\\ \boldsymbol{y}(t)=\boldsymbol{S}[\boldsymbol{C}\boldsymbol{x}(t)+\boldsymbol{D}\boldsymbol{u}(t)+\boldsymbol{F}_d\boldsymbol{d}(t)+\boldsymbol{F}_f\boldsymbol{f}(t)]\end{cases} \tag{4.23}$$

假设系统(4.23)满足如下条件：

(1)矩阵 $\boldsymbol{A}$ 渐近稳定；

(2)$(\boldsymbol{SC},\boldsymbol{A})$ 可检测；

(3)$\begin{bmatrix}\boldsymbol{A}-\mathrm{j}\omega\boldsymbol{I} & \boldsymbol{E}_d\\ \boldsymbol{SC} & \boldsymbol{SF}_d\end{bmatrix}$ 对于所有 ω 行满秩。

对系统(4.23)构造如下全阶故障检测观测器：

$$\begin{cases}\dot{\hat{\boldsymbol{x}}}(t)=\boldsymbol{A}\hat{\boldsymbol{x}}(t)+\boldsymbol{B}\boldsymbol{u}(t)+\boldsymbol{L}(\boldsymbol{y}(t)-\hat{\boldsymbol{y}}(t))\\ \hat{\boldsymbol{y}}(t)=\boldsymbol{C}\hat{\boldsymbol{x}}(t)+\boldsymbol{D}\boldsymbol{u}(t)\end{cases} \tag{4.24}$$

令状态误差 $\boldsymbol{e}(t)=\boldsymbol{x}(t)-\hat{\boldsymbol{x}}(t)$、残差 $\boldsymbol{r}(t)=y(t)-\hat{y}(t)$，则残差的动态特性为：

$$\begin{cases}\dot{\boldsymbol{e}}(t)=\boldsymbol{A}_s\boldsymbol{e}(t)+\boldsymbol{g}(t,x(t))+\boldsymbol{E}_{ds}\boldsymbol{d}(t)+\boldsymbol{E}_{fs}\boldsymbol{f}(t)\\ \boldsymbol{r}(t)=\boldsymbol{C}_s\boldsymbol{e}(t)+\boldsymbol{F}_{ds}\boldsymbol{d}(t)+\boldsymbol{F}_{fs}\boldsymbol{f}(t)\end{cases} \tag{4.25}$$

其中，$\boldsymbol{A}_s=\boldsymbol{A}-\boldsymbol{LSC}$，$\boldsymbol{E}_{ds}=\boldsymbol{E}_d-\boldsymbol{LSF}_d$，$\boldsymbol{E}_{fs}=\boldsymbol{E}_f-\boldsymbol{LSF}_f$，$\boldsymbol{C}_s=\boldsymbol{SC}$，$\boldsymbol{F}_{ds}=\boldsymbol{SF}_d$，$\boldsymbol{F}_{fs}=\boldsymbol{SF}_f$，$\boldsymbol{L}$ 为观测器的增益矩阵，需满足 $(\boldsymbol{A}-\boldsymbol{LC}_s)$ 稳定。

残差以传递函数的形式可描述为：

$$\boldsymbol{r}(s)=\boldsymbol{S}[\boldsymbol{T}_{rd}(s)\boldsymbol{d}(s)+\boldsymbol{T}_{rf}(s)\boldsymbol{f}(s)]=\boldsymbol{T}_{rds}(s)\boldsymbol{d}(s)+\boldsymbol{T}_{rfs}(s)\boldsymbol{f}(s) \tag{4.26}$$

其中，$\boldsymbol{T}_{rds}(s)=\boldsymbol{C}_s(s\boldsymbol{I}-\boldsymbol{A}_s)^{-1}\boldsymbol{E}_{ds}+\boldsymbol{F}_{ds}$，$\boldsymbol{T}_{rfs}(s)=\boldsymbol{C}_s(s\boldsymbol{I}-\boldsymbol{A}_s)^{-1}\boldsymbol{E}_{fs}+\boldsymbol{F}_{fs}$。

综上分析可知，基于传感器优化配置的故障诊断问题转化成了故障观测器(4.24)增益矩阵 $\boldsymbol{L}$ 的设计问题，需满足如下性能要求：

(1)无故障时，系统(4.23)渐近稳定；

(2)对于给定的性能指标 $\eta>0$，由干扰、噪声和模型误差等引起的未知输入信号 $\boldsymbol{d}(t)$ 到残差 $\boldsymbol{r}(t)$ 的传递函数 $\boldsymbol{T}_{rds}(s)$ 满足 $\|\boldsymbol{T}_{rds}(s)\|_\infty\leqslant\eta$；

(3)有故障发生时，对于给定的性能指标 $\gamma>0$，故障信号 $\boldsymbol{f}(t)$ 到残差 $\boldsymbol{r}(t)$

的传递函数 $\boldsymbol{T}_{rfs}(s)$ 满足 $\|\boldsymbol{T}_{rfs}(s)\|_{-}\geqslant\gamma$。

§4.4 鲁棒故障检测观测器的设计

引理 4.2[148] 对于任意正定矩阵 $\boldsymbol{W}\in\boldsymbol{R}^{n\times n}$ 和任意向量 $\boldsymbol{x},\boldsymbol{y}\in\boldsymbol{R}^{n\times 1}$，以及实数 $\varepsilon>0$，都有不等式 $2\boldsymbol{x}^{\mathrm{T}}\boldsymbol{W}\boldsymbol{y}\leqslant\varepsilon^{-1}\boldsymbol{x}^{\mathrm{T}}\boldsymbol{W}\boldsymbol{x}+\varepsilon\boldsymbol{y}^{\mathrm{T}}\boldsymbol{W}^{-1}\boldsymbol{y}$ 成立。

定理 4.1 对于给定常数 $\eta\geqslant\eta_{\min}>0$，如果存在常数 $\lambda>0$ 和对称正定矩阵 $\boldsymbol{P}$，使如下矩阵不等式成立：

$$\begin{bmatrix}\boldsymbol{M} & \boldsymbol{P} & \boldsymbol{P}\boldsymbol{E}_d+\boldsymbol{C}^{\mathrm{T}}\boldsymbol{F}_d\\ \boldsymbol{P} & -\lambda\boldsymbol{I} & 0\\ \boldsymbol{E}_d^{\mathrm{T}}\boldsymbol{P}+\boldsymbol{F}_d^{\mathrm{T}}\boldsymbol{C} & 0 & -(\eta^2\boldsymbol{I}-\boldsymbol{F}_d^{\mathrm{T}}\boldsymbol{F}_d)\end{bmatrix}<0 \tag{4.27}$$

则系统：

$$\begin{cases}\dot{\boldsymbol{x}}(t)=\boldsymbol{A}\boldsymbol{x}(t)+\boldsymbol{E}_d\boldsymbol{d}(t)+\boldsymbol{g}(t,\boldsymbol{x}(t))\\ \boldsymbol{y}(t)=\boldsymbol{C}\boldsymbol{x}(t)+\boldsymbol{F}_d\boldsymbol{d}(t)\end{cases} \tag{4.28}$$

渐近稳定，且具有 $\|\boldsymbol{H}\|_{\infty}$ 性能 η，即满足 $\|\boldsymbol{y}(t)\|_2<\eta\|\boldsymbol{d}(t)\|_2$。其中，$\boldsymbol{M}=\boldsymbol{P}\boldsymbol{A}+\boldsymbol{A}^{\mathrm{T}}\boldsymbol{P}+\boldsymbol{C}^{\mathrm{T}}\boldsymbol{C}+\lambda\delta^2\boldsymbol{I}$；非线性项 $\boldsymbol{g}(t,\boldsymbol{x}(t))$ 满足 $\boldsymbol{g}(t,0)=0$ 和 $\|\boldsymbol{g}(t,\boldsymbol{x}(t))-\boldsymbol{g}(t,\boldsymbol{v}(t))\|\leqslant\delta\|\boldsymbol{x}(t)-\boldsymbol{v}(t)\|$（$\delta>0$ 为已知数）；$\eta^2\boldsymbol{I}-\boldsymbol{F}_d^{\mathrm{T}}\boldsymbol{F}_d\geqslant0$。

证明：如果存在对称正定矩阵 $\boldsymbol{P}$，选取 Lyapunov 函数为 $V(t)=\boldsymbol{x}^{\mathrm{T}}(t)\boldsymbol{P}\boldsymbol{x}(t)$，

(1) 当 $\boldsymbol{d}(t)=0$ 时，有：

$$\begin{aligned}\dot{V}(t)&=\boldsymbol{x}^{\mathrm{T}}(t)\boldsymbol{P}[\boldsymbol{A}\boldsymbol{x}(t)+\boldsymbol{g}(t,\boldsymbol{x}(t))]+[\boldsymbol{A}\boldsymbol{x}(t)+\boldsymbol{g}(t,\boldsymbol{x}(t))]^{\mathrm{T}}\boldsymbol{P}\boldsymbol{x}(t)\\&=\boldsymbol{x}^{\mathrm{T}}(t)[\boldsymbol{P}\boldsymbol{A}+\boldsymbol{A}^{\mathrm{T}}\boldsymbol{P}]\boldsymbol{x}(t)+2\boldsymbol{x}^{\mathrm{T}}(t)\boldsymbol{P}\boldsymbol{g}(t,\boldsymbol{x}(t))\end{aligned}$$

由引理 4.2 可知，存在实数 λ 使得：

$$\begin{aligned}2\boldsymbol{x}^{\mathrm{T}}(t)\boldsymbol{P}\boldsymbol{g}(t,\boldsymbol{x}(t))&\leqslant\lambda^{-1}\boldsymbol{x}^{\mathrm{T}}(t)\boldsymbol{P}\boldsymbol{P}^{\mathrm{T}}\boldsymbol{x}(t)+\lambda\boldsymbol{g}(t,\boldsymbol{x}(t))^{\mathrm{T}}\boldsymbol{g}(t,\boldsymbol{x}(t))\\&\leqslant\lambda^{-1}\boldsymbol{x}^{\mathrm{T}}(t)\boldsymbol{P}\boldsymbol{P}^{\mathrm{T}}\boldsymbol{x}(t)+\lambda\delta^2\boldsymbol{x}^{\mathrm{T}}(t)\boldsymbol{x}(t)\end{aligned}$$

因此有：

$$\begin{aligned}\dot{V}(t)&\leqslant\boldsymbol{x}^{\mathrm{T}}(t)[\boldsymbol{P}\boldsymbol{A}+\boldsymbol{A}^{\mathrm{T}}\boldsymbol{P}]\boldsymbol{x}(t)+\lambda^{-1}\boldsymbol{x}^{\mathrm{T}}(t)\boldsymbol{P}\boldsymbol{P}^{\mathrm{T}}\boldsymbol{x}(t)+\lambda\delta^2\boldsymbol{x}^{\mathrm{T}}(t)\boldsymbol{x}(t)\\&=\boldsymbol{x}^{\mathrm{T}}(t)[\boldsymbol{P}\boldsymbol{A}+\boldsymbol{A}^{\mathrm{T}}\boldsymbol{P}+\lambda^{-1}\boldsymbol{P}\boldsymbol{P}^{\mathrm{T}}+\lambda\delta^2\boldsymbol{I}]\boldsymbol{x}(t)\end{aligned}$$

根据引理 4.1（Schur 补引理）及不等式（4.27）可得：

$$\boldsymbol{P}\boldsymbol{A}+\boldsymbol{A}^{\mathrm{T}}\boldsymbol{P}+\lambda^{-1}\boldsymbol{P}\boldsymbol{P}^{\mathrm{T}}+\lambda\delta^2\boldsymbol{I}<0$$

因此 $\dot{V}(t)<0$，即系统（4.28）渐进稳定。

(2) 当 $\boldsymbol{d}(t)\neq0$ 时，

令：

$$H_1(\boldsymbol{x},\boldsymbol{d})=\dot{\boldsymbol{V}}(t)+\boldsymbol{y}^{\mathrm{T}}(t)\boldsymbol{y}(t)-\eta^2\boldsymbol{d}^{\mathrm{T}}(t)\boldsymbol{d}(t)$$

则：

$$\begin{aligned}\dot{\boldsymbol{V}}(t)&=\boldsymbol{x}^{\mathrm{T}}(t)\boldsymbol{P}[\boldsymbol{A}\boldsymbol{x}(t)+\boldsymbol{E}_d\boldsymbol{d}(t)+\boldsymbol{g}(t,\boldsymbol{x}(t))]\\&\quad+[\boldsymbol{A}\boldsymbol{x}(t)+\boldsymbol{E}_d\boldsymbol{d}(t)+\boldsymbol{g}(t,\boldsymbol{x}(t))]^{\mathrm{T}}\boldsymbol{P}\boldsymbol{x}(t)\\&=\boldsymbol{x}^{\mathrm{T}}(t)[\boldsymbol{PA}+\boldsymbol{A}^{\mathrm{T}}\boldsymbol{P}]\boldsymbol{x}(t)+2x^{\mathrm{T}}(t)\boldsymbol{PE}_d\boldsymbol{d}(t)+2\boldsymbol{x}^{\mathrm{T}}(t)\boldsymbol{Pg}(t,\boldsymbol{x}(t))\end{aligned}$$

$$\begin{aligned}\boldsymbol{y}^{\mathrm{T}}(t)\boldsymbol{y}(t)&=[\boldsymbol{Cx}(t)+\boldsymbol{F}_d\boldsymbol{d}(t)]^{\mathrm{T}}[\boldsymbol{Cx}(t)+\boldsymbol{F}_d\boldsymbol{d}(t)]\\&=\boldsymbol{x}^{\mathrm{T}}(t)\boldsymbol{C}^{\mathrm{T}}\boldsymbol{Cx}(t)+2\boldsymbol{x}^{\mathrm{T}}(t)\boldsymbol{C}^{\mathrm{T}}\boldsymbol{F}_d\boldsymbol{d}(t)+\boldsymbol{d}^{\mathrm{T}}(t)\boldsymbol{F}_d^{\mathrm{T}}\boldsymbol{F}_d\boldsymbol{d}(t)\end{aligned}$$

$$\begin{aligned}\boldsymbol{H}_1(x,d)&=\dot{\boldsymbol{V}}(t)+\boldsymbol{y}^{\mathrm{T}}(t)\boldsymbol{y}(t)-\eta^2\boldsymbol{d}^{\mathrm{T}}(t)\boldsymbol{d}(t)\\&=\boldsymbol{x}^{\mathrm{T}}(t)[\boldsymbol{PA}+\boldsymbol{A}^{\mathrm{T}}\boldsymbol{P}]\boldsymbol{x}(t)+2\boldsymbol{x}^{\mathrm{T}}(t)\boldsymbol{PE}_d\boldsymbol{d}(t)+2\boldsymbol{x}^{\mathrm{T}}(t)\boldsymbol{Pg}(t,\boldsymbol{x}(t))\\&\quad+\boldsymbol{x}^{\mathrm{T}}(t)\boldsymbol{C}^{\mathrm{T}}\boldsymbol{Cx}(t)+2\boldsymbol{x}^{\mathrm{T}}(t)\boldsymbol{C}^{\mathrm{T}}\boldsymbol{F}_d\boldsymbol{d}(t)+\boldsymbol{d}^{\mathrm{T}}(t)\boldsymbol{F}_d^{\mathrm{T}}\boldsymbol{F}_d\boldsymbol{d}(t)-\eta^2\boldsymbol{d}^{\mathrm{T}}(t)\boldsymbol{d}(t)\\&=\boldsymbol{x}^{\mathrm{T}}(t)[\boldsymbol{PA}+\boldsymbol{A}^{\mathrm{T}}\boldsymbol{P}+\boldsymbol{C}^{\mathrm{T}}\boldsymbol{C}]\boldsymbol{x}(t)+2\boldsymbol{x}^{\mathrm{T}}(t)[\boldsymbol{C}^{\mathrm{T}}\boldsymbol{F}_d+\boldsymbol{PE}_d]\boldsymbol{d}(t)\\&\quad+2\boldsymbol{x}^{\mathrm{T}}(t)\boldsymbol{Pg}(t,\boldsymbol{x}(t))+\boldsymbol{d}^{\mathrm{T}}(t)(\boldsymbol{F}_d^{\mathrm{T}}\boldsymbol{F}_d-\eta^2I)\boldsymbol{d}(t)\end{aligned}$$

由引理 4.2 可知，存在实数 λ 使得：

$$\begin{aligned}2\boldsymbol{x}^{\mathrm{T}}(t)\boldsymbol{Pg}(t,\boldsymbol{x}(t))&\leqslant\lambda^{-1}\boldsymbol{x}^{\mathrm{T}}(t)\boldsymbol{PP}^{\mathrm{T}}\boldsymbol{x}(t)+\lambda\boldsymbol{g}(t,\boldsymbol{x}(t))^{\mathrm{T}}\boldsymbol{g}(t,\boldsymbol{x}(t))\\&\leqslant\lambda^{-1}\boldsymbol{x}^{\mathrm{T}}(t)\boldsymbol{PP}^{\mathrm{T}}\boldsymbol{x}(t)+\lambda\delta^2\boldsymbol{x}^{T}(t)\boldsymbol{x}(t)\end{aligned}$$

因此有：

$$\begin{aligned}\boldsymbol{H}_1(\boldsymbol{x},\boldsymbol{d})&\leqslant\boldsymbol{x}^{\mathrm{T}}(t)[\boldsymbol{PA}+\boldsymbol{A}^{\mathrm{T}}\boldsymbol{P}+\boldsymbol{C}^{\mathrm{T}}\boldsymbol{C}]\boldsymbol{x}(t)+2\boldsymbol{x}^{\mathrm{T}}(t)[\boldsymbol{C}^{\mathrm{T}}\boldsymbol{F}_d+\boldsymbol{PE}_d]\boldsymbol{d}(t)\\&\quad+\lambda^{-1}\boldsymbol{x}^{\mathrm{T}}(t)\boldsymbol{PP}^{\mathrm{T}}\boldsymbol{x}(t)+\lambda\delta^2\boldsymbol{x}^{\mathrm{T}}(t)\boldsymbol{x}(t)+\boldsymbol{d}^{\mathrm{T}}(t)(\boldsymbol{F}_d^{\mathrm{T}}\boldsymbol{F}_d-\eta^2\boldsymbol{I})\boldsymbol{d}(t)\\&=\boldsymbol{x}^{\mathrm{T}}(t)[\boldsymbol{PA}+\boldsymbol{A}^{\mathrm{T}}\boldsymbol{P}+\boldsymbol{C}^{\mathrm{T}}\boldsymbol{C}+\lambda^{-1}\boldsymbol{PP}^{\mathrm{T}}+\lambda\delta^2\boldsymbol{I}]\boldsymbol{x}(t)\\&\quad+2\boldsymbol{x}^{\mathrm{T}}(t)[\boldsymbol{PE}_d+\boldsymbol{C}^{\mathrm{T}}\boldsymbol{F}_d]\boldsymbol{d}(t)+\boldsymbol{d}^{\mathrm{T}}(t)(\boldsymbol{F}_d^{\mathrm{T}}\boldsymbol{F}_d-\eta^2\boldsymbol{I})\boldsymbol{d}(t)\end{aligned}$$

上式可写成如下矩阵形式：

$$\boldsymbol{H}_1(\boldsymbol{x},\boldsymbol{d})\leqslant\begin{bmatrix}\boldsymbol{x}(t)\\\boldsymbol{d}(t)\end{bmatrix}^{\mathrm{T}}\begin{bmatrix}\boldsymbol{M}_1&(\boldsymbol{PE}_d+\boldsymbol{C}^{\mathrm{T}}\boldsymbol{F}_d)\\(\boldsymbol{PE}_d+\boldsymbol{C}^{\mathrm{T}}\boldsymbol{D})^{\mathrm{T}}&-(\eta^2\boldsymbol{I}-\boldsymbol{F}_d^{\mathrm{T}}\boldsymbol{F}_d)\end{bmatrix}\begin{bmatrix}\boldsymbol{x}(t)\\\boldsymbol{d}(t)\end{bmatrix}$$

其中，$\boldsymbol{M}_1=\boldsymbol{PA}+\boldsymbol{A}^{\mathrm{T}}\boldsymbol{P}+\boldsymbol{C}^{\mathrm{T}}\boldsymbol{C}+\lambda^{-1}\boldsymbol{PP}^{\mathrm{T}}+\lambda\delta^2\boldsymbol{I}$。

根据引理 4.1（Schur 补引理）和不等式（4.27）可得：

$$\begin{bmatrix}\boldsymbol{M}_1&(\boldsymbol{PE}_d+\boldsymbol{C}^{\mathrm{T}}\boldsymbol{F}_d)\\(\boldsymbol{PE}_d+\boldsymbol{C}^{\mathrm{T}}\boldsymbol{F}_d)^{\mathrm{T}}&-(\eta^2\boldsymbol{I}-\boldsymbol{F}_d^{\mathrm{T}}\boldsymbol{F}_d)\end{bmatrix}<0$$

因此有：$\dot{\boldsymbol{V}}(t)+\boldsymbol{y}^{\mathrm{T}}(t)\boldsymbol{y}(t)-\eta^2\boldsymbol{d}^{\mathrm{T}}(t)\boldsymbol{d}(t)<0$，即 $\boldsymbol{y}^{\mathrm{T}}(t)\boldsymbol{y}(t)-\eta^2\boldsymbol{d}^{\mathrm{T}}(t)\boldsymbol{d}(t)<-\dot{\boldsymbol{V}}(t)$，两边同时积分，可得：

$$\int_0^{+\infty}(\boldsymbol{y}^{\mathrm{T}}(t)\boldsymbol{y}(t)-\eta^2\boldsymbol{d}^{\mathrm{T}}(t)\boldsymbol{d}(t))\mathrm{d}t<-\int_0^{+\infty}\dot{\boldsymbol{V}}(t)\mathrm{d}t=-\boldsymbol{V}(t)$$

而 $\boldsymbol{V}(t) \geqslant 0$,所以有:

$$\int_0^{+\infty} (\boldsymbol{y}^{\mathrm{T}}(t)\boldsymbol{y}(t) < \eta^2 \boldsymbol{d}^{\mathrm{T}}(t)\boldsymbol{d}(t))\mathrm{d}t \Leftrightarrow \|\boldsymbol{y}(t)\|_{\infty} < \eta \|\boldsymbol{d}(t)\|_{\infty}$$

因此系统(4.28)具有 $\boldsymbol{H}_{\infty}$ 性能,即对噪声等干扰信号具有鲁棒性。

证毕。

定理 4.2　对于给定常数 $0 < \gamma \leqslant \gamma_{\max}$,如果存在常数 $\rho > 0$ 和对称正定矩阵 $\boldsymbol{K}$,使如下矩阵不等式成立

$$\begin{bmatrix} \boldsymbol{N} & \boldsymbol{K} & \boldsymbol{K}\boldsymbol{E}_f - \boldsymbol{C}^{\mathrm{T}}\boldsymbol{F}_f \\ \boldsymbol{K} & -\rho \boldsymbol{I} & 0 \\ (\boldsymbol{K}\boldsymbol{E}_f - \boldsymbol{C}^{\mathrm{T}}\boldsymbol{F}_f)^{\mathrm{T}} & 0 & \gamma^2 \boldsymbol{I} - \boldsymbol{F}_f^{\mathrm{T}}\boldsymbol{F}_f \end{bmatrix} < 0 \tag{4.29}$$

则系统:

$$\begin{cases} \boldsymbol{x}(t) = \boldsymbol{A}\boldsymbol{x}(t) + \boldsymbol{E}_f\boldsymbol{f}(t) + \boldsymbol{g}(t,\boldsymbol{x}(t)) \\ \boldsymbol{y}(t) = \boldsymbol{C}\boldsymbol{x}(t) + \boldsymbol{F}_f\boldsymbol{f}(t) \end{cases} \tag{4.30}$$

渐近稳定,且满足对故障的灵敏度指标:$\|\boldsymbol{y}(t)\|_{-} > \gamma \|\boldsymbol{d}(t)\|_{-}$。其中,$\boldsymbol{N} = \boldsymbol{K}\boldsymbol{A} + \boldsymbol{A}^{\mathrm{T}}\boldsymbol{K} - \boldsymbol{C}^{\mathrm{T}}\boldsymbol{C} + \rho\delta^2\boldsymbol{I}$;非线性项 $\boldsymbol{g}(t,\boldsymbol{x}(t))$ 满足 $\boldsymbol{g}(t,0) = 0$ 和 $\|\boldsymbol{g}(t,\boldsymbol{x}(t)) - \boldsymbol{g}(t,\boldsymbol{v}(t))\| \leqslant \delta \|\boldsymbol{x}(t) - \boldsymbol{v}(t)\|$($\delta > 0$ 为已知数)。

证明:如果存在对称正定矩阵 $\boldsymbol{K}$,选取 Lyapunov 函数为 $\boldsymbol{V}(t) = \boldsymbol{x}^{\mathrm{T}}(t)\boldsymbol{K}\boldsymbol{x}(t)$

(1)当 $\boldsymbol{f}(t) = 0$ 时,

$$\begin{aligned} \dot{\boldsymbol{V}}(t) &= \boldsymbol{x}^{\mathrm{T}}(t)\boldsymbol{K}[\boldsymbol{A}\boldsymbol{x}(t) + \boldsymbol{g}(t,\boldsymbol{x}(t))] + [\boldsymbol{A}\boldsymbol{x}(t) + \boldsymbol{g}(t,\boldsymbol{x}(t))]\boldsymbol{T}\boldsymbol{K}\boldsymbol{x}(t) \\ &= \boldsymbol{x}^{\mathrm{T}}(t)[\boldsymbol{K}\boldsymbol{A} + \boldsymbol{A}^{\mathrm{T}}\boldsymbol{K}]\boldsymbol{x}(t) + 2\boldsymbol{x}^{\mathrm{T}}(t)\boldsymbol{P}\boldsymbol{g}(t,\boldsymbol{x}(t)) \end{aligned}$$

由引理 4.2 可知,存在实数 ρ 使得:

$$\begin{aligned} 2\boldsymbol{x}^{\mathrm{T}}(t)\boldsymbol{K}\boldsymbol{g}(t,\boldsymbol{x}(t)) &\leqslant \rho^{-1}\boldsymbol{x}^{\mathrm{T}}(t)\boldsymbol{K}\boldsymbol{K}^{\mathrm{T}}\boldsymbol{x}(t) + \rho\boldsymbol{g}(t,\boldsymbol{x}(t))^{\mathrm{T}}\boldsymbol{g}(t,\boldsymbol{x}(t)) \\ &\leqslant \rho^{-1}\boldsymbol{x}^{\mathrm{T}}(t)\boldsymbol{K}\boldsymbol{K}^{\mathrm{T}}\boldsymbol{x}(t) + \rho\delta^2\boldsymbol{x}^{\mathrm{T}}(t)\boldsymbol{x}(t) \end{aligned}$$

因此有:

$$\begin{aligned} \dot{\boldsymbol{V}}(t) &\leqslant \boldsymbol{x}^{\mathrm{T}}(t)[\boldsymbol{K}\boldsymbol{A} + \boldsymbol{A}^{\mathrm{T}}\boldsymbol{K}]\boldsymbol{x}(t) + \rho^{-1}\boldsymbol{x}^{\mathrm{T}}(t)\boldsymbol{K}\boldsymbol{K}^{\mathrm{T}}\boldsymbol{x}(t) + \rho\delta^2\boldsymbol{x}^{\mathrm{T}}(t)\boldsymbol{x}(t) \\ &= \boldsymbol{x}^{\mathrm{T}}(t)[\boldsymbol{K}\boldsymbol{A} + \boldsymbol{A}^{\mathrm{T}}\boldsymbol{K} + \rho^{-1}\boldsymbol{K}\boldsymbol{K}^{\mathrm{T}} + \rho\delta^2\boldsymbol{I}]\boldsymbol{x}(t) \end{aligned}$$

根据引理 4.1(Schur 补引理)及不等式(4.29)可得:

$$\boldsymbol{K}\boldsymbol{A} + \boldsymbol{A}^{\mathrm{T}}\boldsymbol{K} + \rho^{-1}\boldsymbol{K}\boldsymbol{K}^{\mathrm{T}} + \rho\delta^2\boldsymbol{I} < 0$$

因此 $\dot{\boldsymbol{V}}(t) < 0$,即系统(4.30)渐进稳定。

(2)当 $\boldsymbol{f}(t) \neq 0$ 时,

$$\boldsymbol{H}_2(\boldsymbol{x},\boldsymbol{f}) = \dot{\boldsymbol{V}}(t) - \boldsymbol{y}^{\mathrm{T}}(t)\boldsymbol{y}(t) + \gamma^2\boldsymbol{f}^{\mathrm{T}}(t)\boldsymbol{f}(t)$$

则有:

$$\begin{aligned}\dot{V}(t) &= [\boldsymbol{Ax}(t)+\boldsymbol{E}_f\boldsymbol{f}(t)+\boldsymbol{g}(t,\boldsymbol{x}(t))]^{\mathrm{T}}\boldsymbol{Kx}(t)+\boldsymbol{x}(t)^{\mathrm{T}}\boldsymbol{K}[\boldsymbol{Ax}(t)\\&\quad+\boldsymbol{E}_f\boldsymbol{f}(t)+\boldsymbol{g}(t,\boldsymbol{x}(t))]\\&=\boldsymbol{x}^{\mathrm{T}}(t)[\boldsymbol{KA}+\boldsymbol{A}^{\mathrm{T}}\boldsymbol{K}]\boldsymbol{x}(t)+2\boldsymbol{x}^{\mathrm{T}}(t)\boldsymbol{KE}_f\boldsymbol{f}(t)+2\boldsymbol{x}^{\mathrm{T}}(t)\boldsymbol{Kg}(t,\boldsymbol{x}(t))\end{aligned}$$

$$\begin{aligned}\boldsymbol{y}^{\mathrm{T}}(t)\boldsymbol{y}(t)&=[\boldsymbol{Cx}(t)+\boldsymbol{F}_f\boldsymbol{f}(t)]^{\mathrm{T}}[\boldsymbol{Cx}(t)+\boldsymbol{F}_f\boldsymbol{f}(t)]\\&=\boldsymbol{x}^{\mathrm{T}}(t)\boldsymbol{C}^{\mathrm{T}}\boldsymbol{Cx}(t)+2\boldsymbol{x}^{\mathrm{T}}(t)\boldsymbol{C}^{\mathrm{T}}\boldsymbol{F}_f\boldsymbol{f}(t)+\boldsymbol{f}^{\mathrm{T}}(t)\boldsymbol{F}_f^{\mathrm{T}}\boldsymbol{F}_f\boldsymbol{f}(t)\end{aligned}$$

$$\begin{aligned}\boldsymbol{H}_2(\boldsymbol{x},\boldsymbol{f})&=\dot{V}(t)-\boldsymbol{y}^{\mathrm{T}}(t)\boldsymbol{y}(t)+\gamma^2\boldsymbol{f}^{\mathrm{T}}(t)\boldsymbol{f}(t)\\&=\boldsymbol{x}^{\mathrm{T}}(t)[\boldsymbol{KA}+\boldsymbol{A}^{\mathrm{T}}\boldsymbol{K}]\boldsymbol{x}(t)+2\boldsymbol{x}^{\mathrm{T}}(t)\boldsymbol{KE}_f\boldsymbol{f}(t)+2\boldsymbol{x}^{\mathrm{T}}(t)\boldsymbol{Kg}(t,\boldsymbol{x}(t))\\&\quad-\boldsymbol{x}^{\mathrm{T}}(t)\boldsymbol{C}^{T}\boldsymbol{Cx}(t)-2\boldsymbol{x}^{\mathrm{T}}(t)\boldsymbol{C}^{\mathrm{T}}\boldsymbol{F}_f\boldsymbol{f}(t)-\boldsymbol{f}^{\mathrm{T}}(t)\boldsymbol{F}_f^{\mathrm{T}}\boldsymbol{F}_f\boldsymbol{f}(t)+\gamma^2\boldsymbol{f}^{\mathrm{T}}(t)\boldsymbol{f}(t)\\&=\boldsymbol{x}^{\mathrm{T}}(t)[\boldsymbol{KA}+\boldsymbol{A}^{\mathrm{T}}\boldsymbol{K}-\boldsymbol{C}^{\mathrm{T}}\boldsymbol{C}]\boldsymbol{x}(t)+2\boldsymbol{x}^{\mathrm{T}}(t)[\boldsymbol{KE}_f-\boldsymbol{C}^{\mathrm{T}}\boldsymbol{F}_f]\boldsymbol{f}(t)\\&\quad+2\boldsymbol{x}^{\mathrm{T}}(t)\boldsymbol{Kg}(t,\boldsymbol{x}(t)+\boldsymbol{f}^{\mathrm{T}}(t)[\gamma^2\boldsymbol{I}-\boldsymbol{F}_f^{\mathrm{T}}\boldsymbol{F}_f]\boldsymbol{f}(t)\end{aligned}$$

由引理4.2可知，存在实数ρ使得：

$$\begin{aligned}2\boldsymbol{x}^{T}(t)\boldsymbol{Kg}(t,\boldsymbol{x}(t))&\leqslant\rho^{-1}\boldsymbol{x}^{\mathrm{T}}(t)\boldsymbol{KK}^{\mathrm{T}}\boldsymbol{x}(t)+\rho\boldsymbol{g}(t,\boldsymbol{x}(t))^{\mathrm{T}}\boldsymbol{g}(t,\boldsymbol{x}(t))\\&\leqslant\rho^{-1}\boldsymbol{x}^{\mathrm{T}}(t)\boldsymbol{KK}^{\mathrm{T}}\boldsymbol{x}(t)+\rho\delta^2\boldsymbol{x}^{\mathrm{T}}(t)\boldsymbol{x}(t)\end{aligned}$$

因此有：

$$\begin{aligned}\boldsymbol{H}_2(\boldsymbol{x},\boldsymbol{f})&\leqslant\boldsymbol{x}^{\mathrm{T}}(t)[\boldsymbol{KA}+\boldsymbol{A}^{T}\boldsymbol{K}-\boldsymbol{C}^{\mathrm{T}}\boldsymbol{C}]\boldsymbol{x}(t)+2\boldsymbol{x}^{\mathrm{T}}(t)[\boldsymbol{KE}_f-\boldsymbol{C}^{\mathrm{T}}\boldsymbol{F}_f]\boldsymbol{f}(t)\\&\quad+\rho^{-1}\boldsymbol{x}^{\mathrm{T}}(t)\boldsymbol{KK}^{\mathrm{T}}\boldsymbol{x}(t)+\rho\delta^2\boldsymbol{x}^{\mathrm{T}}(t)\boldsymbol{x}(t)+\boldsymbol{f}^{\mathrm{T}}(t)[\gamma^2\boldsymbol{I}-\boldsymbol{F}_f^{\mathrm{T}}\boldsymbol{F}_f]\boldsymbol{f}(t)\\&=\boldsymbol{x}^{\mathrm{T}}(t)[\boldsymbol{KA}+\boldsymbol{A}^{\mathrm{T}}\boldsymbol{K}-\boldsymbol{C}^{\mathrm{T}}\boldsymbol{C}+\rho^{-1}\boldsymbol{KK}^{\mathrm{T}}+\rho\delta^2\boldsymbol{I}]\boldsymbol{x}(t)\\&\quad+2\boldsymbol{x}^{\mathrm{T}}(t)[\boldsymbol{KE}_f-\boldsymbol{C}^{\mathrm{T}}\boldsymbol{F}_f]\boldsymbol{f}(t)+\boldsymbol{f}^{\mathrm{T}}(t)[\gamma^2\boldsymbol{I}-\boldsymbol{F}_f^{\mathrm{T}}\boldsymbol{F}_f]\boldsymbol{f}(t)\end{aligned}$$

将上式写成矩阵形式为：

$$\boldsymbol{H}_2(\boldsymbol{x},\boldsymbol{f})\leqslant\begin{bmatrix}\boldsymbol{x}(t)\\\boldsymbol{f}(t)\end{bmatrix}^{\mathrm{T}}\begin{bmatrix}\boldsymbol{N}_1&\boldsymbol{KE}_f-\boldsymbol{C}^{\mathrm{T}}\boldsymbol{F}_f\\{[\boldsymbol{KE}_f-\boldsymbol{C}^{\mathrm{T}}\boldsymbol{F}_f]}^{\mathrm{T}}&\gamma^2\boldsymbol{I}-\boldsymbol{F}_f^{\mathrm{T}}\boldsymbol{F}_f\end{bmatrix}\begin{bmatrix}\boldsymbol{x}(t)\\\boldsymbol{f}(t)\end{bmatrix}$$

其中，$\boldsymbol{N}_1=\boldsymbol{KA}+\boldsymbol{A}^{\mathrm{T}}\boldsymbol{K}-\boldsymbol{C}^{\mathrm{T}}\boldsymbol{C}+\rho^{-1}\boldsymbol{KK}^{\mathrm{T}}+\rho\delta^2\boldsymbol{I}$。

根据引理4.1(Schur补引理)和不等式(4.29)可得：

$$\begin{bmatrix}\boldsymbol{N}_1&\boldsymbol{KE}_f-\boldsymbol{C}^{\mathrm{T}}\boldsymbol{F}_f\\{[\boldsymbol{KE}_f-\boldsymbol{C}^{\mathrm{T}}\boldsymbol{F}_f]}^{\mathrm{T}}&\gamma^2\boldsymbol{I}-\boldsymbol{F}_f^{\mathrm{T}}\boldsymbol{F}_f\end{bmatrix}<\boldsymbol{0}$$

因此有$\boldsymbol{H}_2(\boldsymbol{x},\boldsymbol{f})<0$，即$\gamma^2\boldsymbol{f}^{\mathrm{T}}(t)\boldsymbol{f}(t)-\boldsymbol{y}^{\mathrm{T}}(t)\boldsymbol{y}(t)<-\dot{V}(t)$。

两边同时积分，得：

$$\int_0^{+\infty}(\gamma^2\boldsymbol{f}^{\mathrm{T}}(t)\boldsymbol{f}(t)-\boldsymbol{y}^{\mathrm{T}}(t)\boldsymbol{y}(t))\mathrm{d}t<-\int_0^{+\infty}\dot{V}(t)\mathrm{d}t\leqslant0$$

进一步可等价为：

$$\int_0^{+\infty}\boldsymbol{y}^{\mathrm{T}}(t)\boldsymbol{y}(t)\mathrm{d}t>\gamma^2\int_0^{+\infty}\boldsymbol{f}^{\mathrm{T}}(t)\boldsymbol{f}(t)\mathrm{d}t$$

即系统(4.30)满足对故障的鲁棒性要求：$\|\boldsymbol{y}(t)\|_- > \gamma \|\boldsymbol{f}(t)\|_-$。

证毕。

定理4.1和定理4.2分别描述了系统输出对干扰信号的鲁棒性要求和对故障信号的灵敏度要求，基于以上两个定理，接下来的三个定理主要是用于设计观测器的增益矩阵，以产生满足故障诊断要求的残差信号。为方便描述，将系统(4.23)、观测器(4.24)和残差(4.25)构造成如下增广系统：

$$\begin{cases}\dot{\boldsymbol{\xi}}(t) = \bar{\boldsymbol{A}}_s\boldsymbol{\xi}(t) + \bar{\boldsymbol{B}}_s\bar{\boldsymbol{u}}(t) + \bar{\boldsymbol{E}}_s\boldsymbol{f}(t) + \bar{\boldsymbol{G}}_s \\ \boldsymbol{r}(t) = \bar{\boldsymbol{C}}_s\boldsymbol{\xi}(t) + \bar{\boldsymbol{D}}_s\bar{\boldsymbol{u}}(t) + \bar{\boldsymbol{F}}_s\boldsymbol{f}(t)\end{cases} \tag{4.31}$$

其中，$\boldsymbol{\xi}(t) = \begin{bmatrix}\boldsymbol{e}(t)\\ \hat{\boldsymbol{x}}(t)\end{bmatrix}$，$\bar{\boldsymbol{u}}(t) = \begin{bmatrix}\boldsymbol{d}(t)\\ \boldsymbol{u}(t)\end{bmatrix}$，$\bar{\boldsymbol{A}}_s = \begin{bmatrix}\boldsymbol{A}-\boldsymbol{LSC} & 0\\ \boldsymbol{LSC} & \boldsymbol{A}\end{bmatrix}$，$\bar{\boldsymbol{B}}_s = \begin{bmatrix}\boldsymbol{E}_d-\boldsymbol{LSF}_d & 0\\ \boldsymbol{LSF}_d & \boldsymbol{B}\end{bmatrix}$，$\bar{\boldsymbol{E}}_s = \begin{bmatrix}\boldsymbol{E}_f-\boldsymbol{LSF}_f\\ \boldsymbol{LSF}\end{bmatrix}$，$\bar{\boldsymbol{G}}_s = \begin{bmatrix}\boldsymbol{g}(t,\boldsymbol{x}(t))\\ 0\end{bmatrix}$，$\bar{\boldsymbol{C}}_s = [\boldsymbol{SC}\quad 0]$，$\bar{\boldsymbol{D}}_s = [\boldsymbol{SF}_d\quad 0]$，$\bar{\boldsymbol{F}}_s = \boldsymbol{SF}_f$。

此时，系统(4.23)的故障诊断问题即转换为观测器(4.24)的增益矩阵设计问题，使得增广系统(4.31)满足相应的故障检测鲁棒性和灵敏度指标要求。

定理 4.3　对于给定常数 $\eta \geqslant \eta_{\min} > 0$，如果存在常数 $\lambda > 0$、正定对称矩阵 $\boldsymbol{P}$ 和矩阵 $\boldsymbol{U}$、$\boldsymbol{H}$，使矩阵不等式(4.32)成立，则增广系统(4.31)渐近稳定并满足鲁棒性指标 $\|\boldsymbol{H}\|_\infty = \|\boldsymbol{T}_{r\bar{u}}(s)\|_\infty \leqslant \eta$。

$$[\boldsymbol{Y}_{i,j}]_{6\times 6} < 0 \tag{4.32}$$

式中$[\boldsymbol{Y}_{i,j}]_{6\times 6}$为对称矩阵，其非零元素如下：

$$\boldsymbol{Y}_{11} = \boldsymbol{P}_1\boldsymbol{A} + \boldsymbol{A}^{\mathrm{T}}\boldsymbol{P}_1 - \boldsymbol{USC} - (\boldsymbol{SC})^{\mathrm{T}}\boldsymbol{U}^{\mathrm{T}} + (\boldsymbol{SC})^{\mathrm{T}}\boldsymbol{SC} + \lambda\delta^2\boldsymbol{I}$$

$$\boldsymbol{Y}_{12} = (\boldsymbol{SC})^{\mathrm{T}}\boldsymbol{H}^{\mathrm{T}}, \boldsymbol{Y}_{13} = \boldsymbol{P}_1, \boldsymbol{Y}_{15} = \boldsymbol{P}_1\boldsymbol{E}_d - \boldsymbol{USF}_d + (\boldsymbol{SC})^{\mathrm{T}}\boldsymbol{SF}_d$$

$$\boldsymbol{Y}_{22} = \boldsymbol{P}_2\boldsymbol{A} + \boldsymbol{A}^{\mathrm{T}}\boldsymbol{P}_2 + \lambda\delta^2\boldsymbol{I}, \boldsymbol{Y}_{24} = \boldsymbol{P}_2, \boldsymbol{Y}_{25} = \boldsymbol{HSF}_d, \boldsymbol{Y}_{26} = \boldsymbol{P}_2 B$$

$$\boldsymbol{Y}_{33} = -\lambda\boldsymbol{I}, \boldsymbol{Y}_{44} = -\lambda\boldsymbol{I}, \boldsymbol{Y}_{55} = -\eta^2\boldsymbol{I} + (\boldsymbol{SF}_d)^{\mathrm{T}}\boldsymbol{SF}_d, \boldsymbol{Y}_{66} = -\eta^2\boldsymbol{I}$$

除对称元素外，其余未列出元素均为零，且有 $\boldsymbol{P} = \begin{bmatrix}\boldsymbol{P}_1 & 0\\ 0 & \boldsymbol{P}_2\end{bmatrix}$，观测器增益矩阵为 $\boldsymbol{L} = \boldsymbol{P}_1^{-1}\boldsymbol{U}$。

证明：考虑增广系统(4.31)对干扰信号的鲁棒性问题，假设故障信号为零，即 $\boldsymbol{f}(t) = 0$，此时系统(4.31)变成了定理4.1中系统(4.28)的形式，将系统(4.31)中的各系数矩阵代入定理4.1中可得：

$$\begin{bmatrix} \boldsymbol{Y}_1 & \boldsymbol{Y}_2 & \boldsymbol{Y}_3 \\ * & -\lambda \boldsymbol{I} & 0 \\ * & * & \boldsymbol{Y}_4 \end{bmatrix} < 0 \tag{4.33}$$

式(4.33)中的“ * ”表示矩阵的对称元素,矩阵中各元素分别为:

$$\begin{aligned} \boldsymbol{Y}_1 &= \boldsymbol{P}\bar{\boldsymbol{A}}_s + \bar{\boldsymbol{A}}_s^{\mathrm{T}}\boldsymbol{P} + \bar{\boldsymbol{C}}_s^{\mathrm{T}}\bar{\boldsymbol{C}}_s + \lambda\delta^2\boldsymbol{I} \\ &= \begin{bmatrix} \boldsymbol{P}_1 & 0 \\ 0 & \boldsymbol{P}_2 \end{bmatrix}\begin{bmatrix} \boldsymbol{A}-\boldsymbol{LSC} & 0 \\ \boldsymbol{LSC} & \boldsymbol{A} \end{bmatrix} + \begin{bmatrix} \boldsymbol{A}-\boldsymbol{LSC} & \boldsymbol{LSC} \\ 0 & \boldsymbol{A} \end{bmatrix}\begin{bmatrix} \boldsymbol{P}_1 & 0 \\ 0 & \boldsymbol{P}_2 \end{bmatrix} + \begin{bmatrix} \boldsymbol{SC} \\ 0 \end{bmatrix}[\boldsymbol{SC} \quad 0] + \lambda\delta^2\boldsymbol{I} \\ &= \begin{bmatrix} \boldsymbol{P}_1\boldsymbol{A}-\boldsymbol{P}_1\boldsymbol{LSC} & 0 \\ \boldsymbol{P}_2\boldsymbol{LSC} & \boldsymbol{P}_2\boldsymbol{A} \end{bmatrix} + \begin{bmatrix} \boldsymbol{A}^{\mathrm{T}}\boldsymbol{P}_1-(\boldsymbol{SC})^{\mathrm{T}}\boldsymbol{L}^{\mathrm{T}}\boldsymbol{P}_1 & (\boldsymbol{SC})^{\mathrm{T}}\boldsymbol{L}^{\mathrm{T}}\boldsymbol{P}_2 \\ 0 & \boldsymbol{A}^{\mathrm{T}}\boldsymbol{P}_2 \end{bmatrix} \\ &\quad + \begin{bmatrix} (\boldsymbol{SC})^{\mathrm{T}}\boldsymbol{SC} & 0 \\ 0 & 0 \end{bmatrix} + \lambda\delta^2\boldsymbol{I} \\ &= \begin{bmatrix} \boldsymbol{P}_1\boldsymbol{A}-\boldsymbol{P}_1\boldsymbol{LSC}+\boldsymbol{A}^{\mathrm{T}}\boldsymbol{P}_1-(\boldsymbol{SC})^{\mathrm{T}}\boldsymbol{L}^{\mathrm{T}}\boldsymbol{P}_1+(\boldsymbol{SC})^{\mathrm{T}}\boldsymbol{SC}+\lambda\delta^2\boldsymbol{I} & (\boldsymbol{SC})^{\mathrm{T}}\boldsymbol{L}^{\mathrm{T}}\boldsymbol{P}_2 \\ \boldsymbol{P}_2\boldsymbol{LSC} & \boldsymbol{P}_2\boldsymbol{A}+\boldsymbol{A}^{\mathrm{T}}\boldsymbol{P}_2+\lambda\delta^2\boldsymbol{I} \end{bmatrix} \end{aligned}$$

$$\boldsymbol{Y}_2 = \boldsymbol{P} = \begin{bmatrix} \boldsymbol{P}_1 & 0 \\ 0 & \boldsymbol{P}_2 \end{bmatrix}$$

$$\begin{aligned} \boldsymbol{Y}_3 &= \boldsymbol{P}\bar{\boldsymbol{B}}_s + \bar{\boldsymbol{C}}_s^{\mathrm{T}}\bar{\boldsymbol{D}}_s \\ &= \begin{bmatrix} \boldsymbol{P}_1 & 0 \\ 0 & \boldsymbol{P}_2 \end{bmatrix}\begin{bmatrix} \boldsymbol{E}_d-\boldsymbol{LSF}_d & 0 \\ \boldsymbol{LSF}_d & \boldsymbol{B} \end{bmatrix} + \begin{bmatrix} \boldsymbol{SC} \\ 0 \end{bmatrix}[\boldsymbol{SF}_d \quad 0] \\ &= \begin{bmatrix} \boldsymbol{P}_1\boldsymbol{E}_d-\boldsymbol{P}_1\boldsymbol{LSF}_d & 0 \\ \boldsymbol{P}_2\boldsymbol{LSF}_d & \boldsymbol{P}_2\boldsymbol{B} \end{bmatrix} + \begin{bmatrix} (\boldsymbol{SC})^{\mathrm{T}}\boldsymbol{SF}_d & 0 \\ 0 & 0 \end{bmatrix} \\ &= \begin{bmatrix} \boldsymbol{P}_1\boldsymbol{E}_d-\boldsymbol{P}_1\boldsymbol{LSF}_d+(\boldsymbol{SC})^{\mathrm{T}}\boldsymbol{SF}_d & 0 \\ \boldsymbol{P}_2\boldsymbol{LSF}_d & \boldsymbol{P}_2\boldsymbol{B} \end{bmatrix} \end{aligned}$$

$$\begin{aligned} \boldsymbol{Y}_4 &= -\eta^2\boldsymbol{I} + \bar{\boldsymbol{D}}_s^{\mathrm{T}}\bar{\boldsymbol{D}}_s \\ &= -\eta^2\boldsymbol{I} + \begin{bmatrix} \boldsymbol{SF}_d \\ 0 \end{bmatrix}[\boldsymbol{SF}_d \quad 0] \\ &= \begin{bmatrix} -\eta^2\boldsymbol{I}+(\boldsymbol{SF}_d)^{\mathrm{T}}\boldsymbol{SF}_d & 0 \\ 0 & -\eta^2\boldsymbol{I} \end{bmatrix} \end{aligned}$$

令 $\boldsymbol{U}=\boldsymbol{P}_1\boldsymbol{L}$、$\boldsymbol{H}=\boldsymbol{P}_2\boldsymbol{L}$,代入式(4.33)中可得矩阵$[\boldsymbol{Y}_{i,j}]_{6\times6}$中的非零元素为:

$$\boldsymbol{Y}_{11} = \boldsymbol{P}_1\boldsymbol{A}+\boldsymbol{A}^{\mathrm{T}}\boldsymbol{P}_1-\boldsymbol{USC}-(\boldsymbol{SC})^{\mathrm{T}}\boldsymbol{U}^{T}+(\boldsymbol{SC})^{\mathrm{T}}\boldsymbol{SC}+\lambda\delta^2\boldsymbol{I}$$

$$Y_{12}=(SC)^{\mathrm{T}}H^{\mathrm{T}},Y_{13}=P_1,Y_{15}=P_1E_d-USF_d+(SC)^{\mathrm{T}}SF_d$$
$$Y_{22}=P_2A+A^{\mathrm{T}}P_2+\lambda\delta^2I,Y_{24}=P_2,Y_{25}=HSF_d,Y_{26}=P_2B$$
$$Y_{33}=-\lambda I,Y_{44}=-\lambda I,Y_{55}=-\eta^2I+(SF_d)^{\mathrm{T}}SF_d,Y_{66}=-\eta^2I$$

$[Y_{i,j}]$为对称矩阵,除对称元素外其余未列出元素均为零。

证毕。

定理 4.4　对于给定常数 $0<\gamma\leqslant\gamma_{\max}$,如果存在常数 $\rho>0$、正定对称矩阵 K 和矩阵 Q、W,使矩阵不等式(4.34)成立,则增广系统(4.31)渐近稳定并满足灵敏度性能指标 $\|H\|_-=\|T_{rf}(s)\|_->\gamma$。

$$[Z_{i,j}]_{5\times5}<0 \tag{4.34}$$

式中$[Z_{i,j}]_{5\times5}$为对称矩阵,其非零元素如下:

$$Z_{11}=K_1A+A^{\mathrm{T}}K_1-QSC-(SC)^{\mathrm{T}}Q^{\mathrm{T}}-(SC)^{\mathrm{T}}SC+\rho\delta^2I$$
$$Z_{12}=(SC)^{\mathrm{T}}W^{\mathrm{T}},Z_{13}=K_1,Z_{15}=K_1E_f-QSF_f-(SC)^{\mathrm{T}}SF_f$$
$$Z_{22}=K_2A+A^{\mathrm{T}}K_2+\rho\delta^2I,Z_{24}=K_2,Z_{25}=WSF_f$$
$$Z_{33}=-\rho I,Z_{44}=-\rho I,Z_{55}=\gamma^2I-(SF_f)^{\mathrm{T}}SF_f$$

其余未列出元素均为零,且有 $K=\begin{bmatrix}K_1 & 0\\ 0 & K_2\end{bmatrix}$,观测器增益矩阵为 $L=K_1^{-1}Q$。

证明:考虑增广系统(4.31)对故障信号的灵敏度问题,假设干扰信号为零,即 $\bar{u}(t)=0$,此时系统(4.31)变成了定理4.2中系统(4.30)的形式,将系统(4.31)中的各系数矩阵代入定理4.2可得:

$$\begin{bmatrix}Z_1 & Z_2 & Z_3\\ * & -\rho I & 0\\ * & * & Z_4\end{bmatrix}<0 \tag{4.35}$$

式(4.35)中的“ * ”表示矩阵的对称元素,矩阵中各元素分别为:

$$\begin{aligned}Z_1&=\bar{K}\bar{A}_s+\bar{A}_s^{\mathrm{T}}K-\bar{C}_s^{\mathrm{T}}\bar{C}_s+\rho\delta^2I\\
&=\begin{bmatrix}K_1 & 0\\ 0 & K_2\end{bmatrix}\begin{bmatrix}A-LSC & 0\\ LSC & A\end{bmatrix}+\begin{bmatrix}A-LSC & LSC\\ 0 & A\end{bmatrix}\begin{bmatrix}K_1 & 0\\ 0 & K_2\end{bmatrix}-\begin{bmatrix}SC\\ 0\end{bmatrix}[SC\quad 0]+\rho\delta^2I\\
&=\begin{bmatrix}K_1A-K_1LSC & 0\\ K_2LSC & K_2A\end{bmatrix}+\begin{bmatrix}(A-LSC)^{T}K_1 & (LSC)^{\mathrm{T}}K_2\\ 0 & A^{\mathrm{T}}K_2\end{bmatrix}-\begin{bmatrix}(SC)^{\mathrm{T}}SC & 0\\ 0 & 0\end{bmatrix}+\rho\delta^2I\\
&=\begin{bmatrix}K_1A-K_1LSC+A^{\mathrm{T}}K_1-(SC)^{\mathrm{T}}L^{\mathrm{T}}K_1-(SC)^{\mathrm{T}}SC+\rho\delta^2I & (SC)^{\mathrm{T}}L^{\mathrm{T}}K_2\\ K_2LSC & K_2A+A^{\mathrm{T}}K_2+\rho\delta^2I\end{bmatrix}\end{aligned}$$

$$Z_2=K=\begin{bmatrix}K_1 & 0\\ 0 & K_2\end{bmatrix}$$

$$
\begin{aligned}
Z_3 &= K\bar{E}_S - \bar{C}_S^{\mathrm{T}}\bar{F}_S \\
&= \begin{bmatrix} K_1 & 0 \\ 0 & K_2 \end{bmatrix}\begin{bmatrix} E_f - LSF_f \\ LSF_f \end{bmatrix} - \begin{bmatrix} SC \\ 0 \end{bmatrix} SF_f \\
&= \begin{bmatrix} K_1E_f - K_1LSF_f \\ K_2LSF_f \end{bmatrix} - \begin{bmatrix} (SC)^{\mathrm{T}}SF_f \\ 0 \end{bmatrix} \\
&= \begin{bmatrix} K_1E_f - K_1LSF_f - (SC)^{\mathrm{T}}SF_f \\ K_2LSF_f \end{bmatrix}
\end{aligned}
$$

$$
Z_4 = \gamma^2 I - \bar{F}_s^{\mathrm{T}}\bar{F}_s = \gamma^2 I - (SF_f)^{\mathrm{T}}SF_f
$$

令 $Q = K_1L$、$W = K_2L$，代入式(4.35)中可得矩阵$[Z_{i,j}]_{5\times5}$中的非零元素为：

$$
Z_{11} = K_1A + A^{\mathrm{T}}K_1 - QSC - (SC)^{\mathrm{T}}Q^{\mathrm{T}} - (SC)^{\mathrm{T}}SC + \rho\delta^2 I
$$

$$
Z_{12} = (SC)^{\mathrm{T}}W^{\mathrm{T}}, Z_{13} = K_1, Z_{15} = K_1E_f - QSF_f - (SC)^{\mathrm{T}}SF_f
$$

$$
Z_{22} = K_2A + A^{\mathrm{T}}K_2 + \rho\delta^2 I, Z_{24} = K_2, Z_{25} = WSF_f
$$

$$
Z_{33} = -\rho I, Z_{44} = -\rho I, Z_{55} = \gamma^2 I - (SF_f)^{\mathrm{T}}SF_f
$$

$[Z_{i,j}]_{5\times5}$为对称矩阵，除对称元素外其余未列出元素均为零。

证毕。

定理 4.5　对于给定的常数 $0 < \gamma \leqslant \gamma_{\max}$ 和 $\eta \geqslant \eta_{\min} > 0$，满足 $\gamma > \eta > 0$，如果存在常数 $\lambda > 0$、$\rho > 0$，正定对称矩阵 P、K，以及矩阵 U、H、Q、W，使得矩阵不等式(4.32)和(4.34)同时成立，且有 $P_1^{-1}U = K_1^{-1}Q$，则增广系统(4.31)渐近稳定并满足性能指标 $\| H \|_\infty = \| T_{r\bar{u}}(s) \|_\infty \leqslant \eta$ 和 $\| H \|_- = \| T_{rf}(s) \|_- > \gamma$，且观测器增益矩阵为 $L = P_1^{-1}U = K_1^{-1}Q$，其中 $P = \begin{bmatrix} P_1 & 0 \\ 0 & P_2 \end{bmatrix}$，$K = \begin{bmatrix} K_1 & 0 \\ 0 & K_2 \end{bmatrix}$。

证明：根据定理 4.3 可以得到使增广系统(4.31)满足鲁棒性指标的最小值 $\eta_{\min}$，即 $\forall \eta \geqslant \eta_{\min}$，均存在常数 $\lambda > 0$、对称正定矩阵 P 和观测器增益 $L = P_1^{-1}U$，使矩阵不等式(4.32)成立；同理，由定理 4.4 可以得到使增广系统(4.31)满足灵敏度指标的最大值 $\gamma_{\max}$，即 $\forall \gamma \leqslant \gamma_{\max}$，均存在常数 $\rho > 0$、对称正定矩阵 K 和观测器增益 $L = K_1^{-1}Q$，使矩阵不等式(4.34)成立。因此，当 η 和 γ 在 $\eta_{\min} \leqslant \eta < \gamma \leqslant \gamma_{\max}$ 范围取值时，必然存在常数 $\lambda > 0$、$\rho > 0$，正定对称矩阵 P、K，以及矩阵 U、H、Q、W，使矩阵不等式(4.32)和(4.34)同时成立，即增广系统(4.31)渐进稳定并同时满足鲁棒性和灵敏度要求，且观测器增益矩阵为 $L = P_1^{-1}U = K_1^{-1}Q$。

证毕。

§4.5 算法步骤及仿真应用

上一节中的定理不仅提供了鲁棒故障检测观测器设计问题的存在条件，还以线性矩阵不等式的形式给出了观测器增益矩阵的求解方法，使设计的观测器不仅对干扰信号有较强的鲁棒性，同时也能满足系统对故障信号的灵敏度要求。要设计同时满足系统鲁棒性和灵敏度要求的观测器，不能随意给 η 和 γ 赋值，需要重复应用定理 4.3、定理 4.4 和定理 4.5 进行迭代运算，直到找出能同时满足定理4.3 和定理 4.4 的参数以及相应的观测器增益矩阵。

§4.5.1 算法步骤

根据定理 4.3、定理 4.4 和定理 4.5，设计同时满足系统鲁棒性和灵敏度要求的观测器增益矩阵的算法原理及流程如图 4.2 所示，具体的算法步骤如下：

Step 1：根据定理 4.3 求解线性矩阵不等式(4.32)，得到鲁棒性指标 η 的最小值 $\eta_{\min}$；

Step 2：根据定理 4.4 求解线性矩阵不等式(4.34)，得到灵敏度指标 γ 的最大值 $\gamma_{\max}$；

Step 3：根据 ζ_η($\zeta_\eta > 0$ 为足够小的调整值)对 η 进行调整，$\eta_k = \eta_{\min} + k\zeta_\eta$，$k = 1, 2, \cdots$；对于每一个 η_k 值，检验线性矩阵不等式(4.32)是否有可行解，若有解，将求解结果 η_k 和 L_k 转至 Step 4；否则检验线性矩阵不等式(4.32)对于 η_{k+1} 是否有解；

Step 4：将观测器增益矩阵 L_k 代入线性矩阵不等式(4.34)，检验式(4.34)是否有解，若有解，判断式(4.34)的解 γ_k 是否满足 $\gamma_k \in (\eta_k, \gamma_{\max}]$，若满足 $\gamma_k \in (\eta_k, \gamma_{\max}]$，保存相应的参数$[\eta_k, \gamma_k, L_k]$；否则返回 Step 3 检验线性矩阵不等式(4.32)对于 η_{k+1} 是否有解；

Step 5：从所有可行解$[\eta_k, \gamma_k, L_k]$中选择使 $\tau = \eta_k / \gamma_k$ 取最小值的参数组合$[\eta_k, \gamma_k, L_k]$作为最终的设计方案，此时设计的观测器能使故障检测获得最好的鲁棒性和灵敏度综合性能。

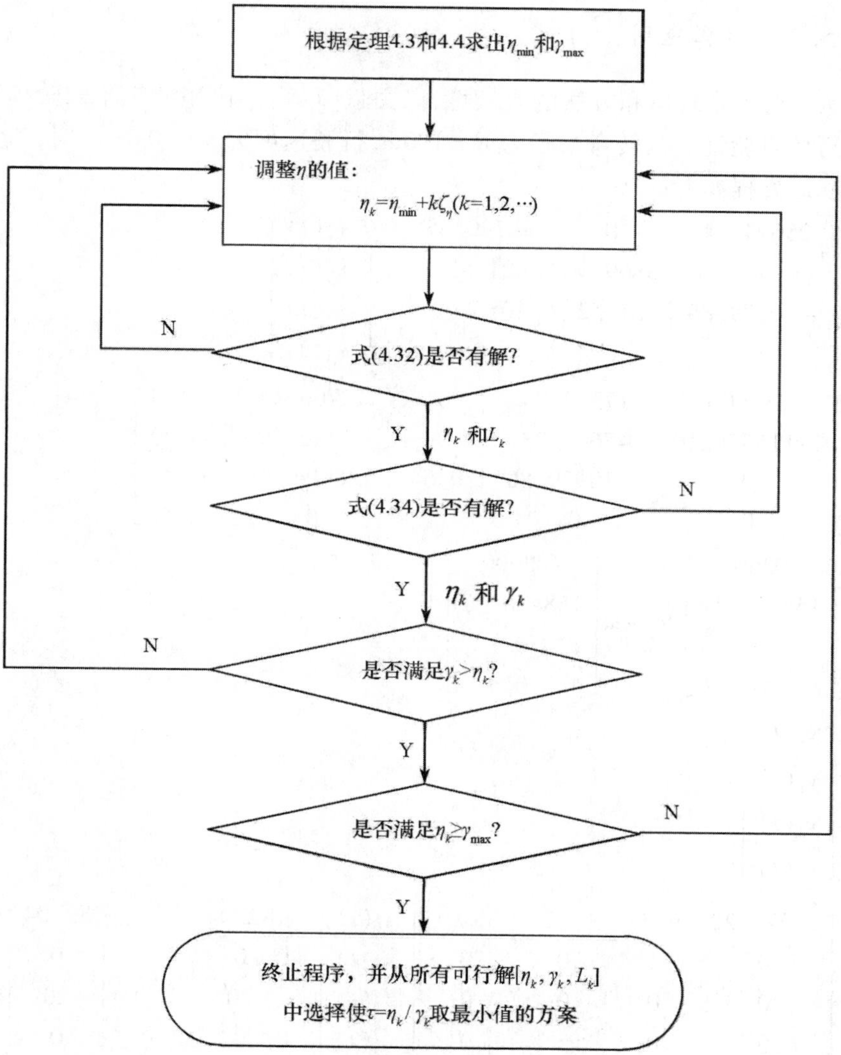

图 4.2　鲁棒故障检测观测器的设计流程

§4.5.2 仿真应用

为检验本章理论和方法的有效性，以文献[149]中典型的汽车四阶模型为例进行仿真验证。当转弯半径为 $R=100\text{m}$，行驶速度为 $v=50\text{km/h}$ 时，汽车的四阶状态方程如下：

$$
\begin{bmatrix} 25694.44 & 0 & -790.55 & 0 \\ 0 & 3869.96 & 21.52 & 0 \\ -10979.86 & 21.52 & 1050.09 & 0 \\ 0 & 0 & 0 & 1 \end{bmatrix}
\begin{bmatrix} \dot{x}_1(t) \\ \dot{x}_2(t) \\ \dot{x}_3(t) \\ \dot{x}_4(t) \end{bmatrix}
$$

$$
+\begin{bmatrix} 282600 & 17374.34 & 0 & 14760.44 \\ -115556.10 & 47642.23 & 0 & -13467.99 \\ 0 & -10979.86 & 20364 & 128004.35 \\ 0 & 0 & -1 & 0 \end{bmatrix}
\begin{bmatrix} x_1(t) \\ x_2(t) \\ x_3(t) \\ x_4(t) \end{bmatrix}
$$

$$
=\begin{bmatrix} 103600 \\ 158436.52 \\ 0 \\ 0 \end{bmatrix} d(t)+\begin{bmatrix} 103600 \\ 158436.52 \\ 0 \\ 0 \end{bmatrix} f(t)
$$

$$
\begin{bmatrix} y_1(t) \\ y_2(t) \\ y_3(t) \\ y_4(t) \end{bmatrix}
$$

$$
=\begin{bmatrix} -225.22 & 6.47 & 12.22 & 65.01 \\ 0 & 1 & 0 & 0 \\ 0 & 0 & 0 & 0 \\ 0 & 0 & 1 & 0 \end{bmatrix}
\begin{bmatrix} \dot{x}_1(t) \\ \dot{x}_2(t) \\ \dot{x}_3(t) \\ \dot{x}_4(t) \end{bmatrix}
+\begin{bmatrix} 82.04 \\ 0 \\ 20 \\ 0 \end{bmatrix} d(t)+\begin{bmatrix} 82.04 \\ 0 \\ 20 \\ 0 \end{bmatrix} f(t)
$$

系统的四个输出分别对应于横向加速度传感器、偏转率传感器、方向盘角度传感器和旋转速度传感器四个传感器的测量值，把上述状态方程写成式(4.6)的标准形式，并考虑非线性项 $\boldsymbol{g}(t,\boldsymbol{x}(t))$，结果如下：

$$
\begin{bmatrix} \dot{x}_1(t) \\ \dot{x}_2(t) \\ \dot{x}_3(t) \\ \dot{x}_4(t) \end{bmatrix}
=\begin{bmatrix} -16.24 & -0.51 & 0.88 & -6.38 \\ 30.81 & -12.34 & 0.16 & 4.53 \\ -170.48 & 5.36 & -28.59 & -188.71 \\ 0 & 0 & 1.00 & 0 \end{bmatrix}
\begin{bmatrix} x_1(t) \\ x_2(t) \\ x_3(t) \\ x_4(t) \end{bmatrix}
$$

$$+\begin{bmatrix} 1.5\sin t & 0 & 0 & 0 & 0 \\ 0 & 1.5\sin t & 0 & 0 & 0 \\ 0 & 0 & 1.5\sin t & 0 & 0 \\ 0 & 0 & 0 & 1.5\sin t & 0 \\ 0 & 0 & 0 & 0 & 1.5\sin t \end{bmatrix}\begin{bmatrix} x_1(t) \\ x_2(t) \\ x_3(t) \\ x_4(t) \end{bmatrix}$$

$$+\begin{bmatrix} 5.91 \\ 40.60 \\ 60.93 \\ 0 \end{bmatrix} d(t) + \begin{bmatrix} 5.91 \\ 40.60 \\ 60.93 \\ 0 \end{bmatrix} f(t)$$

$$\begin{bmatrix} y_1(t) \\ y_2(t) \\ y_3(t) \\ y_4(t) \end{bmatrix}$$

$$= \begin{bmatrix} -225.22 & 6.47 & 12.22 & 65.01 \\ 0 & 1 & 0 & 0 \\ 0 & 0 & 0 & 0 \\ 0 & 0 & 1 & 0 \end{bmatrix}\begin{bmatrix} \dot{x}_1(t) \\ \dot{x}_2(t) \\ \dot{x}_3(t) \\ \dot{x}_4(t) \end{bmatrix} + \begin{bmatrix} 82.04 \\ 0 \\ 20 \\ 0 \end{bmatrix} d(t) + \begin{bmatrix} 82.04 \\ 0 \\ 20 \\ 0 \end{bmatrix} f(t)$$

其中,

$$\boldsymbol{g}(t,\boldsymbol{x}(t)) = \begin{bmatrix} 1.5\sin t & 0 & 0 & 0 & 0 \\ 0 & 1.5\sin t & 0 & 0 & 0 \\ 0 & 0 & 1.5\sin t & 0 & 0 \\ 0 & 0 & 0 & 1.5\sin t & 0 \\ 0 & 0 & 0 & 0 & 1.5\sin t \end{bmatrix}\begin{bmatrix} x_1(t) \\ x_2(t) \\ x_3(t) \\ x_4(t) \end{bmatrix}$$

为非线性项。

根据文献[149]中理论和方法得到的传感器优化配置方案是只对第一个输出变量安装传感器(横向加速度传感器)进行监测,本书直接将该结果作为最终的传感器优化配置方案,即传感器优化配置矩阵为

$$\boldsymbol{S} = \begin{bmatrix} 1 & 0 & 0 & 0 \\ 0 & 0 & 0 & 0 \\ 0 & 0 & 0 & 0 \\ 0 & 0 & 0 & 0 \end{bmatrix}$$

此时系统的输出方程变为:

$$\begin{bmatrix} y_1(t) \\ y_2(t) \\ y_3(t) \\ y_4(t) \end{bmatrix}$$

$$= \boldsymbol{S}\left\{\begin{bmatrix} -225.22 & 6.47 & 12.22 & 65.01 \\ 0 & 1 & 0 & 0 \\ 0 & 0 & 0 & 0 \\ 0 & 0 & 1 & 0 \end{bmatrix}\begin{bmatrix} \dot{x}_1(t) \\ \dot{x}_2(t) \\ \dot{x}_3(t) \\ \dot{x}_4(t) \end{bmatrix} + \begin{bmatrix} 82.04 \\ 0 \\ 20 \\ 0 \end{bmatrix} d(t) + \begin{bmatrix} 82.04 \\ 0 \\ 20 \\ 0 \end{bmatrix} f(t)\right\}$$

$$= \begin{bmatrix} -225.22 & 6.47 & 12.22 & 65.01 \\ 0 & 0 & 0 & 0 \\ 0 & 0 & 0 & 0 \\ 0 & 0 & 0 & 0 \end{bmatrix}\begin{bmatrix} \dot{x}_1(t) \\ \dot{x}_2(t) \\ \dot{x}_3(t) \\ \dot{x}_4(t) \end{bmatrix} + \begin{bmatrix} 82.04 \\ 0 \\ 0 \\ 0 \end{bmatrix} d(t) + \begin{bmatrix} 82.04 \\ 0 \\ 0 \\ 0 \end{bmatrix} f(t)$$

下面用文中方法对传感器优化配置后的新系统进行故障诊断，首先根据上述算法步骤求得故障检测鲁棒性和灵敏度指标的理论最优值，分别为：鲁棒性指标 $\boldsymbol{\eta}_{\min}=0.2178$，灵敏度指标 $\gamma_{\max}=1.6814$。给定 η 的调节量为 $\zeta_\eta=0.005$，利用文中算法步骤求得同时满足故障检测鲁棒性和灵敏度要求的部分可行解列举如下：

$$\eta_0=0.2178,\gamma_0=1.5716,\boldsymbol{L}_0=\begin{bmatrix} -0.0446 & 0 & 0 & 0 \\ 0.3197 & 0 & 0 & 0 \\ 0.6508 & 0 & 0 & 0 \\ 0.0634 & 0 & 0 & 0 \end{bmatrix}$$

$$\eta_{37}=0.4028,\gamma_{37}=1.5843,\boldsymbol{L}_{37}=\begin{bmatrix} -0.0436 & 0 & 0 & 0 \\ 0.3147 & 0 & 0 & 0 \\ 0.6539 & 0 & 0 & 0 \\ 0.0683 & 0 & 0 & 0 \end{bmatrix}$$

$$\eta_{69}=0.5628,\gamma_{69}=1.6154,\boldsymbol{L}_{69}=\begin{bmatrix} -0.1447 & 0 & 0 & 0 \\ 0.1391 & 0 & 0 & 0 \\ 0.2940 & 0 & 0 & 0 \\ 0.1421 & 0 & 0 & 0 \end{bmatrix}$$

$$\vdots$$

$$\eta_{122}=0.8278,\gamma_{122}=1.6537,\boldsymbol{L}_{122}=\begin{bmatrix}-0.0446 & 0 & 0 & 0\\ 0.3200 & 0 & 0 & 0\\ 0.6511 & 0 & 0 & 0\\ 0.0634 & 0 & 0 & 0\end{bmatrix}$$

$$\eta_{144}=0.9378,\gamma_{144}=1.6722,\boldsymbol{L}_{144}=\begin{bmatrix}-0.1444 & 0 & 0 & 0\\ 0.1403 & 0 & 0 & 0\\ 0.2957 & 0 & 0 & 0\\ 0.1418 & 0 & 0 & 0\end{bmatrix}$$

其中，当 $\eta=0.2178$、$\gamma=1.5716$ 时，故障检测的鲁棒性和灵敏度综合指标 $\tau=\eta/\gamma$ 取得最小值，即此时综合性能达到最佳，状态观测器增益矩阵为

$$\boldsymbol{L}=\begin{bmatrix}-0.0446 & 0 & 0 & 0\\ 0.3197 & 0 & 0 & 0\\ 0.6508 & 0 & 0 & 0\\ 0.0634 & 0 & 0 & 0\end{bmatrix}$$

根据设计的增益矩阵设计故障检测观测器，假设干扰信号 $d(t)$ 是能量为 0.5 的白噪声，考虑两种形式的故障信号：幅值为 2 的方波故障信号 $f_1(t)$（持续时间为 2～4s）和幅值为 2、周期为 2s 的正弦故障信号 $f_2(t)$（持续时间为 2～4s），如图 4.3 所示，仿真时间均为 8s，残差及评价函数曲线分别如图 4.4～图 4.7 所示。

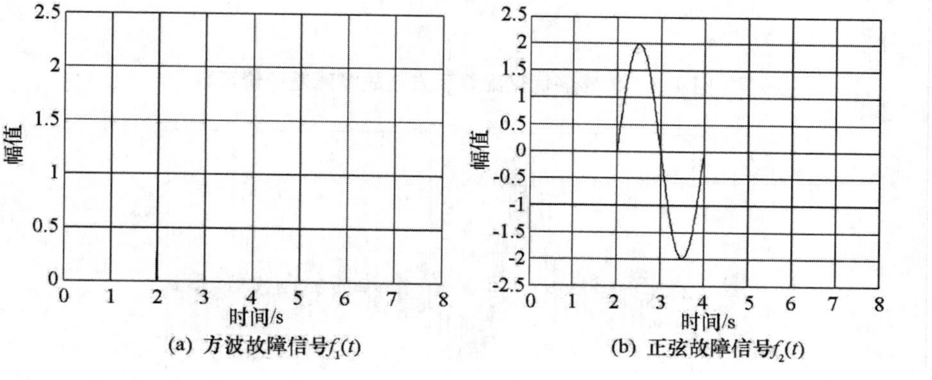

图 4.3 模拟故障信号

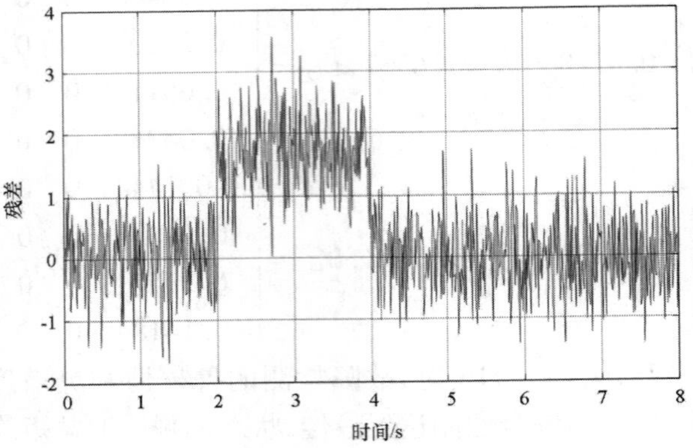

图 4.4　传感器优化配置后方波故障残差曲线

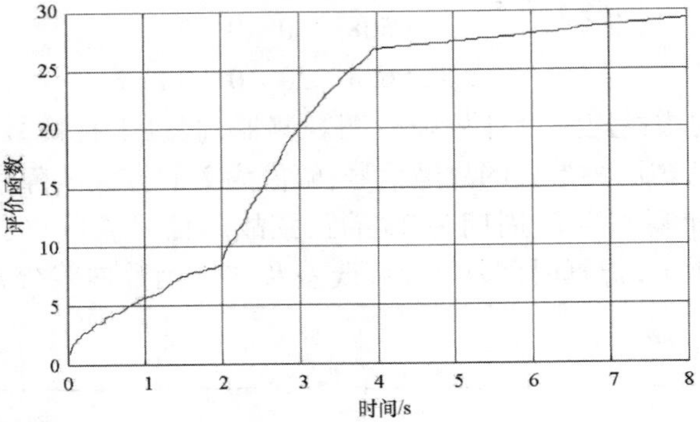

图 4.5　传感器优化配置后方波故障残差评价函数

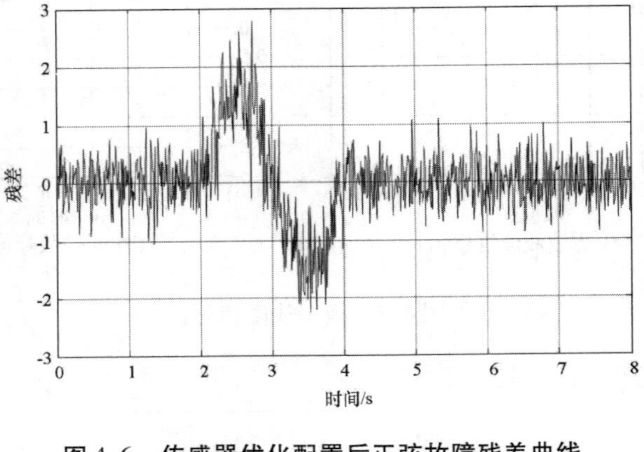

图 4.6　传感器优化配置后正弦故障残差曲线

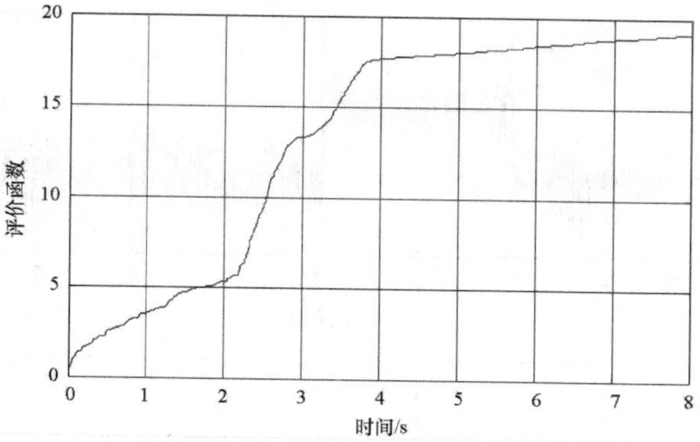

图 4.7　传感器优化配置后正弦故障残差评价函数

同理可得，在传感器优化配置前（系统有四个输出变量），当鲁棒性指标和灵敏度指标分别取值 $\eta=0.3078$、$\gamma=1.5837$ 时，可以为该系统设计综合性能最优的故障检测观测器，此时的增益矩阵为：

$$L=\begin{bmatrix} -2.6343 & 0.5702 & -2.1853 & -1.5552 \\ 0.5803 & -2.8414 & 3.8391 & 0.2184 \\ -0.2872 & -1.1387 & -1.0951 & -3.0973 \\ 0.3614 & -2.0456 & 1.1012 & -2.1342 \end{bmatrix}$$

根据增益矩阵设计故障检测观测器，采用相同的干扰信号 $d(t)$ 和模拟故障信号 $f_1(t)$、$f_2(t)$，仿真时间为 8s，残差及评价函数曲线分别如图 4.8 ~ 图 4.11 所示，此时系统有 4 个输出量，对应于 4 个残差信号。

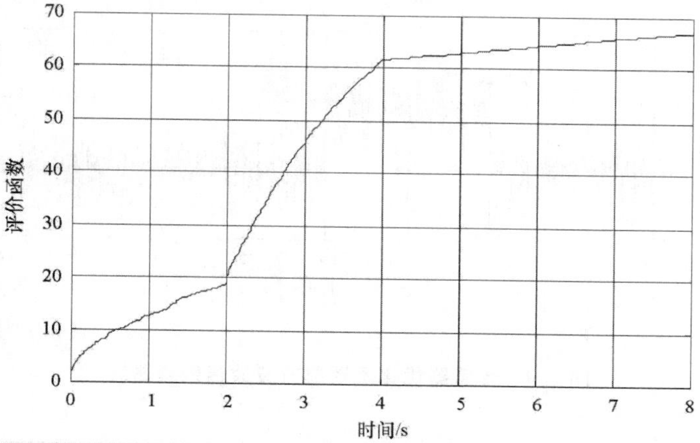

图 4.8　传感器优化配置前方波故障评价函数

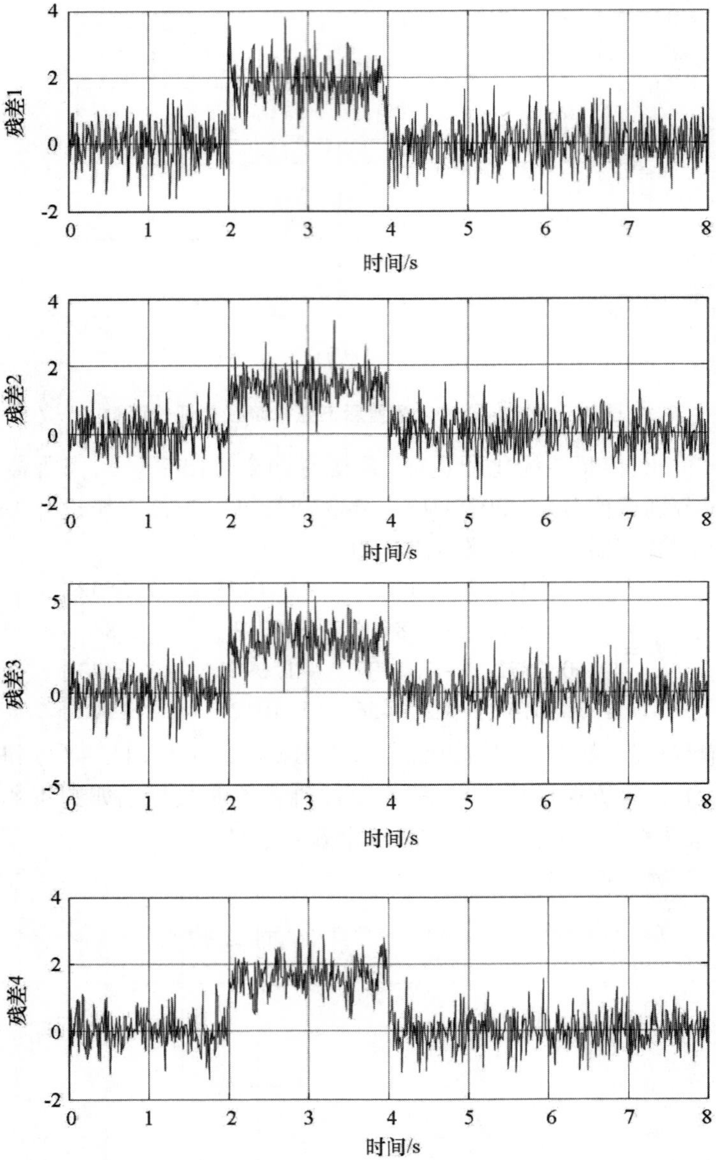

图 4.9　传感器优化配置前方波故障残差曲线

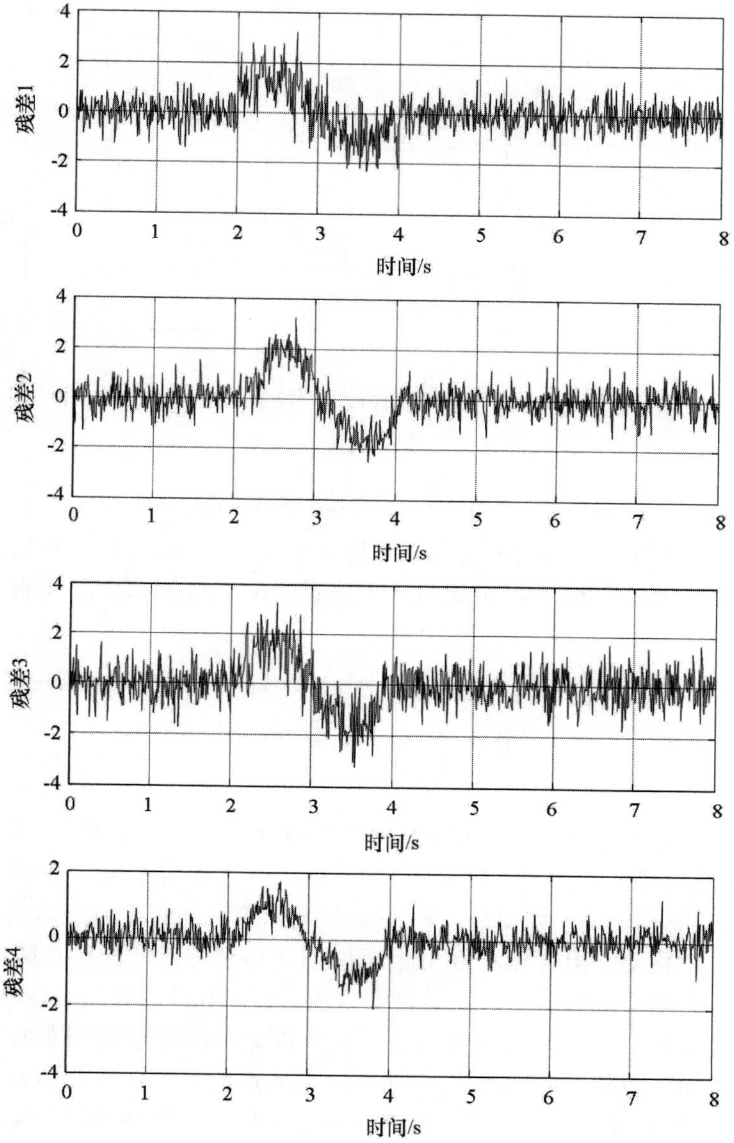

图 4.10　传感器优化配置前正弦故障残差曲线

由上述故障仿真结果可知，传感器优化配置后只安装一个传感器对系统的横向加速度进行监测，根据残差信号及评价函数也能快速准确地进行故障检测，其故障检测性能不亚于对系统的 4 个测量点（输出量）安装传感器的检测效果，

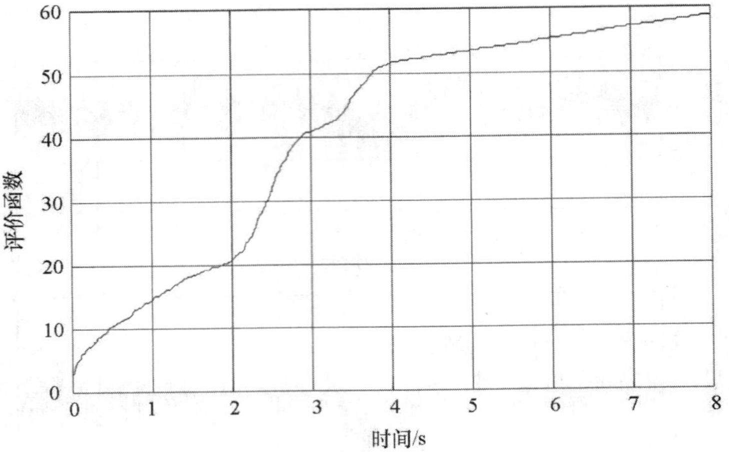

图 4.11 传感器优化配置前正弦故障评价函数

且设计的故障检测观测器对干扰信号有较强的鲁棒性,同时对方波和正弦两种故障信号都有较强的灵敏度,由此验证了传感器配置结果和故障检测方法的有效性。

§4.6 本章小结

本章将传感器优化配置结果与系统的故障诊断结合起来研究,探索一种检验 PHM 系统传感器配置结果的方法,并取得了一些研究成果。在基于解析模型、基于数据驱动和基于知识的三种故障诊断方法中,选择了基于解析模型的方法与传感器优化配置相结合。为方便描述,引入传感器优化配置矩阵 $\boldsymbol{S}$,$\boldsymbol{S}$ 中的元素为二元布尔变量{0,1},表示是否安装传感器对相应的输出变量进行监测。通过引入优化配置矩阵 $\boldsymbol{S}$,将基于传感器优化配置的故障诊断问题转化成故障诊断观测器增益矩阵的设计问题,进而系统深入地研究了对干扰信号具有鲁棒性,同时对故障信号具有较好灵敏度的鲁棒故障检测观测器的设计问题。应用线性矩阵不等式(LMI)技术给出了该设计问题存在解的条件及其求解方法,并给出了求解观测器增益的算法及其流程。此外,在研究过程中还考虑了系统非线性因素的影响,使研究内容和方法具有更为普遍的适用性。最后以文献中汽车的传感器优化配置结果为例进行了仿真验证,说明了所提理论和方法的可行性及有效性。

第五章 基于自适应 KPCA 的传感器故障诊断

传感器是信息采集系统的首要部件，是构成状态监控系统的重要环节，系统的可靠性、安全性在很大程度上取决于传感器所采集数据的可靠性和准确性，传感器的正常工作是 PHM 系统功能得以有效实现的基础。由于大型复杂系统安装的传感器数量大、分布广，传感器所处的工作环境比较恶劣和复杂，以及安装部位特殊等原因，传感器的可靠性通常低于其他设备而成为系统中最易发生故障的部件，也是过程控制中的薄弱环节之一。据统计，工厂过程控制中 60% 以上的故障是由传感器故障引起的；在控制系统的各种故障中，传感器和执行器的故障就占到 80% 左右[150]。传感器故障会引起测量信息的误差甚至错误，进而导致对故障源的误诊断和误识别，使决策人员做出错误的判断，造成重大的经济损失或不必要的停机检修，严重时可能还会损坏系统甚至危及操作人员的生命安全。

对于测量系统重要参数的传感器，通常需要设置冗余，即采用多个传感器对同一参数进行测量。尽管如此，传感器也会出现故障，进而影响 PHM 系统功能的实现，尤其是控制系统的传感器故障会直接影响系统的正常运行。因此，对传感器故障进行快速准确的检测、诊断和排除对 PHM 系统具有十分重要的意义，也是传感器优化配置必须考虑的内容。在前文研究内容的基础上，本章进一步研究传感器自身的故障诊断问题，根据核主元分析（Kernel Principal Component Analysis, KPCA）方法对传感器故障进行诊断，提出了一种根据训练数据自适应确定核函数的方法，有效解决了 KPCA 方法难以确定合适核函数的难题。此外，还对常规标准化处理方法进行了改进，进一步提高 KPCA 方法的故障诊断性能。

§5.1 传感器的故障类型及其测量模型

常见的传感器故障有完全失效、固定偏差、漂移和精度等级下降四类[151]。在实际测量过程中，由于传感器自身的特性和运行环境的干扰等影响，传感器的测量值不可能绝对准确，与测量变量的真实值之间存在一定的误差，包括系统误差

和随机误差[152]。传感器的测量值可以表示成为三个部分之和,如式(5.1)所示:

$$x_t = x_t^0 + w_t + \delta_t \tag{5.1}$$

其中,x_t 为传感器在 t 时刻对变量的测量值;x_t^0 为被测量在 t 时刻的真实值;w_t 为 t 时刻的系统误差;δ_t 为测量的随机误差,即自由噪声。

通常情况下,自由噪声源自于测量系统或测量过程本身的随机性,且具有不可预料性,它属于白噪声,一般情况下可以假设服从均值为零的正态分布,即 $\delta_t \sim N(0,\sigma^2)$。系统误差 w_t 主要由故障引起,不同故障类型所对应的系统误差 w_t 具有不同的表现形式。

根据不同故障类型的特点对传感器故障的测量模型分别进行描述,具体内容如下。

1. **完全失效**

传感器完全失效时彻底失去功能,其读数始终保持在某一恒定值上,这一恒定值通常为零或者是传感器的最大读数,如图 5.1 所示(故障的发生时刻为第 45min)。完全失效时,传感器的测量模型如式(5.2)所示:

$$x_t = c_1 \tag{5.2}$$

其中 c_1 为常数。

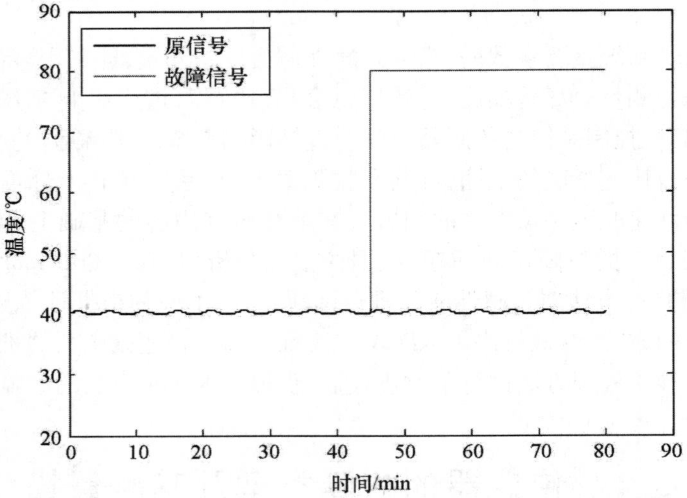

图 5.1　传感器完全失效时的测量输出

2. **固定偏差**

传感器发生固定偏差故障时,其测量值与正常情况下的测量值之间存在一恒定偏差，如图 5.2 所示，其数学描述为：

$$x_t = x'_t + c_2 \tag{5.3}$$

其中，x'_t 为传感器正常时的测量输出值；c_2 为常数。

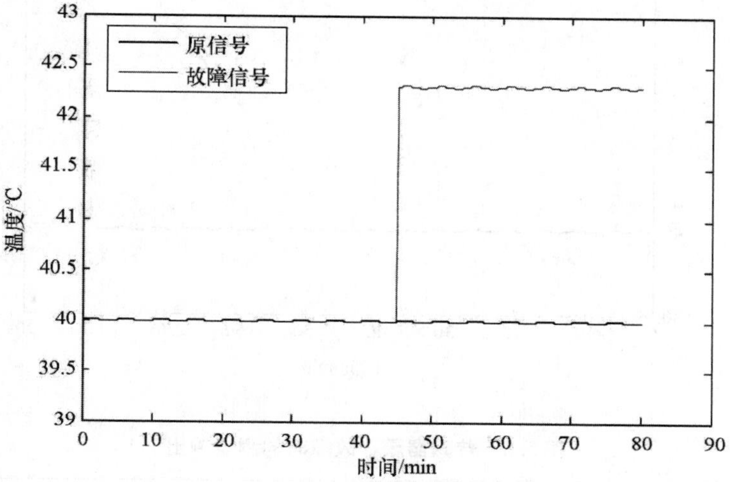

图 5.2　传感器偏差故障时的测量输出

3. 漂移

漂移故障是指传感器的故障大小随时间逐渐增大，如图 5.3 所示，增大规律为线性或非线性，其数学描述为：

$$x_t = x'_t + v(t - t_s) \tag{5.4}$$

其中，x'_t 为传感器正常时的测量输出值；$v(t - t_s)$ 为故障漂移函数；t_s 为故障的发生时刻。

4. 精度等级下降

传感器的漂移和偏差故障均表现为测量值的平均值出现了偏差，而当传感器发生精度等级下降故障时，其测量值的平均值并不会发生变化，只是方差会变大，如图 5.4 所示，其数学描述为：

$$x_t = x'_t + N(0, \sigma_1^2) \tag{5.5}$$

其中，x'_t 为传感器正常时的测量输出值；$N(0, \sigma_1^2)$ 是均值为 0、方差为 σ_1^2 的白噪声。

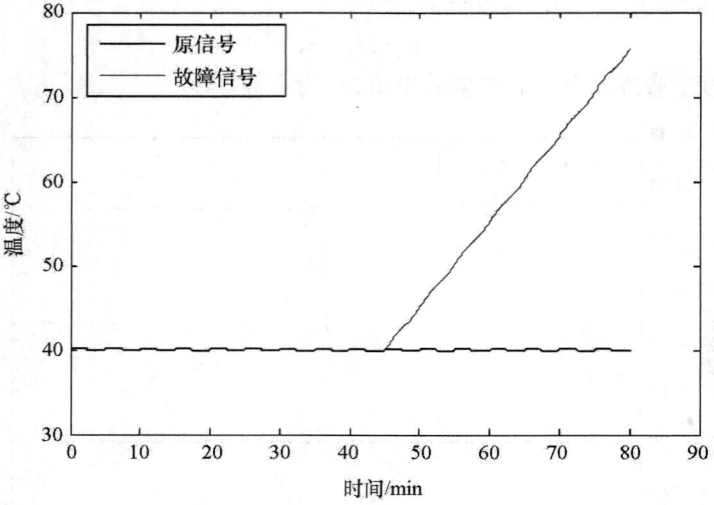

图5.3　传感器漂移故障时的测量输出

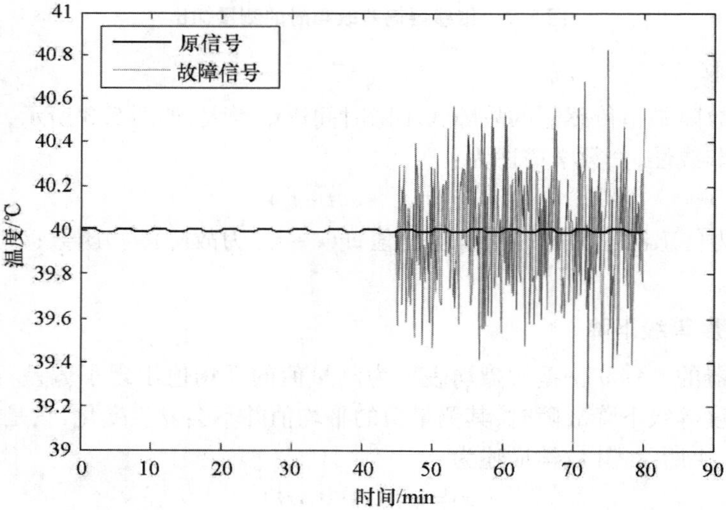

图5.4　传感器精度下降故障时的测量输出

§5.2 基于主元分析的故障诊断原理

传感器故障诊断分为基于物理冗余的方法和基于解析冗余的方法两大类，具体包括统计方法、信息融合方法、人工神经网络和多元统计方法等[153]，如图 5.5 所示。基于物理冗余的方法主要应用于安全性要求较高的系统，对于某些特殊的应用场合（如航空器等），该方法受到较大的限制；而基于解析冗余的方法只需设计故障和残差模型，不需要增加传感器的数量，由于现代设备日趋复杂，难以获得其精确的机理模型。近年来该方法得到了广泛的研究和应用，多元统计方法更是成为基于解析冗余传感器诊断方法中的研究热点，也是本章重点研究的内容。

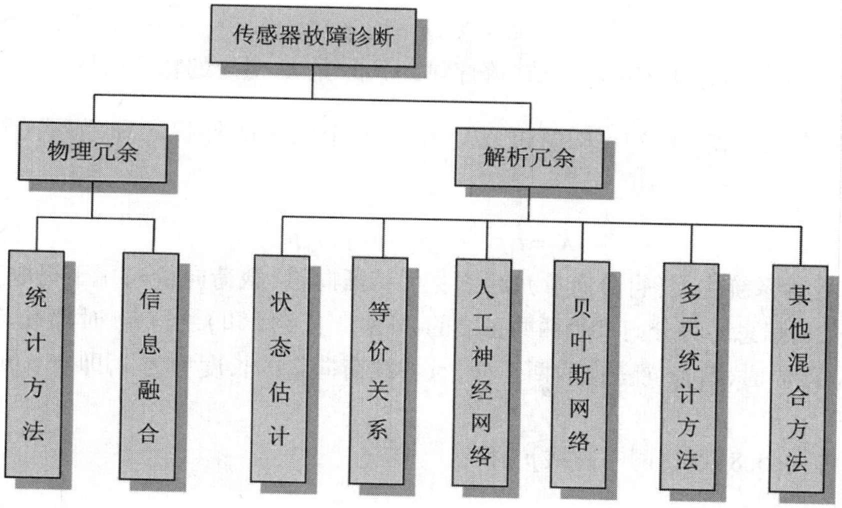

图 5.5 传感器故障诊断方法分类

主元分析（Principal Component Analysis, PCA）最早出现于多元统计学领域，是一种应用广泛的多元统计分析方法，其核心思想是在尽量保留原始数据所含信息的前提下，对一组相关的数据集进行降维。PCA 将待分析的数据视为一个整体进行处理，其实质是对原坐标系进行平移和旋转变换，并使新坐标的原点与数据群的重心重合。PCA 模型描述了系统各变量在正常工况下的内在关系，这种关系是由能量平衡、质量平衡和操作限制等各方面的约束形成的，当系统中某一部件出现故障时，变量之间的这种相关性就会被打破，PCA 方法就是通过分析变量间的这种相关关系进行故障检测和诊断的[154]。

§5.2.1 PCA 的算法原理

设 $\boldsymbol{X}\in\boldsymbol{R}^{n\times m}$ 为系统正常情况下采集到的数据，每行对应于一个样本，每列对应于一个变量（参数），在实际应用中，为了均衡各变量的敏感性及其对系统模型和统计参数的影响，通常在分析前需对数据进行标准化处理（将每列即各变量化为均值为 0、方差为 1 的数据），设标准化处理后的数据矩阵为 $\bar{\boldsymbol{X}}\in\boldsymbol{R}^{n\times m}$，则其协方差矩阵为：

$$\mathrm{cov}(\bar{\boldsymbol{X}})=\frac{\bar{\boldsymbol{X}}^{\mathrm{T}}\bar{\boldsymbol{X}}}{n-1} \tag{5.6}$$

对上式进行谱分解，得：

$$\mathrm{cov}(\bar{\boldsymbol{X}})\boldsymbol{p}_i=\lambda_i\boldsymbol{p}_i \tag{5.7}$$

其中，λ_i 是协方差矩阵的特征值（降序排列），$\boldsymbol{p}_i$ 是 λ_i 对应的特征向量。

通常，数据矩阵 $\bar{\boldsymbol{X}}\in\boldsymbol{R}^{n\times m}$ 可以分解为 m 个向量的外积之和，如式（5.8）所示：

$$\bar{\boldsymbol{X}}=\boldsymbol{t}_1\boldsymbol{p}_1^{\mathrm{T}}+\boldsymbol{t}_2\boldsymbol{p}_2^{\mathrm{T}}+\cdots+\boldsymbol{t}_m\boldsymbol{p}_m^{\mathrm{T}} \tag{5.8}$$

其中，$\boldsymbol{t}_i$ 为系统主元（得分向量）；$\boldsymbol{p}_i$ 为主元特征向量（载荷向量），用于提取变量间的关联信息。得分向量是两两正交的，即对于任意 i 和 j，当 $i\neq j$ 时都有 $\boldsymbol{t}_i^{\mathrm{T}}\boldsymbol{t}_j=0$ 成立。同时，载荷向量也两两正交，且各载荷向量的长度均为 1，即有 $\boldsymbol{p}_i^{\mathrm{T}}\boldsymbol{p}_j=0$ $(i\neq j)$、$\boldsymbol{p}_i^{\mathrm{T}}\boldsymbol{p}_i=1$。

将式（5.8）两边同时右乘 $\boldsymbol{p}_i$，得：

$$\boldsymbol{t}_i=\bar{\boldsymbol{X}}\boldsymbol{p}_i \tag{5.9}$$

由式（5.9）可知，得分向量 $\boldsymbol{t}_i$ 是数据矩阵 $\bar{\boldsymbol{X}}$ 在相应载荷向量 $\boldsymbol{p}_i$ 方向上的投影，其长度反映了数据矩阵在 $\boldsymbol{p}_i$ 方向上的覆盖范围或程度。$\bar{\boldsymbol{X}}$ 的变化主要体现在最前面几个负荷向量的方向上，投影比较小的最后几个负荷向量主要由噪声引起。为了最优地获取数据的变化量，同时最小化随机噪声的影响，通常仅保留前 r 个载荷向量作为主元，后面的载荷向量为残差矩阵，如式（5.10）所示：

$$\bar{\boldsymbol{X}}=\sum_{i=1}^{r}\boldsymbol{t}_i\boldsymbol{p}_i^{\mathrm{T}}+\sum_{i=r+1}^{m}\boldsymbol{t}_i\boldsymbol{p}_i^{\mathrm{T}}=\boldsymbol{T}_r\boldsymbol{P}_r^{\mathrm{T}}+E,\ r\leqslant m \tag{5.10}$$

这样,测量空间被分解为主元子空间和残差子空间两个正交的子空间。主元数目 r 的选择非常重要,取较大值时模型相对精确,但鲁棒性不足,取值较小时主元模型不能充分描述数据的变化信息,使在线监控过程中的误报率增加[154]。目前,已有一些确定主元数目 r 的方法,如交叉验证法、平均特征值法、嵌入误差函数法、Akaike 信息准则法和主元贡献率法等,其中主元贡献率法由于简单、方便等特点得到了广泛的应用,它要求保留的前 r 个主元的累积贡献率必须大于某一给定的数值 C(通常大于 85%),使舍弃的数据信息不影响分析结果,如式(5.11)所示:

$$\frac{\sum_{i=1}^{r} \lambda_i}{\sum_{j=1}^{m} \lambda_j} > C \tag{5.11}$$

残差矩阵 $\boldsymbol{E}$ 主要是噪声引起的,将其删除一般不会导致数据中有用信息的丢失,还可以起到消除噪声和数据降维的效果,因此,可以用前 r 个主元重构原数据得到其估计值 $\hat{\bar{\boldsymbol{X}}}$,剩下的 $(m-r)$ 个主元构成残差,如式(5.12)所示:

$$\begin{cases} \hat{\bar{\boldsymbol{X}}} = \boldsymbol{T}_r \boldsymbol{P}_r^{\mathrm{T}} \\ \boldsymbol{E} = \bar{\boldsymbol{X}} - \hat{\bar{\boldsymbol{X}}} = \boldsymbol{T}_{m-r} \boldsymbol{P}_{m-r}^{\mathrm{T}} \end{cases} \tag{5.12}$$

§5.2.2　基于 PCA 的故障检测及隔离

当系统处于正常工作状态时,其测量数据的绝大部分投影应落在主元子空间内,而在残差子空间的投影应该很小。反之,当系统出现扰动或故障而偏离正常工况时,测量数据将偏离其正常的数据结构(主元模型),增加在残差子空间内的投影,通过检测偏离程度的大小即可完成故障检测。偏离程度的检测首先要在主元子空间和残差子空间分别构造检测统计量,然后通过假设检验来实现[154]。

残差子空间中的平方预报误差(Squared Prediction Error, SPE)统计量表示的是采样样本到模型空间的距离,反映了测量值对模型的偏离程度。SPE 统计量也称为 Q 统计量,对于 k 时刻的采样值 $\boldsymbol{x}_k$,其 Q 统计量如式(5.13)所示:

$$Q_k = \boldsymbol{e}_k \boldsymbol{e}_k^{\mathrm{T}} = \boldsymbol{x}_k (\boldsymbol{I} - \boldsymbol{P}_r \boldsymbol{P}_r^{\mathrm{T}}) \boldsymbol{x}_k^{\mathrm{T}} \tag{5.13}$$

当 Q 过大时,代表系统出现了异常或故障,其控制限为:

$$Q_\alpha = \theta_1 \left(\frac{c_\alpha h_0 \sqrt{2\theta_2}}{\theta_1} + \frac{\theta_2 h_0 (h_0 - 1)}{\theta_1^2} + 1 \right)^{\frac{1}{h_0}} \tag{5.14}$$

其中，c_α 为标准正态分布在显著性水平 α 下的临界值；$\theta_i = \sum_{j=r+1}^{m} \lambda_j^i (i = 1,2,3)$；$h_0 = 1 - \frac{2\theta_1\theta_3}{3\theta_2^2}$；$r$ 为主元个数。在 k 时刻，如果 $Q_k < Q_\alpha$，则系统正常，否则系统有异常或故障发生。

主元子空间中的 Hotelling T^2 统计量是主元模型包含信息量的度量，用于检测新采样数据在主元子空间上的波动情况，反映了各采样点在幅值和变化趋势上偏离主元模型的程度。Hotelling T^2 统计量也称为 T^2 统计量，k 时刻 T^2 统计量为：

$$T_k^2 = \boldsymbol{t}_k \boldsymbol{\Lambda}^{-1} \boldsymbol{t}_k^{\mathrm{T}} = \boldsymbol{x}_k \boldsymbol{P}_r \boldsymbol{\Lambda}^{-1} \boldsymbol{P}_r^{\mathrm{T}} \boldsymbol{x}_k^{\mathrm{T}} \tag{5.15}$$

其中，$\boldsymbol{x}_k$ 为 k 时刻的采样值；$\boldsymbol{P}_r$ 为前 r 个主元得分向量对应载荷向量组成的载荷矩阵；$\boldsymbol{\Lambda}$ 为前 r 个特征值所构成的对角矩阵。T^2 统计量的控制限为：

$$T_\alpha^2 = \frac{r(n^2-1)}{n(n-r)} F_\alpha(r, n-r) \tag{5.16}$$

其中，r 为主元个数；n 为样本数；$F_\alpha(r, n-r)$ 表示在置信度为 α 下，自由度为 r 和 $(n-r)$ 的 F 分布的临界值。如果在 k 时刻的统计量满足 $T_k^2 > T_\alpha^2$，则有故障或异常情况发生，否则认为系统正常。

Q 统计量和 T^2 统计量用于故障检测能取得较好的效果，但故障分离能力不足，不能从其统计图中找出故障源。常用的基于 PCA 的故障隔离方法有变量贡献图法、基于信号重构的方法、多模块 PCA 或分级 PCA 法、子 PCA 模型法和结构化残差等，其中变量贡献图法因其原理简单得到了广泛的应用，其基本原理是通过分析变量的主元贡献率或残差贡献率，找出引起统计量超限的变量并将其确定为故障源[154]。由于测量变量与传感器是一一对应的关系，找到了引起统计量超限的变量就能确定发生故障的传感器。根据选取统计量的不同，变量贡献图可以分为主元得分贡献图（T^2 贡献图）和残差贡献图（Q 贡献图），贡献图一般用系统故障发生后连续几个时刻变量贡献的柱状图来表示。

如果 k 时刻 Q 统计量超过其控制限，则第 j 个变量对 Q 统计量的贡献为：

$$Q_{kj} = e_{kj}^2 = (x_{kj} - \hat{x}_{kj})^2 \tag{5.17}$$

其中，x_{kj}是 k 时刻经标准化处理后的故障样本中第 j 个变量的值；$\hat{x}_{kj}$是 k 时刻第 j 个变量的重构后的数值。

同理，如果 k 时刻 T^2 统计量超过其控制限，则第 j 个变量 x_j 对第 i 个得分向量 $\boldsymbol{t}_i$ 的贡献为：

$$\mathrm{Cont}_{ij} = \frac{t_{ij}}{\lambda_i} p_{ij} \hat{x}_{kj} \tag{5.18}$$

其中，t_{ij} 为第 j 个得分向量中的第 i 个元素；λ_i 为数据协方差阵中的第 i 个值；p_{ij} 为载荷矩阵 $\boldsymbol{P}$ 中第 i 个载荷向量的第 j 个元素。

第 j 个变量 x_j 对 T^2 统计量的总贡献率为：

$$\mathrm{Cont}_j = \sum_{i=1}^{r} \mathrm{Cont}_{ij} = \sum_{i=1}^{r} \frac{t_{ij}}{\boldsymbol{\lambda}_i} p_{ij} \hat{x}_{kj} \tag{5.19}$$

§5.3　基于自适应 KPCA 的传感器故障诊断

PCA 基于线性变换把高维空间中的相关变量映射为低维数据空间中少数不相关的主分量，通过数据降维提取系统的有用信息，但只能提取线性特征，表征设备状态的非线性特征可能会丢失，进而导致产生故障的误报和漏报等问题。为此，学者对 PCA 方法进行了非线性改进，提出了广义 PCA、神经网络 PCA、递归 PCA、动态 PCA 和核 PCA（KPCA）等方法，从而提高了 PCA 处理非线性问题的能力，并被广泛应用于非线性系统的故障诊断[155-156]。KPCA 在 PCA 的基础上借助核函数来完成非线性变换，将原始数据映射到高维线性特征空间，在特征空间中利用 PCA 方法进行特征提取[157]。与其他非线性 PCA 方法相比，KPCA 具有标准 PCA 简单的特点，求解过程中没有非线性优化[158]，只需利用线性代数求解特征值问题，比较适用于非线性系统，因此，本章研究基于 KPCA 的传感器故障诊断方法，并对其进行改进。

§5.3.1　KPCA 的算法原理

设 $\boldsymbol{X} \in \boldsymbol{R}^{n\times m}$ 为系统正常情况下的样本数据，$\boldsymbol{X}$ 的行和列分别对应各样本点和变量，标准化处理后经非线性映射函数 $\boldsymbol{\Phi}(\cdot)$ 映射到高维特征空间 $\boldsymbol{F}$ 中，假设映射数据是零均值的，则其协方差矩阵可表示为[159]：

$$\boldsymbol{S} = \frac{1}{n}\sum_{i=1}^{n} \boldsymbol{\Phi}(\boldsymbol{x}_i)\boldsymbol{\Phi}(\boldsymbol{x}_i)^{\mathrm{T}} \tag{5.20}$$

通过求解式（5.21）所示的特征值问题可得到 $\boldsymbol{S}$ 的非零特征值 λ 和相应特征向量 $\boldsymbol{v}$，其中 $\langle \boldsymbol{x},\boldsymbol{y}\rangle$ 表示点积运算。

$$\lambda \boldsymbol{v} = \boldsymbol{S}\boldsymbol{v} = \frac{1}{n}\sum_{i=1}^{n} \boldsymbol{\Phi}(\boldsymbol{x}_i)\boldsymbol{\Phi}(\boldsymbol{x}_i)^{\mathrm{T}}\boldsymbol{v} = \frac{1}{n}\sum_{i=1}^{n} \langle \boldsymbol{\Phi}(\boldsymbol{x}_i),\boldsymbol{v}\rangle \boldsymbol{\Phi}(\boldsymbol{x}_i) \tag{5.21}$$

式（5.21）两边同时点乘映射样本点 $\boldsymbol{\Phi}(\boldsymbol{x}_k)$，得：

$$\lambda \langle \boldsymbol{\Phi}(\boldsymbol{x}_k),\boldsymbol{v}\rangle = \frac{1}{n}\sum_{i=1}^{n} \langle \boldsymbol{\Phi}(\boldsymbol{x}_i),\boldsymbol{v}\rangle \langle \boldsymbol{\Phi}(\boldsymbol{x}_k),\boldsymbol{\Phi}(\boldsymbol{x}_i)\rangle, \quad k = 1,2,\cdots,n \tag{5.22}$$

所有 $\lambda \neq 0$ 对应的特征向量 $\boldsymbol{v}$ 都可以表示为特征空间 $\boldsymbol{F}$ 内相应映射点的线性组合，即有：

$$\boldsymbol{v} = \sum_{i=1}^{n} \alpha_i \boldsymbol{\Phi}(\boldsymbol{x}_i) \tag{5.23}$$

把式(5.23)代入式(5.22)可得：

$$\begin{aligned}
&\lambda \sum_{i=1}^{n} \alpha_i \langle \boldsymbol{\Phi}(\boldsymbol{x}_k), \boldsymbol{\Phi}(\boldsymbol{x}_i) \rangle \\
&= \frac{1}{n} \sum_{i=1}^{n} \langle \boldsymbol{\Phi}(\boldsymbol{x}_i), \alpha_j \sum_{j=1}^{n} \boldsymbol{\Phi}(\boldsymbol{x}_j) \rangle \langle \boldsymbol{\Phi}(\boldsymbol{x}_k), \boldsymbol{\Phi}(\boldsymbol{x}_i) \rangle \\
&= \frac{1}{n} \sum_{i=1}^{n} \left(\sum_{j=1}^{n} \alpha_j \langle \boldsymbol{\Phi}(\boldsymbol{x}_i), \boldsymbol{\Phi}(\boldsymbol{x}_j) \rangle \right) \langle \boldsymbol{\Phi}(\boldsymbol{x}_k), \boldsymbol{\Phi}(\boldsymbol{x}_i) \rangle \\
&k = 1, 2, \cdots, n
\end{aligned} \tag{5.24}$$

其中，$\boldsymbol{\Phi}(\cdot)$为未知的映射函数。由式(5.24)可知，上述运算只涉及向量的点乘运算，不需要知道 $\boldsymbol{\Phi}(\cdot)$的确切形式。定义核函数如下：

$$k_{er}(\boldsymbol{x}, \boldsymbol{y}) = \langle \boldsymbol{\Phi}(\boldsymbol{x}), \boldsymbol{\Phi}(\boldsymbol{y}) \rangle \tag{5.25}$$

考虑所有 $k = 1, 2, \cdots, n$，式(5.24)可写为矩阵形式 $n\lambda \boldsymbol{K\alpha} = \boldsymbol{K}^2 \boldsymbol{\alpha}$，简化形式为：

$$n\lambda \boldsymbol{\alpha} = \boldsymbol{K\alpha} \tag{5.26}$$

其中，$\boldsymbol{\alpha} = [\boldsymbol{\alpha}_1, \boldsymbol{\alpha}_1, \cdots, \boldsymbol{\alpha}_n]^{\mathrm{T}}$，$\boldsymbol{K} \in \boldsymbol{R}^{n \times n}$为核矩阵，核矩阵 $\boldsymbol{K}$ 中各元素为：

$$\boldsymbol{K}_{ij} = \langle \boldsymbol{\Phi}(\boldsymbol{x}_i), \boldsymbol{\Phi}(\boldsymbol{x}_j) \rangle = k_{er}(\boldsymbol{x}_i, \boldsymbol{x}_j) \tag{5.27}$$

与常规 PCA 方法一样，映射数据需要在特征空间进行中心化处理，可以通过用 $\bar{\boldsymbol{K}}$ 替代 $\boldsymbol{K}$ 来实现[159]。如式(5.28)所示，其中 $\boldsymbol{E}_0$ 为所有元素均为 $1/n$ 的 n 阶方阵：

$$\bar{\boldsymbol{K}} = \boldsymbol{K} - \boldsymbol{K}\boldsymbol{E}_0 - \boldsymbol{E}_0\boldsymbol{K} + \boldsymbol{E}_0\boldsymbol{K}\boldsymbol{E}_0 \tag{5.28}$$

通过求解式(5.26)，可得特征值 λ（降序排列）和归一化后的特征向量 $\bar{\boldsymbol{\alpha}}$，则新测量样本 $\boldsymbol{x}_k$ 在第 l 个主元上的得分如式(5.29)所示：

$$t_l = \sum_{i=1}^{n} \bar{\alpha}_i^l \langle \bar{\boldsymbol{\Phi}}(\boldsymbol{x}_i), \bar{\boldsymbol{\Phi}}(\boldsymbol{x}_k) \rangle = \sum_{i=1}^{n} \bar{\alpha}_i^l \bar{k}_{er}(\boldsymbol{x}_i, \boldsymbol{x}_k) = \bar{K}_{er} \bar{\boldsymbol{\alpha}}^l \tag{5.29}$$

其中，$l = 1, 2, \cdots, r$，r 为保留的主元个数；$\bar{\boldsymbol{\alpha}}^l$ 为归一化后的第 l 个特征向量。$\bar{K}_{er}$可根据式(5.30)求出：

$$\bar{\boldsymbol{K}}_{er} = \boldsymbol{K}_k - \boldsymbol{I}_0\boldsymbol{K} - \boldsymbol{K}_k\boldsymbol{E}_0 + \boldsymbol{I}_0\boldsymbol{K}\boldsymbol{E}_0 \tag{5.30}$$

式(5.30)中，$\boldsymbol{K}_k$ 为新测量样本 $\boldsymbol{x}_k$ 与训练样本构成的核矩阵，$\boldsymbol{I}_0$ 为所有元素均为 $1/n$ 的 n 维行向量。

核函数通常有多项式核、Sigmoid 核和高斯径向基核三种，由于高斯核对其参数变化具有较好的鲁棒性和无限的自由度，在缺少过程先验知识的情况下，通常使用高斯核，并依据经验选取参数 $\rho=5m$，m 为原始输入空间的维数[155]，如式(5.31)所示：

$$k_{er}(\boldsymbol{x},\boldsymbol{y})=\exp\left(-\frac{\|\boldsymbol{x}-\boldsymbol{y}\|^2}{\rho}\right) \tag{5.31}$$

§5.3.2　改进标准化处理

在对数据实施 KPCA 运算之前，要对数据进行标准化处理，以消除信号幅值和量纲对分析结果的影响。标准化处理的常规方法是将各变量化为均值为 0、方差为 1 的数列，如式(5.32)所示[154]：

$$x'_{ij}=(x_{ij}-\bar{x}_j)/\sigma_j \tag{5.32}$$

式中，$\bar{x}_j=\dfrac{1}{n}\sum_{i=1}^{n}x_{ij}$ 为样本数据矩阵 $\boldsymbol{X}$ 第 j 列的均值，σ_j 为其标准差。易知经标准化处理后，训练数据中各变量的均值和方差都相同，这样不仅消除了变量幅值和量纲的影响，各变量变异程度的差异信息也一同被消除了，从标准化后的数据中提取出的核主元将不能准确反映原始数据包含的全部信息。原始训练数据包含两方面的信息[160]：一是各变量变异程度的差异信息，由各变量的变异系数 $\gamma_j=\sqrt{\sigma_{jj}}/\bar{x}_j$（$\sigma_{jj}$ 为原始数据的协方差）来反映；二是各变量之间相互影响程度的信息，通过各变量间的相关系数来描述。

为了既消除不同变量幅值和量纲的影响，又能反映原始数据所包含的全部信息，对常规标准化方法进行改进，采用一种“均值化”的处理方法，用变量的均值代替标准差，如式(5.33)所示：

$$x'_{ij}=\frac{x_{ij}-\bar{x}_j}{\bar{x}_j} \tag{5.33}$$

“均值化”处理后数据的协方差为：

$$\begin{aligned}\sigma'_{ij}&=\frac{1}{n-1}\sum_{k=1}^{n}(x'_{ki}-\bar{x}'_i)(x'_{kj}-\bar{x}'_j)\\&=\frac{1}{n-1}\sum_{k=1}^{n}\frac{(x_{ki}-\bar{x}_i)(x_{kj}-\bar{x}_j)}{\bar{x}_i\bar{x}_j}\end{aligned}$$

$$= \frac{\sigma_{ij}}{\bar{x}_i \bar{x}_j} \tag{5.34}$$

当 $j=i$ 时，有：

$$\sigma'_{ij} = \frac{\sigma_{ii}}{\bar{x}_i^2} = \left(\frac{\sqrt{\sigma_{ii}}}{\bar{x}_i}\right)^2 = \gamma_i^2 \tag{5.35}$$

"均值化"处理后各变量的相关系数为：

$$R'_{ij} = \frac{\sigma'_{ij}}{\sqrt{\sigma'_{ii}}\sqrt{\sigma'_{jj}}} = \frac{\dfrac{\sigma_{ij}}{\bar{x}_i \bar{x}_j}}{\sqrt{\dfrac{\sigma_{ii}}{\bar{x}_i^2}}\sqrt{\dfrac{\sigma_{jj}}{\bar{x}_j^2}}} = \frac{\sigma_{ij}}{\sqrt{\sigma_{ii}}\sqrt{\sigma_{jj}}} = R_{ij} \tag{5.36}$$

由式(5.35)和(5.36)可知，均值化处理后数据协方差矩阵对角线上各元素是各变量变异系数的平方，而各变量之间的相关系数保持不变，即"均值化"处理不会改变原始数据各变量间的相互影响程度。因此，"均值化"处理方法不仅能消除各变量幅值和量纲的影响，还能全面反映原始数据的全部信息。

§5.3.3 自适应核函数的确定

对于核函数的选择，目前还没有通用的规则和方法，一般都是根据经验确定核函数的类型及其参数。由于训练数据在核特征空间中的几何结构由核函数唯一决定，核函数一旦选择不当，会严重影响故障检测的性能[161]。本书提出了一种根据训练数据自适应确定核函数的方法。

设选定的高斯核函数为 $k_{er}(\boldsymbol{x},\boldsymbol{y})$，训练数据为 $\boldsymbol{x}_i \in \boldsymbol{R}^m (i=1,2,\cdots,n)$，$n$ 为样本数量。定义自适应核函数如下：

$$k_{ea}(\boldsymbol{x},\boldsymbol{y}) = w(\boldsymbol{x})w(\boldsymbol{y})k_{er}(\boldsymbol{x},\boldsymbol{y}) \tag{5.37}$$

其中，$\boldsymbol{x},\boldsymbol{y} \in \boldsymbol{R}^m$，$w(\cdot)$ 为调节函数，根据训练数据对核函数进行自适应调节，定义如下[162]：

$$w(\boldsymbol{x}) = \mu_0 + \sum_{i=1}^{l} \mu_i k_1(\boldsymbol{x},\boldsymbol{e}_i) \tag{5.38}$$

式中 $k_1(\boldsymbol{x},\boldsymbol{e}_i) = \exp(-\|\boldsymbol{x}-\boldsymbol{e}_i\|^2/\rho_1)$，$\boldsymbol{e}_i \in \boldsymbol{R}^m$ 为从训练数据中随机选取的经验核心，反映了训练数据的分布情况；μ_i 为组合系数，通过优化组合系数 μ_i 使选定的核函数适合训练数据，使原始训练数据的非线性结构映射到核特征空间后被尽可能展开为线性而非任意拉伸，即保持原始数据的潜在结构，此即为自适应核函数的思想。

设 $\boldsymbol{K}$ 和 $\boldsymbol{K}_0$ 分别为自适应核和相应普通核对应的核矩阵，则有 $\boldsymbol{K}=\boldsymbol{S}\boldsymbol{K}_0\boldsymbol{S}$，$\boldsymbol{S}$

是元素为 $w(\boldsymbol{x}_1)$, $w(\boldsymbol{x}_2)$, …, $w(\boldsymbol{x}_n)$ 的对角矩阵。令 $\boldsymbol{W}=[w(\boldsymbol{x}_1),w(\boldsymbol{x}_2),\cdots,w(\boldsymbol{x}_n)]^{\mathrm{T}}$, $\boldsymbol{\mu}=[\mu_0,\mu_1,\cdots,\mu_l]^{\mathrm{T}}$,则有:

$$\boldsymbol{W}=\begin{bmatrix}1 & k_1(\boldsymbol{x}_1,\boldsymbol{e}_1) & \cdots & k_1(\boldsymbol{x}_1,\boldsymbol{e}_l)\\ 1 & k_1(\boldsymbol{x}_2,\boldsymbol{e}_1) & \cdots & k_1(\boldsymbol{x}_2,\boldsymbol{e}_l)\\ \vdots & \vdots & & \vdots\\ 1 & k_1(\boldsymbol{x}_n,\boldsymbol{e}_1) & \cdots & k_1(\boldsymbol{x}_n,\boldsymbol{e}_l)\end{bmatrix}\begin{bmatrix}\mu_0\\ \mu_1\\ \vdots\\ \mu_l\end{bmatrix}=\boldsymbol{K}_1\boldsymbol{\mu} \tag{5.39}$$

根据式(5.37),自适应核矩阵 $\boldsymbol{K}$ 中的元素可以表示为:

$$K_{ij}=(\boldsymbol{K}_0)_{ij}\boldsymbol{\mu}^{\mathrm{T}}(\boldsymbol{K}_1)_{i\cdot}^{\mathrm{T}}(\boldsymbol{K}_1)_{j\cdot}\boldsymbol{\mu} \tag{5.40}$$

式(5.40)中,$(\boldsymbol{K}_1)_{i\cdot}$ 表示 $\boldsymbol{K}_1$ 的第 i 行。

任何两数据点之间存在的非线性结构都会使两点间的欧式距离减小[163],因此,在进行非线性映射的同时应使式(5.41)取得最大值:

$$\begin{aligned}\boldsymbol{\Psi}&=\frac{1}{2}\sum_{i=1}^{n}\sum_{j=1}^{n}\|\boldsymbol{\Phi}(x_i)-\boldsymbol{\Phi}(x_j)\|^2\\ &=\frac{1}{2}\sum_{i=1}^{n}\sum_{j=1}^{n}(K_{ii}+K_{jj}-2K_{ij})\\ &=n\sum_{i=1}^{n}K_{ii}-\sum_{i=1}^{n}\sum_{j=1}^{n}K_{ij}\end{aligned} \tag{5.41}$$

最大化目标函数(5.41)有可能任意扭曲训练数据的潜在非线性结构,因此必须对其施加约束条件,以保持数据间潜在结构的相对稳定[164]。数据的 k-最近邻可以描述其非线性结构的离散近似,用二元邻接矩阵 $\boldsymbol{L}\in\boldsymbol{R}^{n\times n}$ 表示训练数据的 k-最近邻关系,如果 $\boldsymbol{x}_i$ 是 $\boldsymbol{x}_j$ 的最近邻,则 $L_{ij}=1$,否则 $L_{ij}=0$,且需满足如下约束条件:

$$\|\boldsymbol{\Phi}(\boldsymbol{x}_i)-\boldsymbol{\Phi}(\boldsymbol{x}_j)\|^2=K_{ii}+K_{jj}-2K_{ij}=\|\boldsymbol{x}_i-\boldsymbol{x}_j\|^2 \tag{5.42}$$

通常情况下,约束条件会多于组合系数 $\boldsymbol{\mu}_i$ 的个数 $(l+1)$,从而导致 $\boldsymbol{\mu}$ 超定,需对上述约束条件作松弛处理。自适应核函数的确定即为求式(5.43)的约束优化问题,可用粒子群算法或遗传算法进行求解:

$$\begin{aligned}&\boldsymbol{\mu}^{*}=\mathrm{argmax}(\boldsymbol{\Psi})=\mathrm{argmax}\Big(n\sum_{i=1}^{n}K_{ii}-\sum_{i=1}^{n}\sum_{j=1}^{n}K_{ij}\Big)\\ &\text{s.t. } K_{ii}+K_{jj}-2K_{ij}\leqslant\|\boldsymbol{x}_i-\boldsymbol{x}_j\|^2,\ \text{所有 } L_{ij}=1 \text{ 的 } i,j\end{aligned} \tag{5.43}$$

§5.3.4 基于自适应 KPCA 的故障检测及隔离

与 PCA 方法相同,KPCA 方法用于状态监控时也需要求出映射数据 $\boldsymbol{\Phi}(\boldsymbol{x}_k)$ 在特征空间中的统计量 Hotelling's T^2 和 Q 的值,k 时刻的统计量计算方法如下[159]：

$$\begin{cases} T_k^2 = [t_1,t_2,\cdots,t_r]\boldsymbol{\Lambda}^{-1}[t_1,t_2,\cdots,t_r]^{\mathrm{T}} \\ Q_k = \|\boldsymbol{\Phi}(\boldsymbol{x}_k) - \boldsymbol{\Phi}_r(\boldsymbol{x}_k)\|^2 = \sum_{i=1}^{p} t_i^2 - \sum_{i=1}^{r} t_i^2 \end{cases} \tag{5.44}$$

其中，t_i 为采样数据在第 i 个主元上的得分；r 为选定的核主元个数；$\boldsymbol{\Lambda}$ 为前 r 个特征值 $\lambda_1 \geqslant \lambda_2 \geqslant \cdots \geqslant \lambda_r > 0$ 构成的对角阵；p 为所有非零特征值的个数。

统计量 T^2 和 Q 的控制限如下：

$$\begin{cases} T_\alpha^2 = \dfrac{r(n^2-1)}{n(n-r)} F_\alpha(r,n-r) \\ Q_\alpha = g\chi^2(h) \end{cases} \tag{5.45}$$

其中，n 为样本数；$F_\alpha(r,n-r)$ 表示置信度为 α、自由度为 r 和 $(n-r)$ 的 F 分布的临界值；$\chi^2(h)$ 表示自由度为 h 的 χ^2 分布，g 为权重参数，且有 $g = b/(2a)$，$h = 2a^2/b$，a、b 分别为 Q 统计量的估计均值和方差。将 k 时刻的统计量 T^2 和 Q 分别与其控制限比较即可完成故障检测。

检测到传感器的故障后，需要进一步分析故障原因，找出故障变量并明确发生故障的传感器，以便及时对故障传感器进行维修或更换。然而，KPCA 方法很难找到由特征空间到原始空间的逆映射函数，且无法给出监控统计量和原测量变量之间的对应关系[165]，因此，KPCA 方法很难识别非线性情形下潜在的故障变量，使得基于 PCA 的故障隔离方法不能直接用于 KPCA。为此，本书结合自适应核函数，提出一种基于灵敏度贡献图的 KPCA 故障隔离方法。

灵敏度分析是一种利用系统中某些物理量的微分关系来考察自变量对因变量影响程度的方法，被广泛应用于电力系统的参数分析[166]。本书借鉴灵敏度分析的思想，用统计量的一阶偏微分作为变量的权系数，进而计算各变量对统计量的贡献率。新测量样本 $\boldsymbol{x}_k$ 中第 j 个变量 x_{kj} 对统计量 T^2 和 Q 的贡献量如式(5.46)所示：

$$\begin{cases} CT^2(x_{kj}) = x_{kj}\dfrac{\partial T^2}{\partial x_{kj}} \\ CQ(x_{kj}) = x_{kj}\dfrac{\partial Q}{\partial x_{kj}} \end{cases} \tag{5.46}$$

将上式展开：

$$
\begin{cases}
CT^2(x_{kj}) &= x_{kj}\dfrac{\partial T^2}{\partial x_{kj}} \\
&= x_{kj}\dfrac{\partial([t_1,t_2,\cdots,t_r]\boldsymbol{\Lambda}^{-1}[t_1,t_2,\cdots,t_r]^{\mathrm{T}})}{\partial x_{kj}} \\
&= x_{kj}\dfrac{\partial\left(\sum\limits_{i=1}^{r}\dfrac{t_i^2}{\lambda_i}\right)}{\partial x_{kj}} \\
&= 2x_{kj}\sum\limits_{i=1}^{r}\dfrac{t_i}{\lambda_i}\dfrac{\partial t_i}{\partial x_{kj}} \\
CQ(x_{kj}) &= x_{kj}\dfrac{\partial Q}{\partial x_{kj}} \\
&= x_{kj}\dfrac{\partial\left(\sum\limits_{i=1}^{p}t_i^2-\sum\limits_{i=1}^{r}t_i^2\right)}{\partial x_{kj}} \\
&= x_{kj}\dfrac{\partial\left(\sum\limits_{i=r+1}^{p}t_i^2\right)}{\partial x_{kj}} \\
&= 2x_{kj}\sum\limits_{i=r+1}^{p}t_i\dfrac{\partial t_i}{\partial x_{kj}}
\end{cases}
\tag{5.47}
$$

式(5.47)中，t_i 为样本 $\boldsymbol{x}_k$ 在第 i 个主元上的得分，可根据式(5.29)、(5.30)和(5.37)计算得到，且有：

$$
\begin{aligned}
\frac{\partial t_i}{\partial x_{kj}} &= \frac{\partial[(\boldsymbol{K}_k-\boldsymbol{I}_0\boldsymbol{K}-\boldsymbol{K}_k\boldsymbol{E}_0+\boldsymbol{I}_0\boldsymbol{K}\boldsymbol{E}_0)\bar{\alpha}^i]}{\partial x_{kj}} \\
&= \frac{\partial(\boldsymbol{K}_k)}{\partial x_{kj}}(\boldsymbol{I}-\boldsymbol{E}_0)\bar{\alpha}^i \\
&= \frac{\partial[k_{ea}(\boldsymbol{x}_k,\boldsymbol{x}_1),k_{ea}(\boldsymbol{x}_k,\boldsymbol{x}_2),\cdots,k_{ea}(\boldsymbol{x}_k,\boldsymbol{x}_n)]}{\partial x_{kj}}(I-E_0)\bar{\alpha}^i \\
&= \left[\frac{\partial k_{ea}(\boldsymbol{x}_k,\boldsymbol{x}_1)}{\partial x_{kj}},\frac{\partial k_{ea}(\boldsymbol{x}_k,\boldsymbol{x}_2)}{\partial \boldsymbol{x}_{kj}},\cdots,\frac{\partial k_{ea}(\boldsymbol{x}_k,\boldsymbol{x}_n)}{\partial x_{kj}}\right](\boldsymbol{I}-\boldsymbol{E}_0)\bar{\alpha}^i
\end{aligned}
\tag{5.48}
$$

式(5.48)中涉及求核函数的偏导数，采用了 Rakotomamonjy 提出的核函数导数的求法。以高斯核函数为例，设 $\boldsymbol{V}=[v_1,v_2,\cdots,v_m]^{\mathrm{T}}$ 为归一化因子，且 $v_j=1$ $(j=1,2,\cdots,m)$，则有[165]：

$$
k_{er}(\boldsymbol{x}_k,\boldsymbol{x}_i)=k_{er}(\boldsymbol{V}\cdot\boldsymbol{x}_k,\boldsymbol{V}\cdot\boldsymbol{x}_i)=\exp\left(-\frac{\|\boldsymbol{V}\cdot\boldsymbol{x}_k-\boldsymbol{V}\cdot\boldsymbol{x}_i\|^2}{\rho}\right)
\tag{5.49}
$$

核函数对归一化因子中第 j 个变量 v_j 的偏导数为：

$$\frac{\partial k_{er}(\boldsymbol{x}_k,\boldsymbol{x}_i)}{\partial v_j}=\frac{\partial k_{er}(\boldsymbol{V}\cdot\boldsymbol{x}_k,\boldsymbol{V}\cdot\boldsymbol{x}_i)}{\partial v_j}$$
$$=-\frac{1}{\rho}(v_jx_{kj}-v_jx_{ij})^2k_{er}(\boldsymbol{x}_k,\boldsymbol{x}_i)\Big|_{v_j=1}$$
$$=-\frac{1}{\rho}(x_{kj}-x_{ij})^2k_{er}(\boldsymbol{x}_k,\boldsymbol{x}_i)\tag{5.50}$$

其中，x_{ij}表示第 i 个训练样本中的第 j 个变量，式(5.50)的绝对值即表示第 j 个变量对核函数的影响大小。同理可得两个核函数内积的偏导数如下所示：

$$\frac{\partial k_{er}(\boldsymbol{x}_k,\boldsymbol{x}_i)k_{er}(\boldsymbol{x}_k,\boldsymbol{x}_l)}{\partial v_j}=-\frac{1}{\rho}\{(x_{kj}-x_{ij})^2+(x_{kj}-x_{lj})^2\}k_{er}(\boldsymbol{x}_k,\boldsymbol{x}_i)k_{er}(\boldsymbol{x}_k,\boldsymbol{x}_l)\tag{5.51}$$

综合式(5.47)、(5.48)和(5.51)即可计算出新样本中各变量对统计量的贡献度(取绝对值)，贡献度大的变量即为引起故障的变量，由此确定发生故障的传感器。由于式(5.47)中的两个统计量没有理论上界，在具体的应用过程中需要进行归一化处理，计算方法如下：

$$\begin{cases}\bar{C}T^2(x_{kj})=\dfrac{|CT^2(x_{kj})|}{\sum\limits_{j=1}^{m}|CT^2(x_{kj})|}\\ \bar{C}Q(x_{kj})=\dfrac{|CQ(x_{kj})|}{\sum\limits_{j=1}^{m}|CQ(x_{kj})|}\end{cases}\tag{5.52}$$

§5.4 仿真应用

为验证所提方法的先进性和有效性，以广泛用于比较各种不同监测方法性能的 TE Benchmark 过程作为研究对象，通过自适应 KPCA 方法和常规的 KPCA 方法进行故障诊断，并将这两种方法的诊断结果进行对比分析。TE 过程模拟的是一个真实的非线性工业过程，共有 12 个操纵变量和 41 个测量变量，详细说明见文献[167]，可从程序员联合开发网 http://www.pudn.com 下载其正常情况下的训练数据集，其中包含 52 个变量的测量数据。参照文献[167]，选用其中的 16 个变量作为监控变量(见表5.1)，其变化趋势如图5.6 所示。以变量2(物料 D 的流量)和变量9(反应器温度)为例，用叠加故障信号的方法分别模拟流量传感器和温度传感器的各种故障。

表5.1　用于监控的16个过程变量

编号	变量名	编号	变量名
1	物料A的流量	11	分离器温度
2	物料D的流量	13	分离器压力
3	物料E的流量	14	分离器底部流量
4	物料A和C的流量	16	解吸塔压力
5	循环流量	18	解吸塔温度
6	反应器进料流量	19	解吸塔上部蒸汽流量
9	反应器温度	21	反应器冷却水出口温度
10	放空速率	22	分离器冷却水出口温度

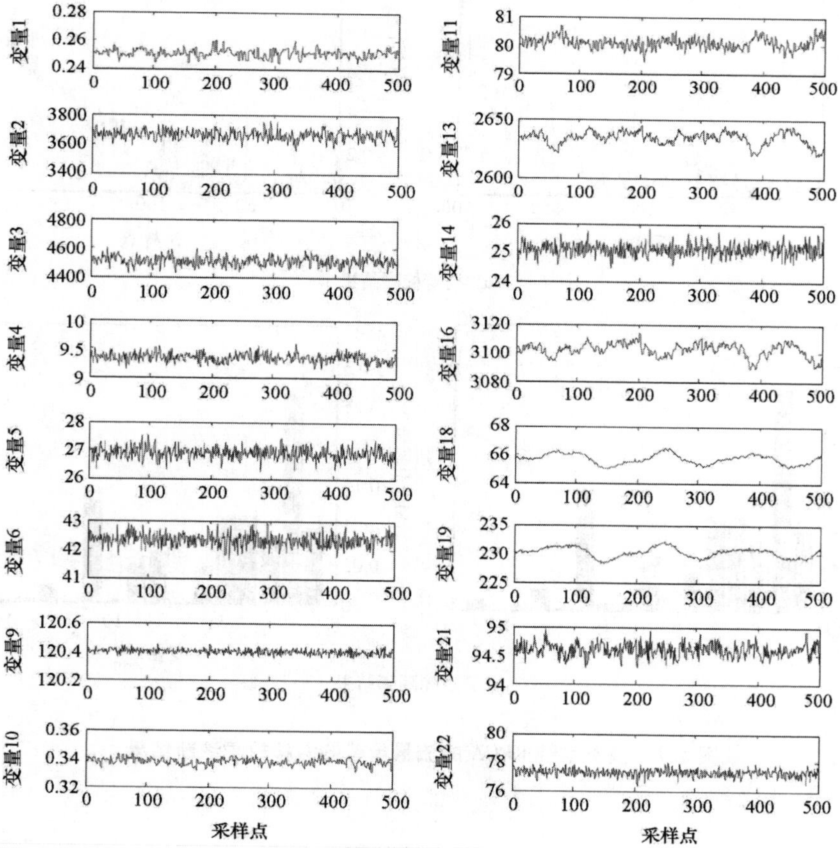

图5.6　正常工况下监控变量的变化趋势

为简单起见，只考虑单传感器故障情况，即同一时刻只有一个传感器发生故障。以传感器的漂移故障（偏差故障可以看作是漂移故障的特例）和精度下降故障为例进行仿真验证，从 TE 过程正常工况下的训练样本中取一段样本量为 200 的数据构造真实测量数据 $\boldsymbol{X}^{200\times16}$，其中变量 2（物料 D 的流量）、变量 9（反应器温度）分别对应于 $\boldsymbol{X}^{200\times16}$ 的第 2 列、第 7 列。从 101 个数据点开始叠加故障信号模拟传感器的故障：漂移故障是从 101 个数据点开始以每步 0.1 的幅度递增；精度下降故障是从 101 个数据点开始在测量数据中叠加服从正态分布 $N(0,5)$ 的随机白噪声。自适应核函数根据粒子群优化算法求解，高斯核函数参数 $\rho=\rho_1=5\times16=80$，各传感器故障的诊断结果如图 5.7 ~ 图 5.14 所示。

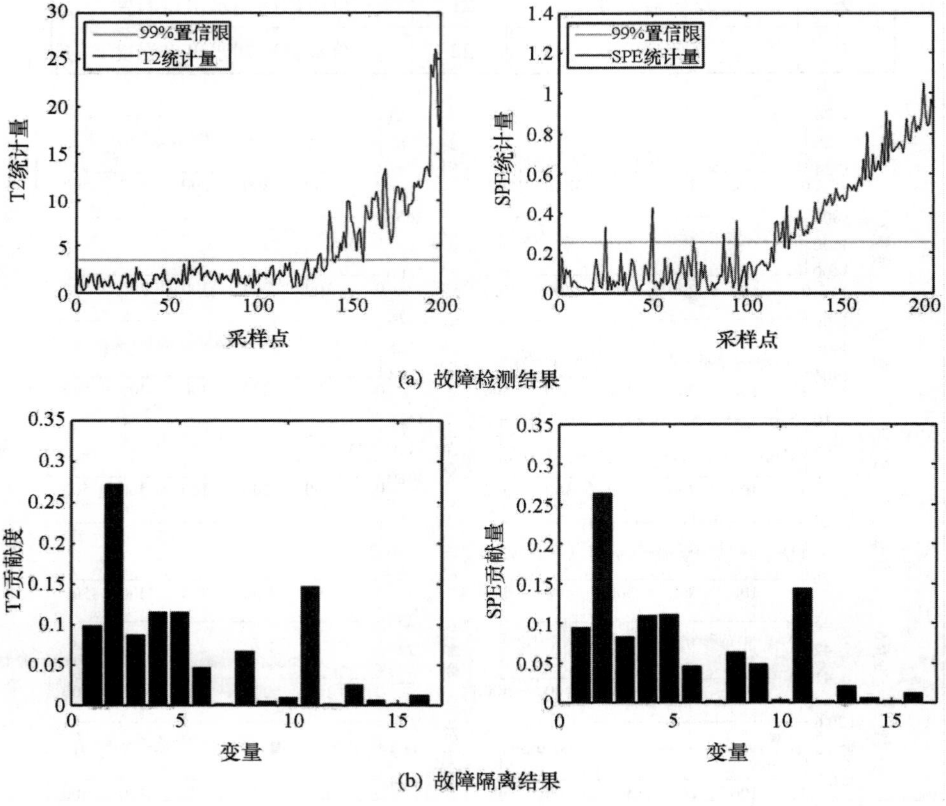

(a) 故障检测结果

(b) 故障隔离结果

图 5.7　基于常规 KPCA 的流量传感器漂移故障诊断结果

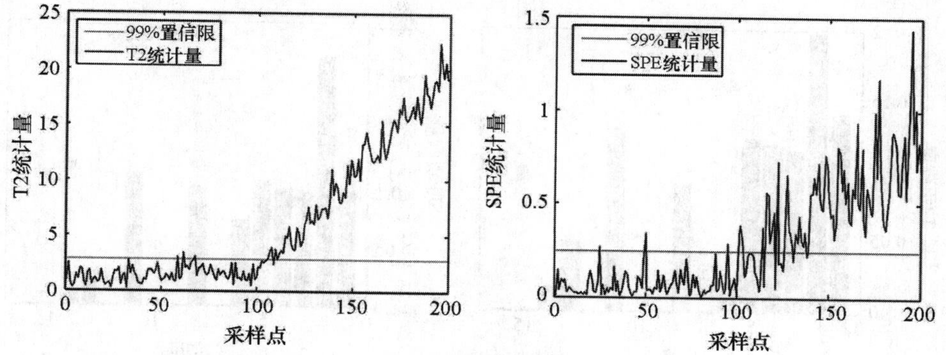

(a) 故障检测结果

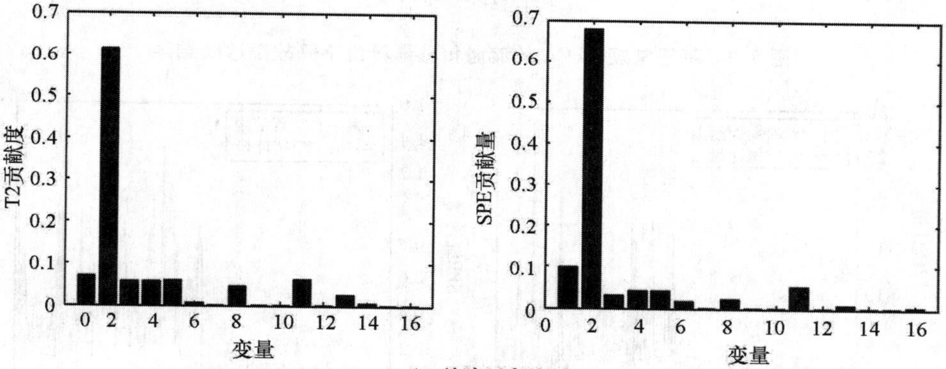

(b) 故障隔离结果

图 5.8　基于自适应 KPCA 的流量传感器漂移故障诊断结果

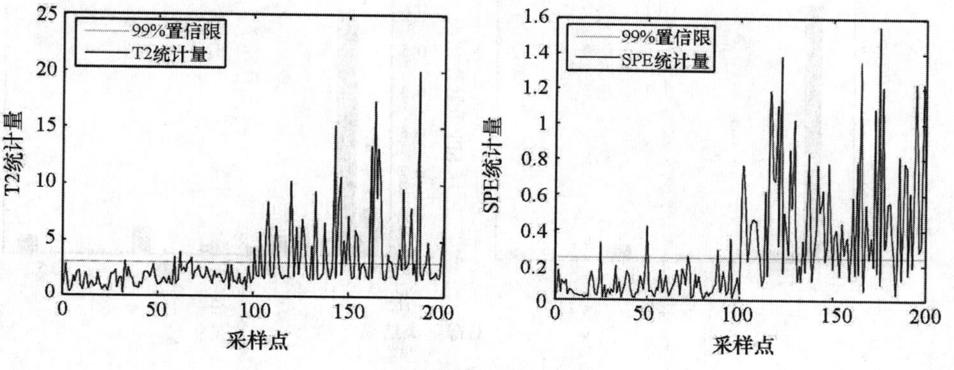

(a) 故障检测结果

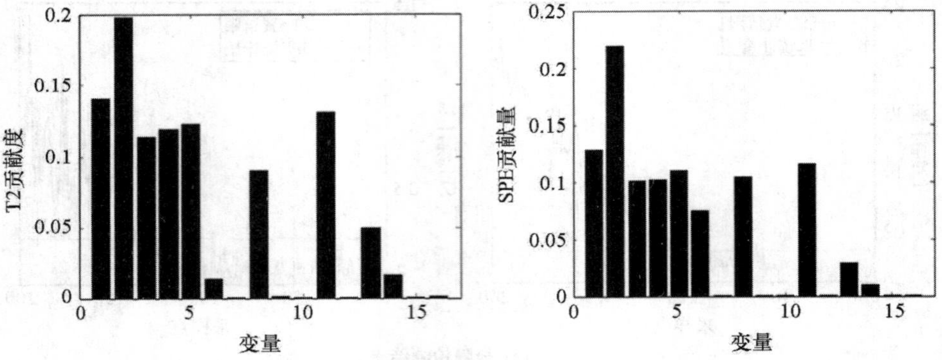

(b) 故障隔离结果

图 5.9 基于常规 KPCA 的流量传感器精度下降故障诊断结果

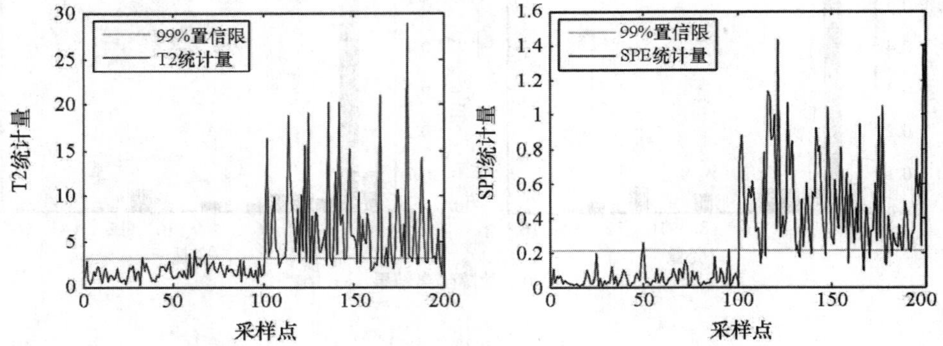

(a) 故障检测结果

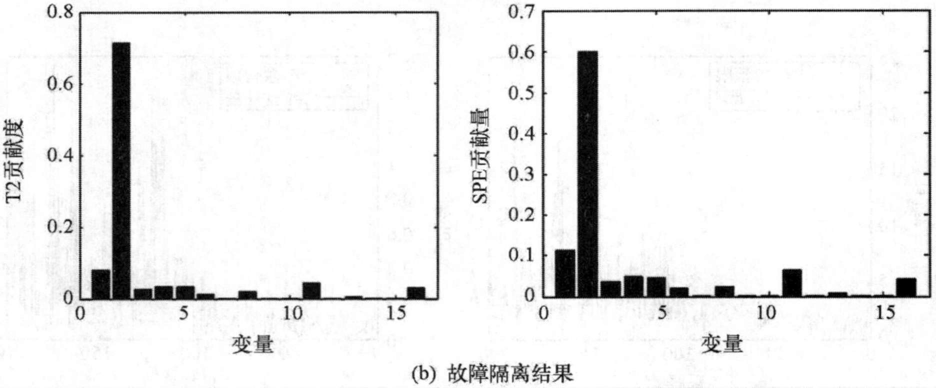

(b) 故障隔离结果

图 5.10 基于自适应 KPCA 的流量传感器精度下降故障诊断结果

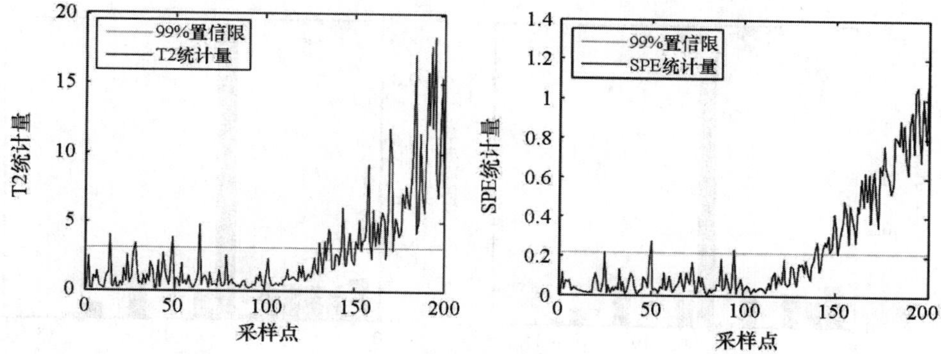

(a) 故障检测结果

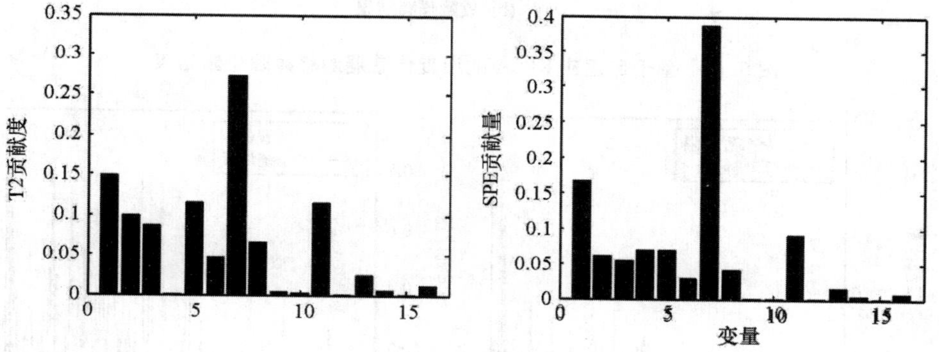

(b) 故障隔离结果

图 5.11　基于常规 KPCA 的温度传感器漂移故障诊断结果

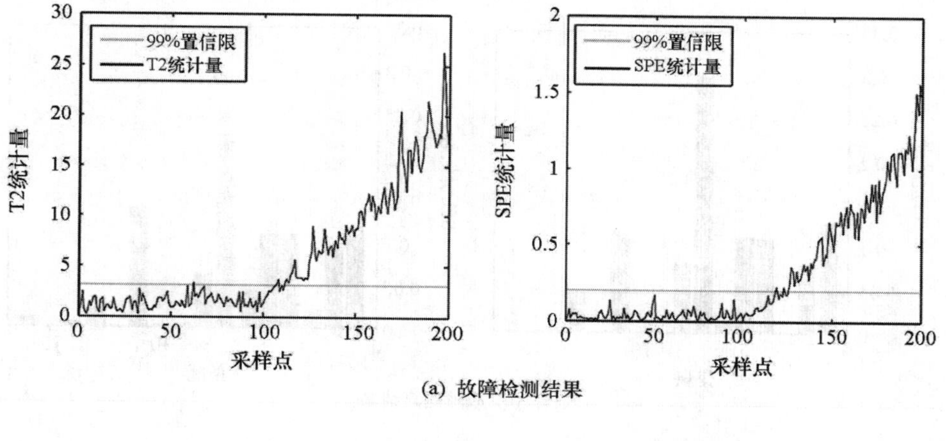

(a) 故障检测结果

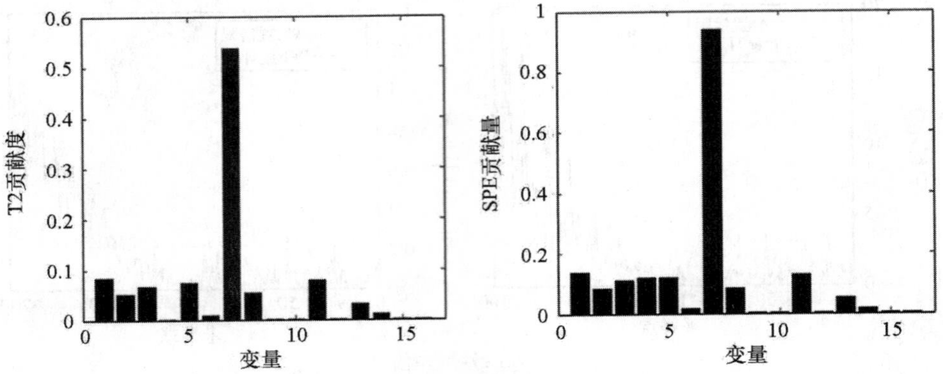

(b) 故障隔离结果

图 5.12　基于自适应 KPCA 的温度传感器漂移故障诊断结果

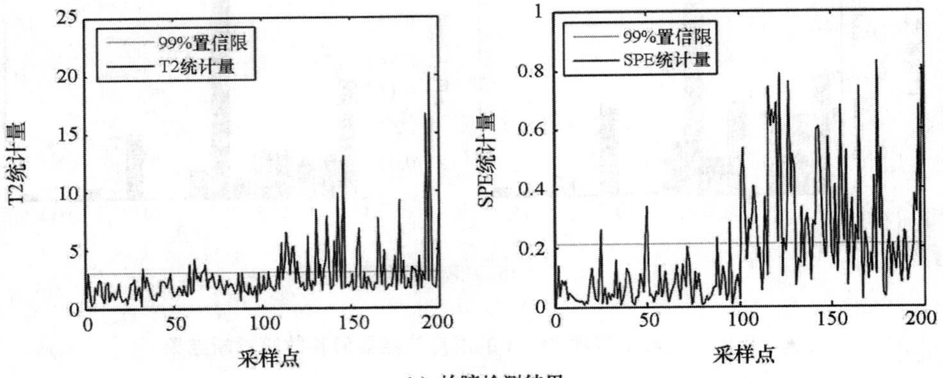

(a) 故障检测结果

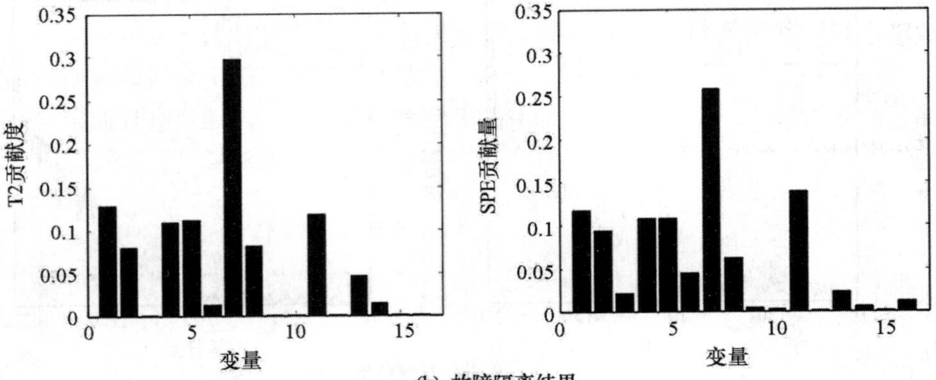

(b) 故障隔离结果

图 5.13　基于常规 KPCA 的温度传感器精度下降故障诊断结果

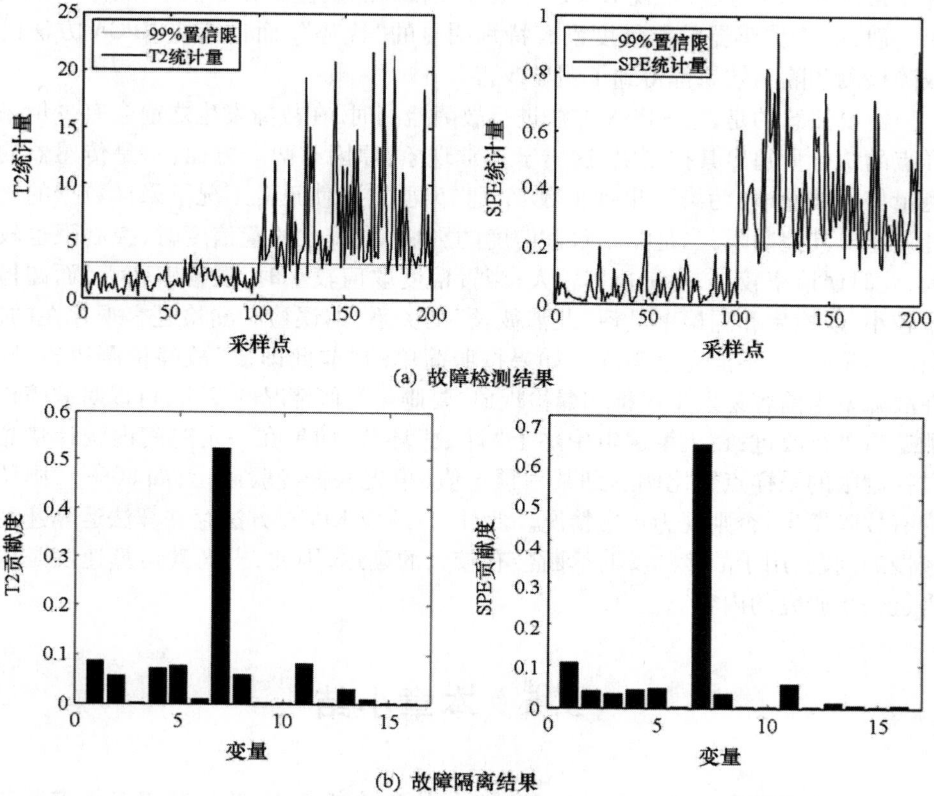

图 5.14　基于自适应 KPCA 的温度传感器精度下降故障诊断结果

通过分析上述故障诊断结果可知，自适应 KPCA 方法能准确地对传感器的各种故障进行检测和隔离，故障检测和隔离效果都明显优于常规 KPCA 方法。

（1）对于传感器漂移故障，常规 KPCA 方法由于难以确定合适的核函数，故障检测效果较差，故障发生前就有不少采样点的监控统计量超过其控制限，导致发生“误检”，而在故障发生后又不能及时检测出故障，存在较严重的延迟，对故障的灵敏度较低，故障隔离效果也不理想，没有明显地凸显出故障传感器的贡献度。而自适应 KPCA 方法能迅速“敏感”到传感器的漂移故障，故障发生后 T2 统计量和 SPE 统计量都迅速超过其控制限，故障发生前的误检率也明显降低，而且故障隔离效果与常规 KPCA 相比有明显改善，故障传感器测量变量的贡献度远远大于其他变量，呈现出“鹤立鸡群”的态势，根据各变量的贡献度可准确判断出发生故障的传感器。

（2）对于传感器精度下降故障，基于自适应 KPCA 的故障诊断效果也明显优于常规 KPCA 方法，常规 KPCA 方法存在较高的误检率和漏检率，故障隔离效果一般，故障传感器的贡献度没有特别明显的“优势”，而自适应 KPCA 方法的故障检测和隔离效果都得到了明显改善。

需要注意的是，用 KPCA 方法进行故障检测时，在故障发生之前会有少量采样点的统计量超出其控制限，这属于正常现象，原因有两个方面：一是传感器的测量信号被噪声“污染”，出现少数/个别“离群点”，使正常工况下采样数据的统计量超出其控制限；二是控制限置信度的影响，取较大的置信度时，控制限也较大，此时误检率较小，而漏检率较大；当置信度取值较小时，误检率较大，而漏检率较小，误检率和漏检率呈现“此消彼长”的关系，即误检和漏检是客观存在的，只能尽量减小，不能完全消除。如果按照简单的“非此即彼”故障检测逻辑，则在故障发生前容易发生误检和漏检现象，要避免类似情况的发生，可以对故障检测逻辑进行改进：在决策逻辑中加上“计数”环节，如果在一定时间内统计量超过控制限的采样点数比例达到某一预定值（事先根据经验确定，如 80%），则认为有故障发生，否则视为正常情况。此外，自适应 KPCA 方法存在算法运算速度较慢的问题，用于故障的实时诊断会有较大的延迟，因此，提高其运算速度是值得进一步研究的内容。

§5.5 本章小结

本章主要研究了基于自适应 KPCA 的故障诊断方法，并将其用于传感器的故障诊断。首先介绍了传感器的故障类型及其测量模型，在详细阐述 PCA 方法的故障诊断原理的基础上，介绍了 KPCA 的算法及故障诊断原理，并对其进行了两个方面的改进：训练数据的改进标准化处理和采用自适应核函数。在常规的标准化算法中用变量的均值代替其标准差，用“均值化”的方法对训练数据进行标准化处理，均值化处理不会改变原始数据各变量间的相互影响程度，不仅能消除各变量幅值和量纲的影响，还能全面反映原始数据的全部信息；在选定核函数类型（如高斯核函数）后，根据训练数据对其进行自适应修正，使核函数适应给定的训练数据，从而解决了难以确定合适核函数的问题。最后，以模拟真实非线性工业过程的 TE 过程的传感器故障为例，对书中方法进行了仿真验证，验证了所提方法的先进性和有效性。此外，还指出了自适应 KPCA 方法的不足、完善措施以及进一步研究的方向。

第六章　传感器优化配置在机载 EHA 系统中的应用

传统液压系统由于噪声、泄漏、管路复杂等原因将逐步退出机载伺服作动领域,取而代之的是采用功率电传(Power-By-Wire, PBW)的电力作动系统(Electrically Powered Actuation System, EPAS)。功率电传通过电缆以电能方式完成飞机次级能源系统至各作动执行机构之间的功率传输,具有效率高、密度比大、驱动负荷能力强,以及响应快、精度高、稳定性好等优点,且不需要中央液压系统,能大幅提高飞机的可靠性、可维护性、效率、故障容错能力及整体性能等[168]。功率电传作动器主要包括机电作动器(EMA)和电动静液作动器(Electro-Hydrostatic-Actuator, EHA)两种,其中电动静液作动器(EHA)是国内外率先获得发展的功率电传作动器,它兼具传统液压作动器和直接电力驱动作动器的优点。

PHM 系统传感器优化配置的目的是以尽可能少的传感器为系统的故障诊断及预测等提供足够的信息,并满足系统的各项测试性及诊断性指标要求。本书前面的章节分别对优化理论及算法、传感器配置的多目标约束优化模型、基于传感器优化配置的故障诊断和传感器故障诊断等内容进行了研究,并分别进行了仿真验证,从理论上证明了所提方法的有效性和可行性。本章在前文研究内容的基础上,以机载电动静液作动器(EHA)为研究对象,将前文中传感器优化配置的相关理论和方法进行应用和验证。

§6.1　EHA 系统的结构原理及数学模型

§6.1.1　EHA 的结构原理

EHA 是一种基于闭式回路的电液伺服系统,根据驱动电机和液压泵的不同工作模式可分为三种形式:定排量变转速(Fixed displacement Pump Variable speed Motor, FPVM)、变排量定转速(Variable displacement Pump Fixed speed Motor, VPFM)和变排量变转速(Variable displacement Pump Variable speed

Motor, VPVM)。其中,定排量变转速电动静液作动器(FPVM-EHA)通过控制电机的转速和转向来控制作动器作动的速率和方向,在效率和结构简化上相比其他两种方案更具优势[169]。

典型 FPVM-EHA 的结构如图 6.1 所示,其中,伺服电机采用无刷直流电机,工作电压为 270V,电机的最高转速为 12000r/min,通过控制电机的转向和转速为系统提供压力和流量,进而实现作动筒中活塞杆的伸出或收缩;蓄能器用于防止液压油中产生气穴,并对液压油的泄漏进行补充;安全阀用于限制系统内部的最高压力;旁通阀则用于隔离故障,当系统出现故障时打开,此时液压油直接经旁通阀返回油泵;速度、位移、压力等传感器与控制器相连,用于系统的控制和监测等功能。

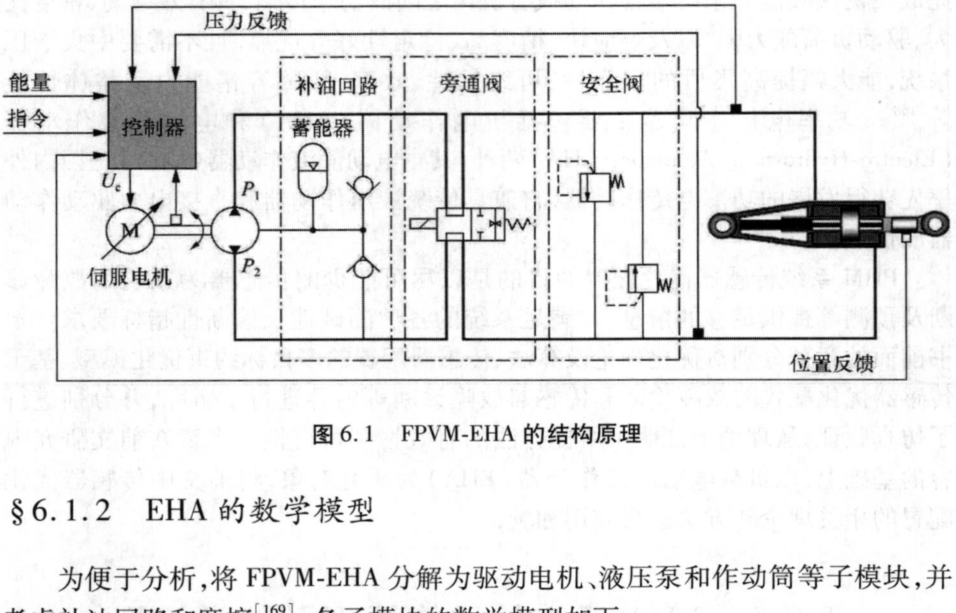

图 6.1 FPVM-EHA 的结构原理

§6.1.2 EHA 的数学模型

为便于分析,将 FPVM-EHA 分解为驱动电机、液压泵和作动筒等子模块,并考虑补油回路和摩擦[169],各子模块的数学模型如下:

1. 驱动电机

在电力拖动系统中,通常用电枢电压为输入、电机转速为输出的传递函数模型来表示无刷直流电机,如式(6.1)所示。

$$\begin{cases} U_c = E + L\dfrac{\mathrm{d}i}{\mathrm{d}t} + Ri \\ E = k_c\omega \\ T_e = k_t i \\ T_e = J\dot{\omega} + T_f + T_L \end{cases} \tag{6.1}$$

其中，U_c 为电枢电压；E 为电枢反电动势；L 为电枢绕组的电感；R 为电枢绕组的内阻；i 为电枢电流；k_c 为电动势系数；k_t 为转矩系数；ω 为电机的角速度；T_e 为电磁转矩；T_f 为摩擦转矩；T_L 为负载转矩。

2. **液压泵**

考虑液压泵的内泄漏和外泄漏，其压力、流量关系如图 6.2 所示。

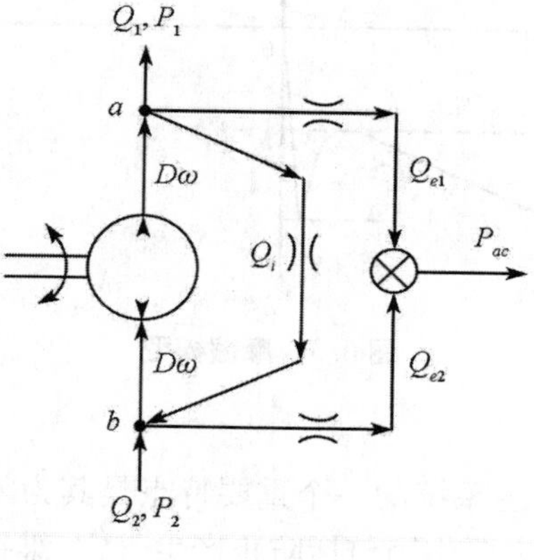

图 6.2　液压泵的压力、流量关系

液压泵的流量方程为：

$$\begin{cases} Q_1 = D\omega - Q_i - Q_{e1} = D\omega - k_{ip}\sqrt{P_1 - P_2} - k_{ep}\sqrt{P_1 - P_{ac}} \\ Q_2 = D\omega - Q_i - Q_{e2} = D\omega - k_{ip}\sqrt{P_1 - P_2} + k_{ep}\sqrt{P_2 - P_{ac}} \end{cases} \tag{6.2}$$

式(6.2)考虑了流量与压力之间的非线性关系，其中 D 为液压泵的排量；k_{ip} 为液压泵的内泄漏系数；k_{ep} 为液压泵的外泄漏系数；P_{ac} 为蓄能器的压力。

3. **摩擦**

通常情况下，EHA 模型会把摩擦简化为一个大小与速率成正比的黏滞阻力，而实际上，摩擦是一种极其复杂的非线性现象，除速度外，还与温度、位置和润滑等相关[170]。典型的摩擦通常包括黏性摩擦、静摩擦和库仑摩擦三个部分，如式(6.3)所示：

$$F_f(v) = [F_c + (F_s - F_c)e^{-|v|/\alpha} + k_v|v|]\,\mathrm{sign}(v) \tag{6.3}$$

式(6.3)中,F_c 为库仑摩擦力/力矩;F_s 为最大静摩擦力/力矩;k_v 为黏性阻尼系数;α 为速度参考量;sign(·)为符号函数。为使摩擦函数连续,可用双曲正切函数 tanh(·)代替符号函数:

$$F_f(v) = [F_c + (F_s - F_c)e^{-|v|/\alpha} + k_v|v|]\tanh\left(\frac{v}{\beta}\right) \tag{6.4}$$

式(6.4)描述的摩擦如图 6.3 所示。

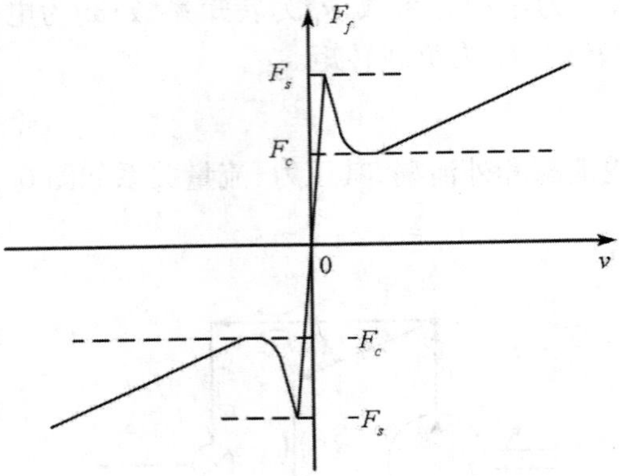

图 6.3 摩擦模型

4. 补油环节

EHA 区别于传统液压系统的一个重要特点是其为闭式回路,因此需要考虑补油环节。补油环节的主要作用包括防止产生气穴、维持系统的最低压力,并对液压油泄漏进行补充。EHA 补油环节的压力、流量关系如图 6.4 所示。

由图 6.4 可知,补油环节的流量方程如式(6.5)所示,其中,Q_{c1}、Q_{c2} 为流经单向阀的流量。

$$\begin{cases} Q_{ac} = Q_e - Q_{c1} - Q_{c2} \\ Q_{1f} = Q_1 + Q_{c1} \\ Q_{2f} = Q_2 - Q_{c2} \end{cases} \tag{6.5}$$

蓄能器的输出压力与输入流量有如下关系:

$$P_{ac} = \frac{P_{ac0}V_g^l}{\left(V_g - \int Q_{ac}\mathrm{d}t\right)^l} \tag{6.6}$$

其中,p_{ac0} 为蓄能器的初始压力;V_g 为蓄能器内气体的初始体积;$l \in [1.0, 1.4]$ 为气体的多变指数。

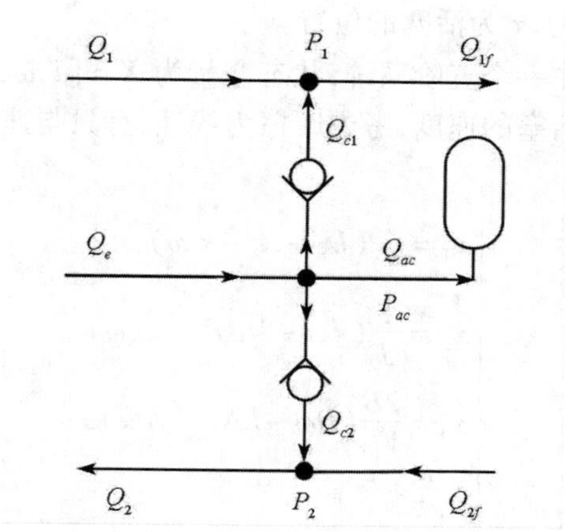

图 6.4　补油环节的压力、流量关系

5. 作动筒

EHA 通常使用对称液压缸，以保证双向运动时系统流量和压力的一致性，其流量、压力关系如图 6.5 所示。

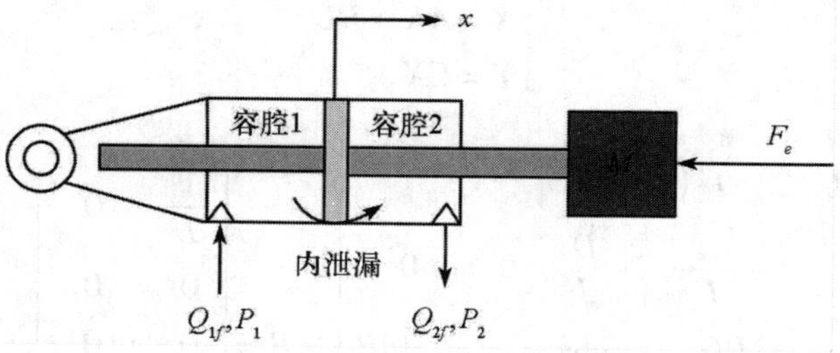

图 6.5　作动筒的压力、流量关系

作动筒容腔 1 和容腔 2 的流量方程分别为：

$$\begin{cases} Q_{1f} = \dfrac{A\dot{x} + (V_{10} + Ax)\dot{P}_1}{B + k_{ig}\sqrt{P_1 - P_2}} \\ Q_{1f} = \dfrac{A\dot{x} + (V_{10} - Ax)\dot{P}_2}{B + k_{ig}\sqrt{P_1 - P_2}} \end{cases} \tag{6.7}$$

其中，A 为活塞的有效面积；B 为液压油的弹性模量；k_{ig} 为液压缸的内泄漏系数。

由牛顿第二定律可得活塞的力平衡方程为：

$$A(P_1 - P_2) = M\ddot{x} + F_e + F_f \tag{6.8}$$

式(6.8)中，M 为折算到活塞杆上的活塞和负载的总质量；F_e 为施加到活塞上的外力；F_f 为摩擦力；x 为活塞的位置。

一般将 EHA 看作一个五阶系统，状态变量为 $\boldsymbol{X}=[i,\omega,\Delta P,x,v]^{\mathrm{T}}$，其中 ΔP 为负载压力，$v=\dot{x}$ 为活塞的速度，考虑摩擦为线性，且只与速度相关，可得系统的状态方程为[169]：

$$\begin{cases}\dot{x}_1=\dfrac{1}{L}(U_c-Ri-k_c\omega)\\ \dot{x}_2=\dfrac{1}{J}(k_t i-D\Delta P-k_{vm}\omega)\\ \dot{x}_3=\dfrac{2B}{V_{10}}(D\omega-k\Delta P-A\dot{x})\\ \dot{x}_4=\dot{x}\\ \dot{x}_5=\dfrac{1}{M}(A\Delta P-k_{vp}\dot{x}-F_e)\end{cases} \tag{6.9}$$

式(6.9)中，k_{vm} 为电机的摩擦系数；k_{vp} 为作动筒的摩擦系数；$k=0.5k_{ep}+k_{ip}+k_{ig}$ 为液压泵和作动筒的总泄漏系数。设输入 $\boldsymbol{U}=[U_c,F_e]^{\mathrm{T}}$，输出 $\boldsymbol{Y}=[i,\omega,\Delta P,x,v]^{\mathrm{T}}$，则 EHA 系统的状态方程和输出方程可写为如下矩阵形式：

$$\begin{cases}\dot{\boldsymbol{X}}=\boldsymbol{AX}+\boldsymbol{BU}\\ \boldsymbol{Y}=\boldsymbol{CX}\end{cases} \tag{6.10}$$

其中，$\boldsymbol{A}=\begin{bmatrix}-\dfrac{R}{L} & -\dfrac{k_c}{L} & 0 & 0 & 0\\ \dfrac{k_t}{J} & -\dfrac{k_{vm}}{J} & -\dfrac{D}{J} & 0 & 0\\ 0 & \dfrac{2BD}{V_{10}} & -\dfrac{2Bk}{V_{10}} & 0 & -\dfrac{2AB}{V_{10}}\\ 0 & 0 & 0 & 0 & 1\\ 0 & 0 & \dfrac{A}{M} & 0 & -\dfrac{k_{vp}}{M}\end{bmatrix}$，$\boldsymbol{B}=\begin{bmatrix}\dfrac{1}{L} & 0\\ 0 & 0\\ 0 & 0\\ 0 & 0\\ 0 & -\dfrac{1}{M}\end{bmatrix}$，

$\boldsymbol{C}=\begin{bmatrix}1 & 0 & 0 & 0 & 0\\ 0 & 1 & 0 & 0 & 0\\ 0 & 0 & 1 & 0 & 0\\ 0 & 0 & 0 & 1 & 0\\ 0 & 0 & 0 & 0 & 1\end{bmatrix}$。

EHA 系统的具体参数如表 6.1 所示[169]。

表 6.1　EHA 系统的参数

参数	单位	数值
L	H	2.3e−3
R	Ω	1.0
k_t	$N \cdot m \cdot A^{-1}$	0.2
k_e	$V \cdot (rad \cdot s^{-1})$	0.2
J	$kg \cdot m^2$	1.1e−3
k_{vp}	$N \cdot (m \cdot s^{-1})^{-1}$	150
k_{vm}	$N \cdot m \cdot (rad \cdot s^{-1})^{-1}$	4.2e−4
k_{ip}	$m^3 \cdot s^{-1} \cdot Pa^{-1}$	1.0e−13
k_{ep}	$m^3 \cdot s^{-1} \cdot Pa^{-1} A$	1.0e−13
k_{ig}	$m^3 \cdot s^{-1} \cdot Pa^{-1}$	1.0e−13
D	$mL \cdot r^{-1}$	1.2
V_{10}/V_{20}	mL	152
A	cm^2	19
B	$N \cdot m^{-2}$	6.7e+8
M	kg	2.0e+3

将表 6.1 中的参数值代入式(6.10)，可得系数矩阵 $\boldsymbol{A}$、$\boldsymbol{B}$：

$$\boldsymbol{A}=\begin{bmatrix} -434.78 & -86.95 & 0 & 0 & 0 \\ 181.82 & -0.382 & -1.737\mathrm{e}-4 & 0 & 0 \\ 0 & 1.684\mathrm{e}6 & -2.204 & 0 & -1.675\mathrm{e}10 \\ 0 & 0 & 0 & 0 & 1 \\ 0 & 0 & 9.5\mathrm{e}-7 & 0 & -0.075 \end{bmatrix},$$

$$\boldsymbol{B}=\begin{bmatrix} 434.78 & 0 \\ 0 & 0 \\ 0 & 0 \\ 0 & 0 \\ 0 & -5.0\mathrm{e}-4 \end{bmatrix}$$

§6.2 EHA 系统的传感器配置优化设计

在对 EHA 系统的传感器配置进行优化设计之前,应对其进行故障模式影响及危害分析(FMECA),获得系统详细的故障信息、监控信号及相应的检测方法,并确定传感器备选类型。EHA 系统包括电气和液压两大部分,结构比较复杂,故障种类繁多,如图 6.6 所示[171]。

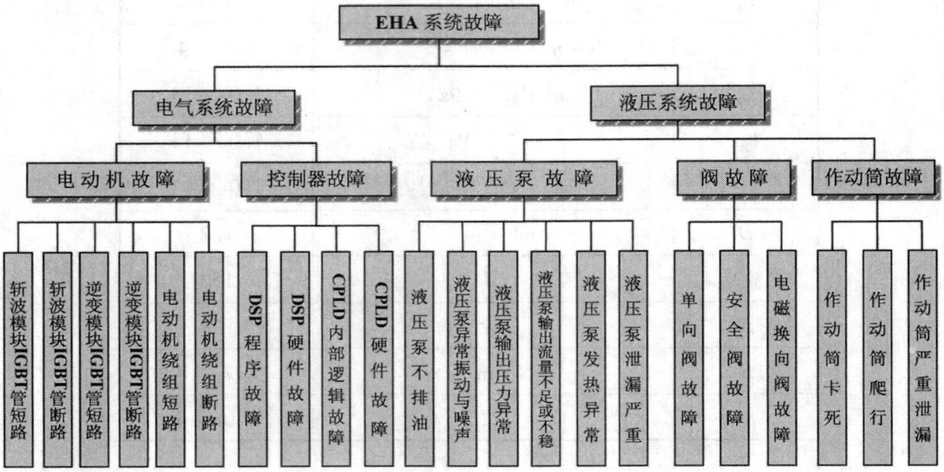

图 6.6　EHA 系统的故障类别

通过对 EHA 系统进行故障模式影响及危害分析,可得其故障模式与备选传感器的相关性矩阵[171]及各故障的先验概率[172],分别如表 6.2 和表 6.3 所示。

表 6.2　EHA 系统的故障－传感器相关性矩阵

	S_1:速度传感器	S_2:位移传感器	S_3:电流传感器	S_4:压力传感器	S_5:温度传感器	S_6:液位传感器
F_1: 斩波模块短路	0	0	1	0	0	0
F_2: 斩波模块断路	0	0	1	0	0	0
F_3: 逆变模块短路	0	0	1	0	0	0
F_4: 逆变模块断路	0	0	1	0	0	0
F_5: 电机绕组短路	0	0	1	0	0	0

（续表）

	S_1:速度传感器	S_2:位移传感器	S_3:电流传感器	S_4:压力传感器	S_5:温度传感器	S_6:液位传感器
F_6：电机绕组断路	0	0	1	0	0	0
F_7：液压泵严重发热	0	0	0	0	1	0
F_8：液压泵流量不足	1	1	0	0	0	0
F_9：液压泵泄漏	0	0	0	0	0	1
F_{10}：液压泵剧烈振动	0	0	1	1	0	0
F_{11}：安全阀故障	1	1	1	1	0	0
F_{12}：单向阀故障	1	1	0	1	0	0
F_{13}：作动筒泄漏	0	0	0	0	0	1
F_{14}：作动筒爬行/卡死	1	1	1	1	0	0

表 6.3　EHA 系统的故障先验概率（$\times 10^{-5}$）

F_1	F_2	F_3	F_4	F_5	F_6	F_7
9.6	9.6	9.6	9.6	1.5	1.5	1.2
F_8	F_9	F_{10}	F_{11}	F_{12}	F_{13}	F_{14}
1.2	1.2	1.2	2.8	2.8	0.04	0.04

EHA 系统备选传感器的全寿命周期费用（相对值）及故障率如表 6.4 所示。

表 6.4　传感器的全寿命周期费用（相对值）及故障率

	S_1	S_2	S_3	S_4	S_5	S_6
全寿命周期费用	6	10	1.5	2	1	10
故障率（$\times 10^{-5}$）	0.1	0.01	0.1	0.1	1.0	0.01

为计算各传感器的故障检测能力，参照文献[124]中的取值，假设所有传感器的信噪比 SNR 均为 20dB，灵敏度、故障检测相对速度和故障征兆相对持续时间三个参数则根据故障 - 传感器相关性矩阵赋予适当的值，并注意区别。考虑传感器的故障检测能力后，系统的故障 - 传感器相关性矩阵如表 6.5 所示（保留 4 位小数）。

表 6.5　考虑传感器故障检测能力的 EHA 系统故障 - 传感器相关性矩阵

	S_1	S_2	S_3	S_4	S_5	S_6
F_1	0	0	0.9581	0	0	0
F_2	0	0	0.9457	0	0	0
F_3	0	0	0.9632	0	0	0
F_4	0	0	0.9574	0	0	0
F_5	0	0	0.9328	0	0	0
F_6	0	0	0.9506	0	0	0
F_7	0	0	0	0	0.8731	0
F_8	0.8532	0.8305	0	0	0	0
F_9	0	0	0	0	0	0.8241
F_{10}	0	0	0.9087	0.9534	0	0
F_{11}	0.8352	0.8205	0.8431	0.8962	0	0
F_{12}	0.8671	0.8392	0	0.8847	0	0
F_{13}	0	0	0	0	0	0.9463
F_{14}	0.8716	0.8573	0.9145	0.9433	0	0

作动系统是飞机操纵与控制系统的重要组成部分，控制飞机的升降舵、方向舵等的动作和位置，对飞行姿态和轨迹控制起着决定性作用，一旦出现故障将有可能造成重大的安全事故[173]。因此，将 EHA 系统的所有故障都定为Ⅰ类故障或Ⅱ类故障，即所有故障都需进行有效的检测，以保障飞行安全和飞行任务的完成。设 EHA 系统的故障检测率、故障隔离率和虚警率要求分别为 100%、95%和 10%，根据第四章的理论建立 EHA 系统的传感器配置优化模型，并用改进的离散粒子群算法求解，优化结果为：传感器的配置向量为[0,1,2,0,1,1]（分别对应各类传感器的数量），故障检测率为 100%，故障隔离率为 98.15%，虚警率为 8.45%，传感器的全寿命周期费用为 24，故障检测可靠性 $R=5.1880e-4$，可知能满足系统的设计要求。

由文献[171]可知，EHA 系统中使用的传感器有位移传感器（2 个）、电流传感器（2 个）、压力传感器（1 个）、温度传感器（1 个）、油箱液位传感器（1 个）和 Hall 信号传感器（1 套），即传感器的配置结果为[1,2,2,1,1,1]，对于关键传感器如位移传感器和绕组电流传感器均采用双传感器热备份工作模式。由此可见，本书优化结果与实际 EHA 系统的传感器配置情况有一定差别（本书优化结果没安装速度传感器和压力传感器，总费用为文献[171]配置结果的 57.1%），原因在于优化结果的理论依据是系统的故障－传感器相关性矩阵，虽然在建模过程中考虑了传感器的故障检测能力，但影响传感器故障检测能力的具体参数无从查阅，作者只是根据相关文献主观给予某一赋值，该赋值不一定准确或合理，可能会影响优化结果。此外，在实际的传感器配置中，在满足系统设计要求的前提下，对一些重要的变量（如压力）也需要安装传感器进行监测。因此，实际中应以优化结果作为参考和依据，同时考虑实际情况确定是否加装传感器对某些重要参数进行监测。

§6.3　基于传感器优化配置和非线性观测器的 EHA 系统故障诊断

本节根据第五章的理论和方法研究传感器优化配置后 EHA 系统的故障诊断问题，主要研究系统的故障检测。优化配置前 EHA 系统的状态空间模型如式(6.10)所示，输出为五维；由 6.2 节内容可得，经优化后系统配置的传感器有位移、电流、温度和液位四种，这意味着此时系统状态空间方程中输出只有位移和电流两个量，即传感器优化配置矩阵为：

$$\boldsymbol{S}=\begin{bmatrix}1&0&0&0&0\\0&0&0&0&0\\0&0&0&0&0\\0&0&0&1&0\\0&0&0&0&0\end{bmatrix}$$

考虑非线性因素的影响，将 EHA 系统的状态空间模型写成式(4.23)所示的标准形式，传感器优化配置后 EHA 系统的状态空间描述为：

$$\begin{cases}\dot{\boldsymbol{X}}=\boldsymbol{AX}+\boldsymbol{BU}+\boldsymbol{G}(t,\boldsymbol{X})+\boldsymbol{E}_d d(t)+\boldsymbol{E}_f\boldsymbol{f}(t)\\ \boldsymbol{Y}=\boldsymbol{S}[\boldsymbol{CX}+\boldsymbol{F}_d d(t)+\boldsymbol{F}_f f(t)]\end{cases}\tag{6.11}$$

其中，非线性项为：

$$\boldsymbol{G}(t,\boldsymbol{X})=\begin{bmatrix}1.5\sin t&0&0&0&0\\0&1.5\sin t&0&0&0\\0&0&1.5\sin t&0&0\\0&0&0&1.5\sin t&0\\0&0&0&0&1.5\sin t\end{bmatrix}\cdot\boldsymbol{X}$$

考虑故障的影响[149]，一般取 $\boldsymbol{E}_d=\boldsymbol{E}_f, \boldsymbol{F}_d=\boldsymbol{F}_f$，不妨假设取值如下：

$$\boldsymbol{E}_d=\boldsymbol{E}_f=[2.0\quad 0.5\quad 1.0\quad 0.3\quad 1.4]^{\mathrm{T}}$$

$$\boldsymbol{F}_d=\boldsymbol{F}_f=[1.6\quad 0.4\quad 0.3\quad 0.5\quad 1.2]^{\mathrm{T}}$$

根据第五章中的理论及算法可求得故障检测鲁棒性和灵敏度指标的理论最优值分别为：鲁棒性指标 $\eta_{\min}=0.3127$，灵敏度指标 $\gamma_{\max}=2.1148$。给定 η 的调节量为 $\zeta_\eta=0.005$，可求得使故障检测鲁棒性和灵敏度综合指标 $\tau=\eta/\gamma$ 最优即取得最小值时的参数为：$\eta=0.3227, \gamma=1.2615$，此时观测器的增益矩阵为：

$$\boldsymbol{L}=\begin{bmatrix} 0.2144 & 0 & 0 & -0.1684 & 0 \\ -0.3617 & 0 & 0 & 0.3511 & 0 \\ 0.7532 & 0 & 0 & -0.1325 & 0 \\ 1.0511 & 0 & 0 & 0.4624 & 0 \\ 0.5263 & 0 & 0 & 1.1437 & 0 \end{bmatrix}$$

根据设计的增益矩阵设计故障检测观测器，假设未知干扰信号 $d(t)$ 是能量为 0.5 的白噪声，考虑两种形式的故障信号：幅值为 2 的方波故障信号 $f_1(t)$（持续时间为 2 ~ 4s）和幅值为 2、周期为 2s 的正弦故障信号 $f_2(t)$（持续时间为 2 ~ 4s），故障信号如图 4.3 所示，设仿真时间为 8s，残差及评价函数曲线分别如图 6.7 ~ 图 6.10 所示。

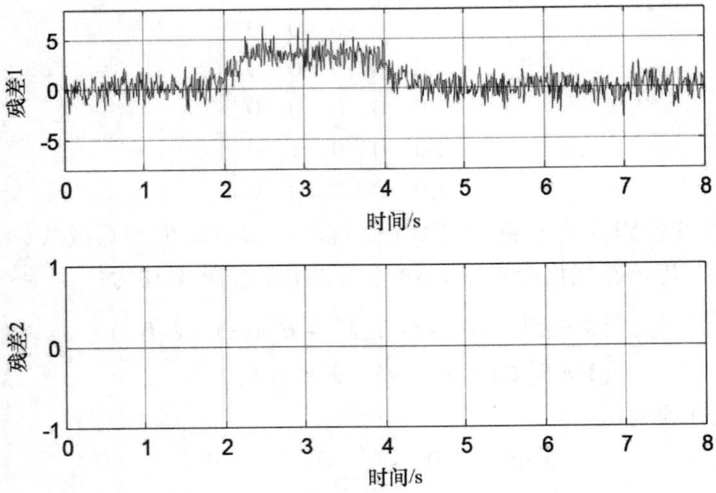

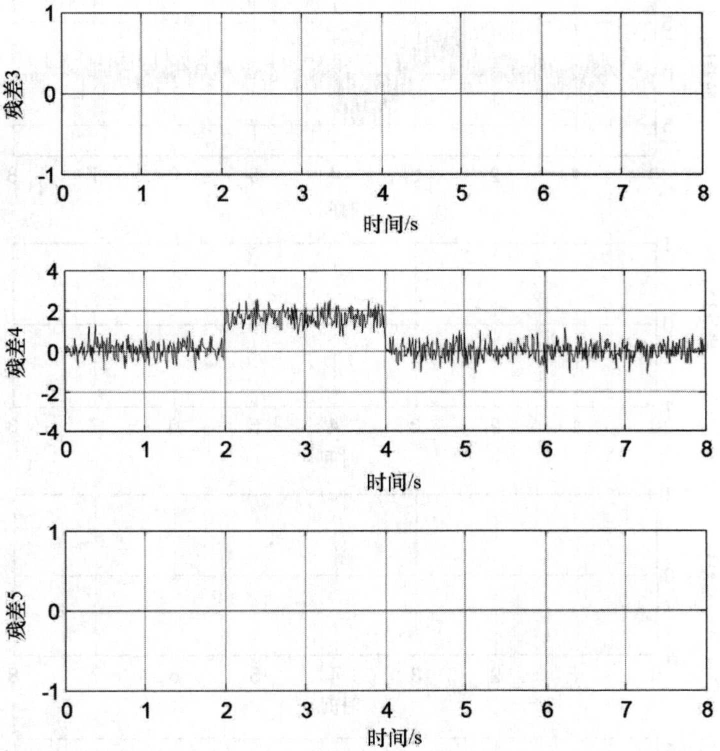

图 6.7　传感器优化配置后方波故障残差曲线

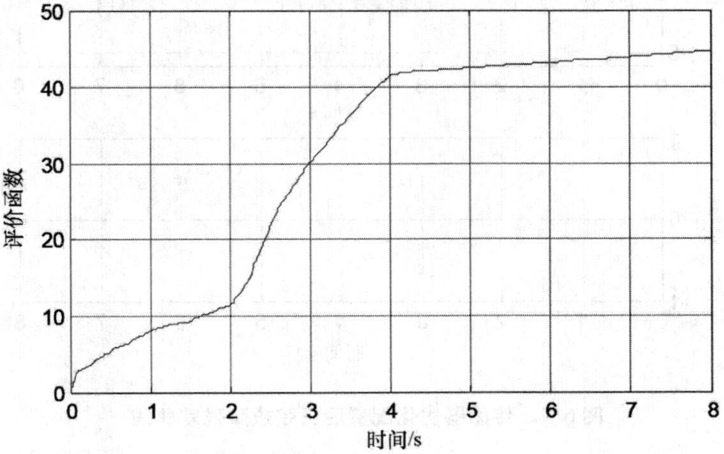

图 6.8　传感器优化配置后方波故障残差评价函数

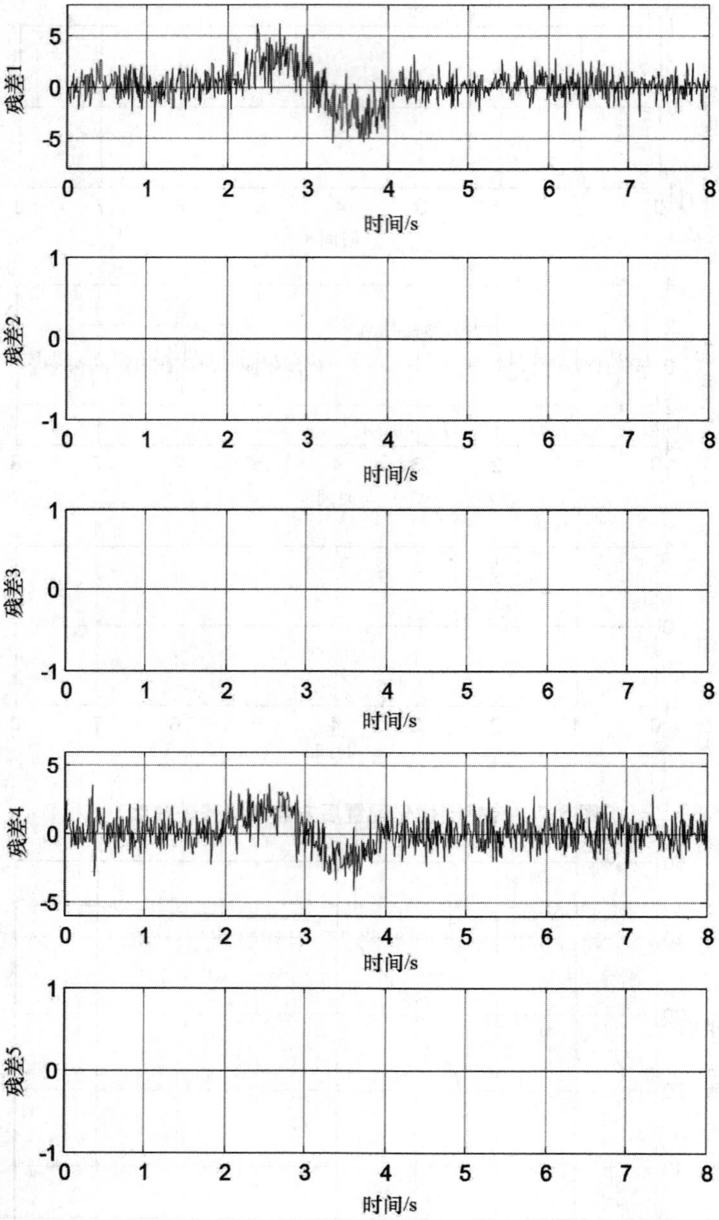

图 6.9　传感器优化配置后正弦故障残差曲线

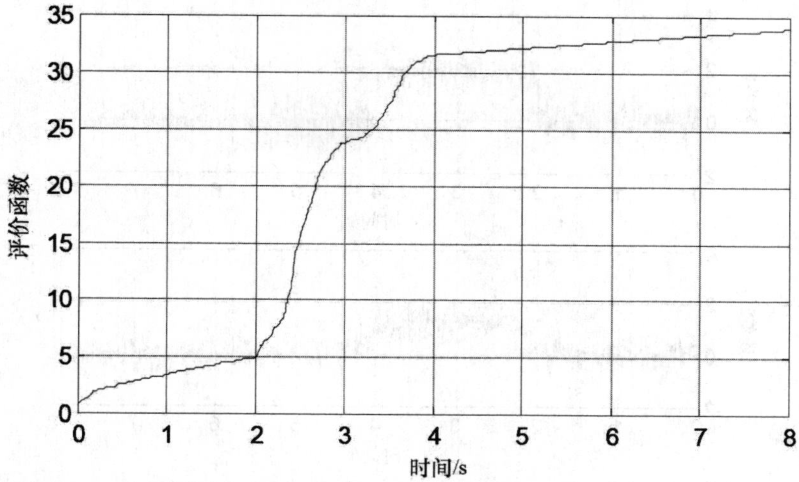

图 6.10　传感器优化配置后正弦故障残差评价函数

同理可得,在传感器优化配置前(系统有五个输出变量),当鲁棒性指标和灵敏度指标分别取 $\eta = 0.3078$、$r = 1.5837$ 时,可以为该系统设计综合性能最优的故障检测观测器,此时的增益矩阵为:

$$L = \begin{bmatrix} 0.5144 & 0.3612 & 0.7532 & -1.0511 & -1.5263 \\ 0.5803 & -1.3412 & -1.5017 & 0.7158 & -0.3254 \\ 0.7365 & 0.6522 & -0.4841 & 0.3625 & 0.6027 \\ -0.6084 & 0.3511 & -0.5325 & 1.0624 & 1.3127 \\ 1.0547 & 1.2301 & -1.2954 & -0.4373 & 0.5623 \end{bmatrix}$$

根据增益矩阵设计故障检测观测器,采用相同的干扰信号 $d(t)$ 和模拟故障信号 $f_1(t)$、$f_2(t)$,仿真时间为 8s,残差及评价函数曲线分别如图 6.11 ~ 图 6.14 所示,此时系统有 5 个输出量,对应于 5 个残差信号。

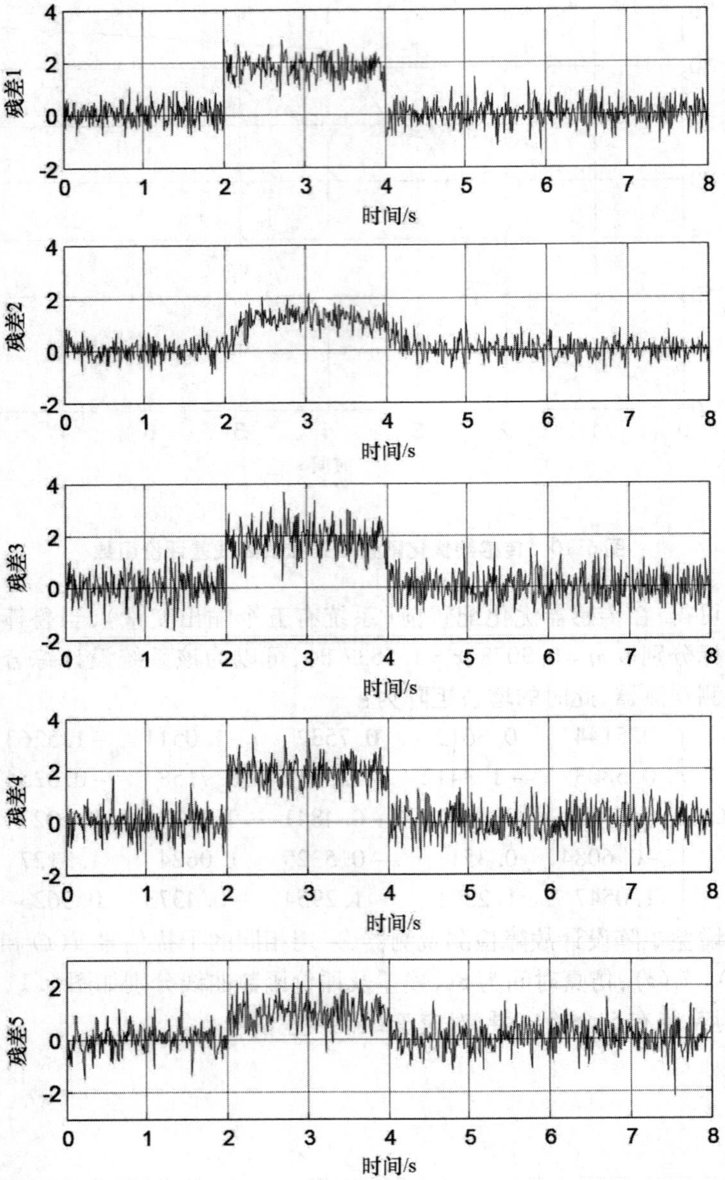

图 6.11　传感器优化配置前方波故障残差曲线

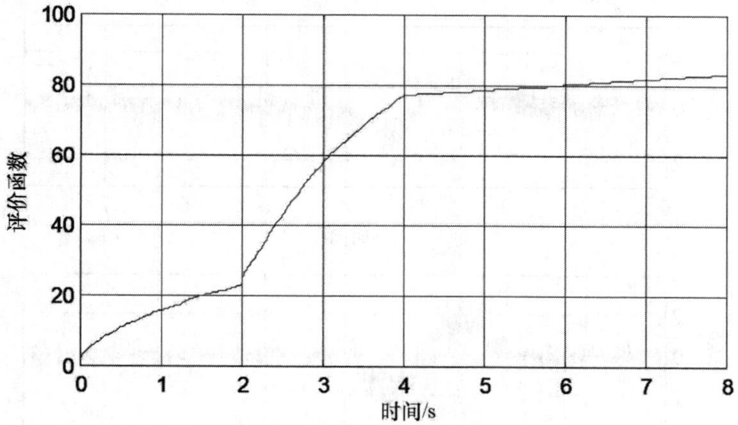

图 6.12　传感器优化配置前方波故障评价函数

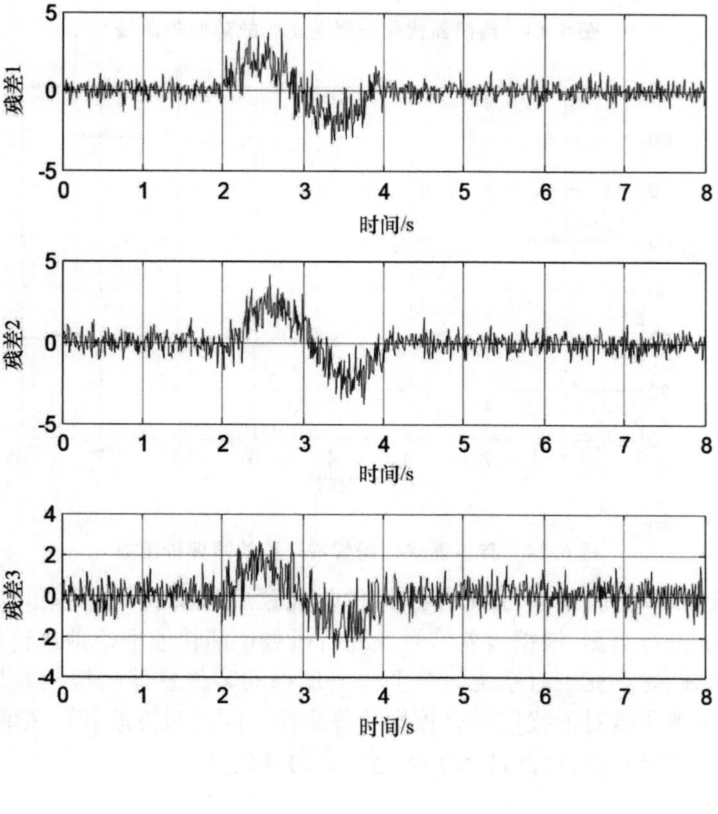

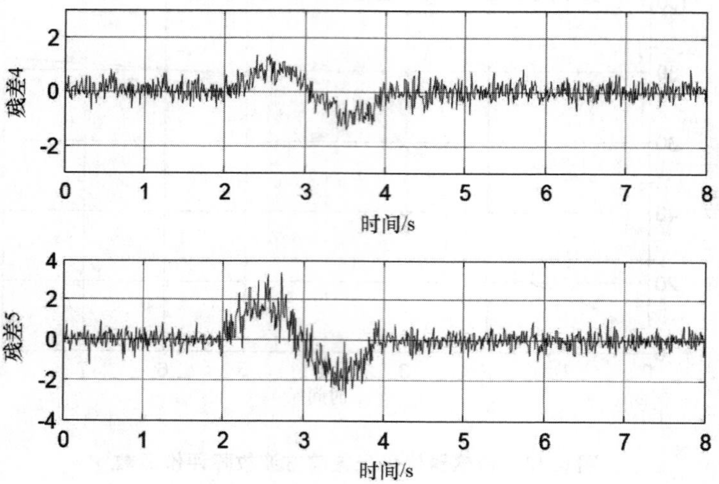

图 6.13　传感器优化配置前正弦故障残差曲线

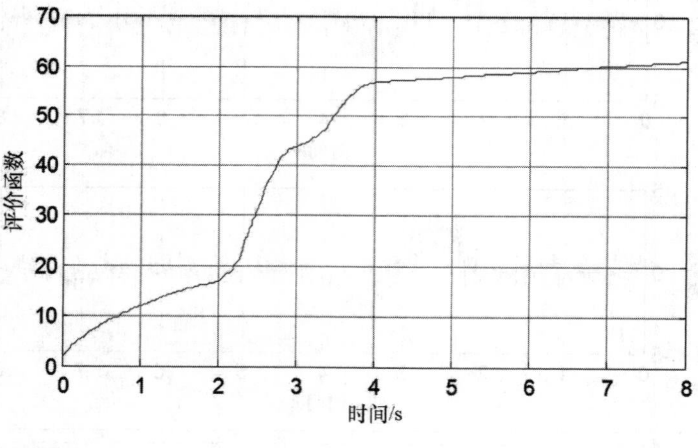

图 6.14　传感器优化配置前正弦故障评价函数

由上述故障仿真结果可知,传感器优化配置后只安装了位移和电流 2 个传感器对系统进行监测,根据残差信号及评价函数也能快速准确地进行故障检测,其故障检测性能不亚于对系统的 5 个输出量都安装传感器的检测效果,且设计的故障检测观测器对干扰信号有较强的鲁棒性。同时对方波和正弦两种故障信号都有较好的灵敏度,由此证明了优化结果的有效性。

§6.4　基于自适应 KPCA 的 EHA 系统传感器故障诊断

传感器是 EHA 系统中容易发生故障的薄弱环节，当传感器发生故障时应尽快对其进行检测和隔离，必要时要进行更换。为尽可能真实地得到 EHA 系统的工作参数，在液压/机械系统建模、仿真及动力学分析的专业软件 AMESim 中搭建其仿真模型，如图 6.15 所示。考虑到优化后系统配置的传感器只有位移传感器、电流传感器、温度传感器、液位传感器和 1 套 Hall 信号传感器，其中只有位移和电流两个参数的值可以从仿真系统中得到，而仿真模型能提供电流、电压等各种参数的仿真结果。为将自适应 KPCA 方法应用到 EHA 系统中并检验其先进性和有效性，假设同时监测系统的多个变量，从系统正常工作时的稳态数据中截取 7 个变量的 400 组数据(加入白噪声以模拟现实采样数据)作为训练数据，具体包括电机电枢电压(S_1)、电机电枢电流(S_2)、电机转速(S_3)、液压泵流量(S_4)、液压泵进出口压力(S_5, S_6)和作动筒活塞位移(S_7)7 个变量，记训练数据矩阵为 $\boldsymbol{X} \in \boldsymbol{R}^{400\times 7}$，7 个变量依次对应 $\boldsymbol{X}$ 的第 1 列到第 7 列。

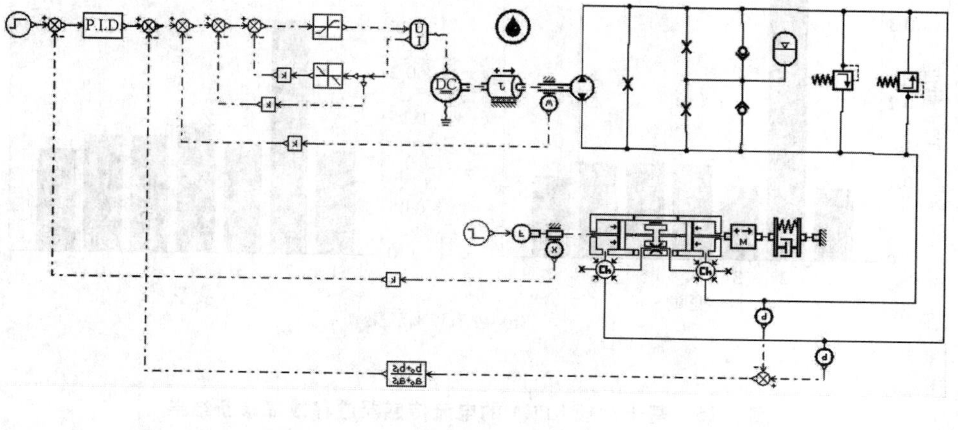

图 6.15　EHA 系统的 AMESim 仿真模型

假设同一时刻只有一个传感器发生故障，以电流传感器的漂移故障和精度下降故障为例进行仿真验证，位移传感器故障的诊断可以类推。在 EHA 系统正常稳态下的仿真结果中取一段样本量为 200 的数据加入白噪声构造真实测量数据 $\boldsymbol{X}^{200\times 7}$，从 101 个数据点开始叠加故障信号模拟电流传感器的故障：

(1)漂移故障:从 101 个数据点开始以每步 0.015 的幅度递增;

(2)精度下降故障:从 101 个数据点开始在测量数据中叠加服从正态分布 $N(0,1)$的随机白噪声。

自适应核函数根据粒子群优化算法求解,高斯核函数参数 $\rho=\rho_1=5\times7=35$,并将诊断结果与常规的 KPCA 方法进行比较,结果如图 6.16 ~ 图 6.19 所示。

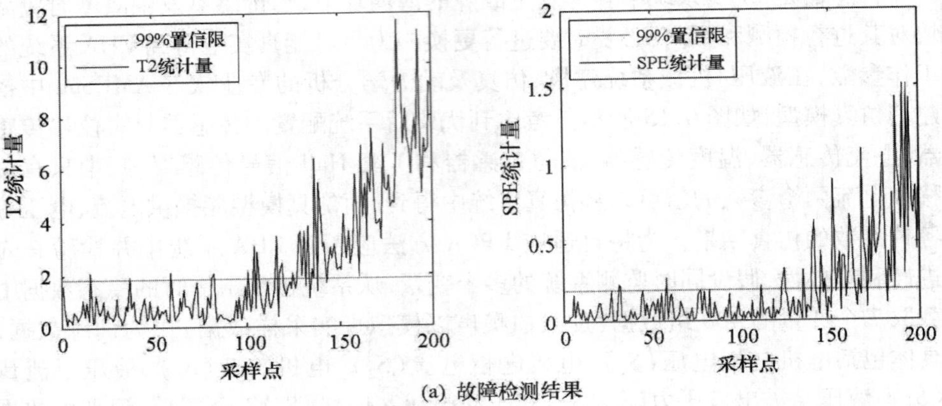

(a) 故障检测结果

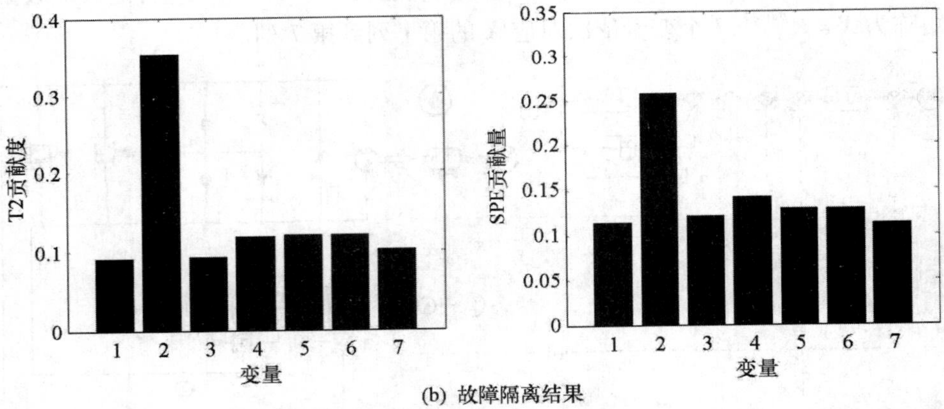

(b) 故障隔离结果

图 6.16 基于常规 KPCA 的电流传感器漂移故障诊断结果

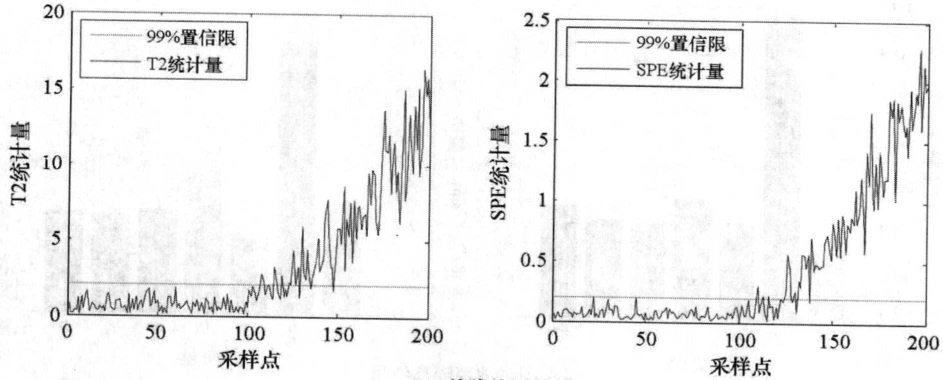

(a) 故障检测结果

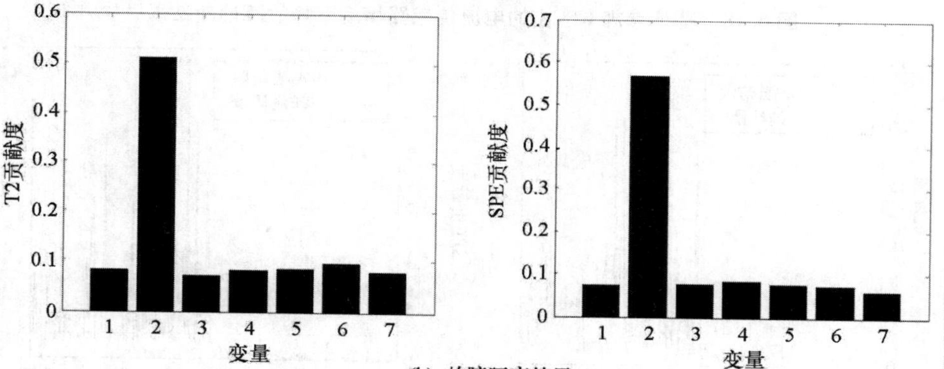

(b) 故障隔离结果

图 6.17　基于自适应 KPCA 的电流传感器漂移故障诊断结果

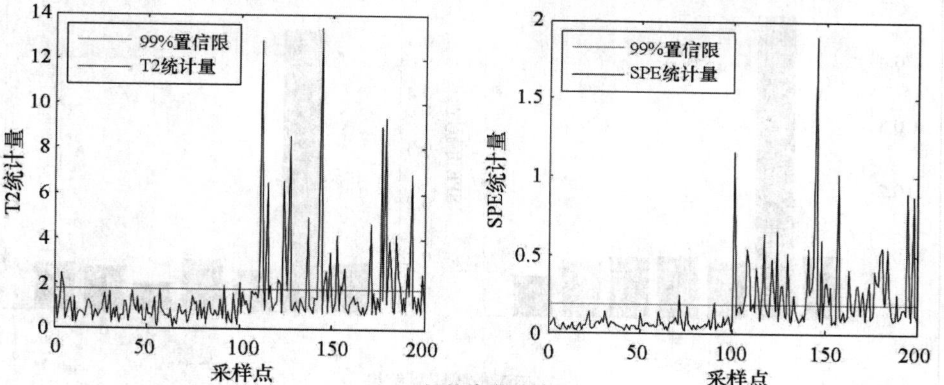

(a) 故障检测结果

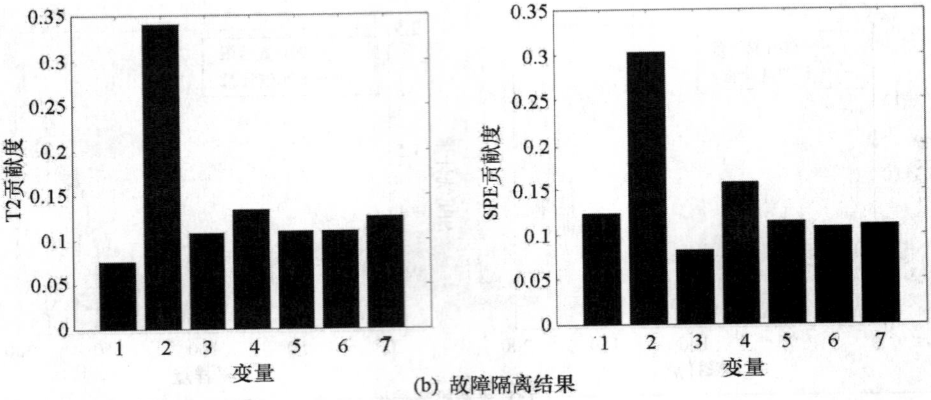

(b) 故障隔离结果

图 6.18　基于常规 KPCA 的电流传感器精度下降故障诊断结果

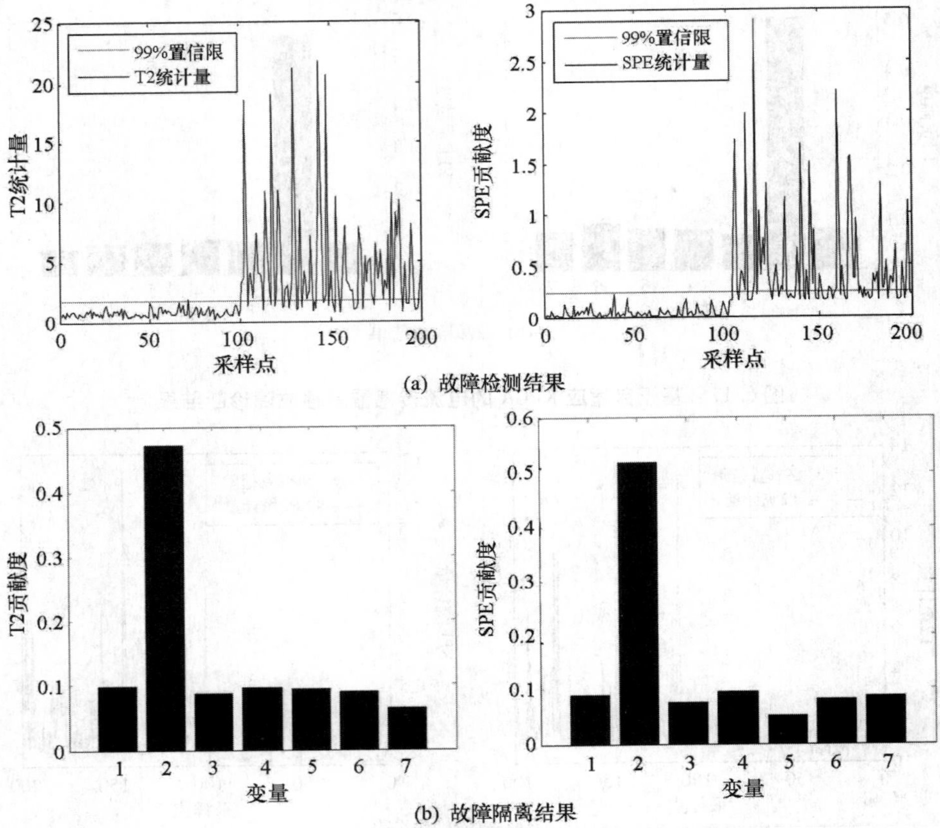

(a) 故障检测结果

(b) 故障隔离结果

图 6.19　基于自适应 KPCA 的电流传感器精度下降故障诊断结果

通过分析上述故障诊断结果可知，本书所提的自适应 KPCA 方法能准确地对 EHA 系统中电流传感器的漂移故障和精度下降故障进行检测和隔离，进而为系统的维修保障提供参考和依据，且故障检测和隔离效果都明显优于常规 KPCA 方法。自适应 KPCA 方法能迅速对传感器故障作出反应，且故障误检率和漏检率都较常规 KPCA 方法低，故障隔离效果也更好，能凸显出故障传感器对监控统计量的贡献度，不足之处是算法运算时间较长，不适合系统的在线实时故障诊断，因此提高其运算速度是值得进一步研究的问题。

§6.5　本章小结

本章主要研究了传感器优化配置的相关理论在 EHA 系统中的应用问题，首先介绍了 EHA 系统的结构原理和各子模块的数学模型，并构建了系统的状态空间模型；其次根据 EHA 系统的故障 – 传感器相关性矩阵建立了其传感器配置的优化模型，影响传感器故障检测能力的参数参照相关文献赋予适当的值，根据第四章的理论建立了其传感器优化配置模型，并用改进的离散粒子群算法进行求解，优化结果可为实际 EHA 系统的传感器配置提供理论依据；基于传感器的优化配置结果，采用基于观测器的方法对系统进行故障诊断，结果表明其故障检测性能不亚于优化前对所有可测输出变量均安装传感器的检测性能，即完成了对传感器优化配置结果的验证；最后将自适应 KPCA 方法用于 EHA 系统的传感器故障诊断，并通过液压/机械系统建模、仿真及动力学分析的专业软件 AMESim 搭建 EHA 系统的仿真模型，以尽可能真实地得到 EHA 系统的工作参数，仿真计算结果验证了自适应 KPCA 方法的先进性和有效性。

第七章　基于经验模式分解的机电作动系统故障诊断

故障诊断就是根据状态监测所得的信息，结合已知结构特性、参数及环境条件，结合设备运行历史（包括运行记录和已经发生的故障及维修记录），对设备可能发生和已经发生的故障进行分析、判断，确定故障性质、类别、原因和部位，提出控制其继续发展和消除故障的调整对策，并加以实施，最终使设备恢复正常。设备某一部件或系统发生故障所表现出来的变化称为故障特征（sympton），故障诊断过程就是利用已知的故障特征判断设备上存在的故障类型和所在部位，其实质就是状态识别（或模式识别）。故障特征向量的选择和提取一直是进行故障诊断的前提和关键，它直接影响到故障诊断结果的准确性，而故障特征的提取要经过对信号进行分析才能得到。对非平稳、非正弦的机电设备动态信号的分析，必须用既能反映时域特征又能反映频域特征的非平稳信号处理方法，才能提供信号特征全貌，从而正确、有效地进行时、频域分析[174]。

§7.1　机电作动系统简介

§7.1.1　机电作动系统结构原理及功能描述

机电作动器（EMA）是机电作动系统的核心部件，其外形结构（如用于飞机舵面控制的 EMA）如图 7.1 所示，其基本结构框图（如用于飞机电力刹车装置的 EMA）如图 7.2 所示。EMA 系统由驱动电机、齿轮变速箱、滚珠丝杠或齿轮旋转机构组成，滚珠丝杠把变速箱传递过来的电机旋转运动转换为直线运动，通过一个杠杆臂来改变其联动机构的位置或角度。机电作动系统原理结构如图 7.3 所示，转速可调的伺服电机（三相的永磁同步电机或永磁无刷直流电机）将电能转化为机械能，电机转轴输出的旋转运动在经过齿轮传动装置调整后，由滚珠丝杠或滚柱丝杠转化为驱动作动面所需的直线位移。

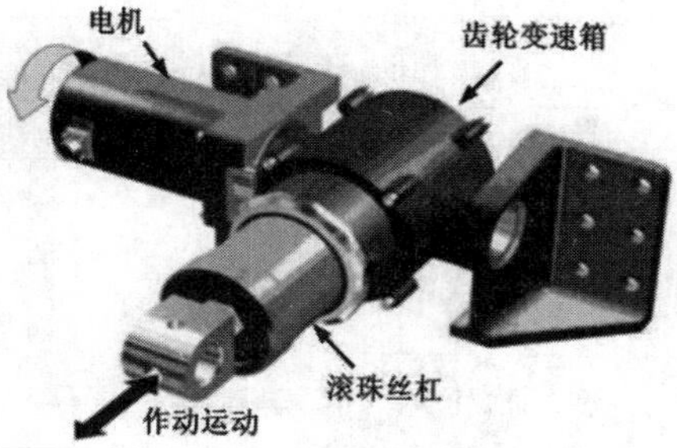

图 7.1　用于飞机舵面控制的机电作动器 3D 图

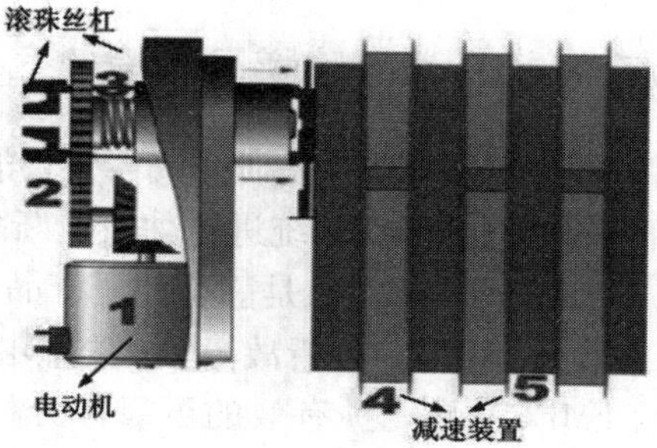

图 7.2　飞机电力刹车装置结构框图

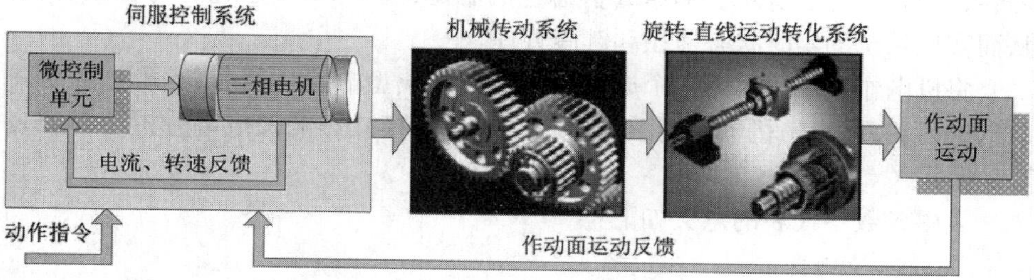

图 7.3　机电作动系统原理结构框图

一般情况下，机电作动系统实现将电力转变为特殊效用的机械力的功能，通常作为位置伺服系统应用于飞机的多种子系统中。在多电飞机上，机电作动器通常被用来驱动各种各样的飞行器子系统，包括飞行控制系统的舵面、刹车系统等各种功能系统。机电作动系统伺服电机的控制原理如图 7.4 所示。

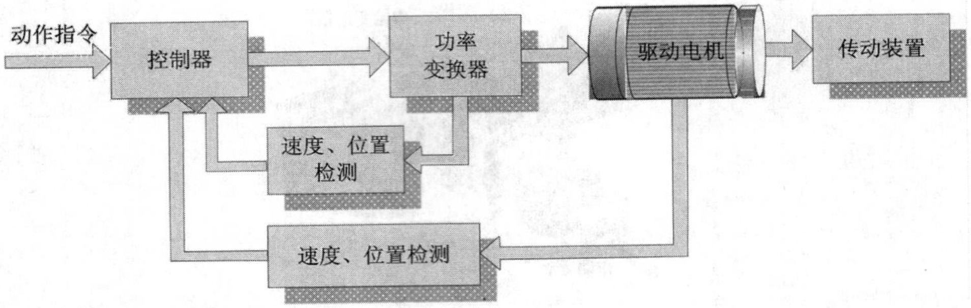

图 7.4　机电作动系统伺服电机的控制原理

§7.1.2　机电作动系统扩展式故障模式影响及危害分析

故障模式影响与危害分析(FMECA)是研究武器装备故障检测与诊断、故障预测及健康管理的基础,在对机电作动系统进行估值诊断之前,应对其进行故障模式影响及危害分析。传统的 FMECA 只是静态地对产品(或者系统)可能出现的故障模式进行分析,查找故障原因,分析故障模式的影响,并确定这些故障模式的检测方法。传统的 FMECA 是一种有效的可靠性分析方法,但是不能满足先进飞机对于全面的故障检测、隔离、预测及健康管理的要求。扩展式故障模式影响及危害分析在传统 FMECA 的基础上,增加了故障预测和状态监控的相关内容,因而能够克服传统 FMECA 静态性的不足,满足 PHM 系统的动态性要求,从而实现系统的实时状态监控和健康管理。

将机电作动系统作为一个成员系统并对其典型故障进行分析,确立各个环节的映射关系,得出机电作动系统的扩展式故障模式影响及危害分析结果如表 7.1 所示。

表中各数字代表的意义如下:

(1)故障影响:

1——功能丧失

2——功能降低

3——故障症候,无明显影响

4——无影响

(2)严酷度分类:

Ⅰ——引起飞行员死亡或飞机毁坏的故障

Ⅱ——引起飞行员严重伤害、飞机严重损坏或导致任务失败的严重损坏

表 7.1　机电作动系统的扩展式故障模式影响及危害分析表

代码	产品名称	功能	故障模式	故障原因	故障征兆	故障影响			严酷度分类	检测参数	故障检测方法	发生频度	故障预测方法	预防措施决策
						自身	系统	全机						
1	永磁同步电机或永磁无刷直流电机	驱动电机	电机不转	转子卡死	作动机构无法工作	1	1	1	Ⅱ	输出转矩	机载检测设备	3	时序模型分析	检修/更换
				定子绕组故障	绕组电流增大，绝缘体温度升高（短路）	2	2	2	Ⅱ	绕组电流、温度	温度测量装置/机载检测设备	2	人工神经网络	检修/更换
					绕组无电流（断路）	2	2	2	Ⅱ	绕组电流	机载检测设备	3	——	检修/更换
				控制器无信号	无转矩输出	1	1	1	Ⅱ	控制信号开关量		3	——	检修/更换
				驱动电路故障	无转矩输出	1	1	1	Ⅱ			3	——	检修/更换
			性能下降	磁钢性能下降	输出转矩无法达到额定状态	3	2	2	Ⅲ	输出转矩	使用检查	4	性能测试	检修/更换
				反馈元件松动		3	2	2	Ⅲ		使用检查/目视检查	3		调整改善
				反馈元件性能退化		2	2	2	Ⅲ		使用检查	3		检修/更换

（续表）

代码	产品名称	功能	故障模式	故障原因	故障征兆	故障影响			严酷度分类	检测参数	故障检测方法	发生频度	故障预测方法	预防措施决策
						自身	系统	全机						
2	齿轮箱	将旋转能量传递到作动部件	疲劳断裂	多次重复弯曲	传动效能迅速下降	1	1	2	Ⅱ	振动幅相频率	机械故障检测装置	3	小波理论结合智能方法预测	检修/更换
			齿面点蚀	接触应力超过疲劳极限	传动效能迅速降低	3	3	3	Ⅳ			3	小波理论结合智能方法预测	检修/更换
			齿面胶合	润滑失效时接触齿面运动粘连处撕裂		3	3	3	Ⅳ			3	小波理论结合智能方法预测	检修/更换
3	滚珠丝杠	旋转运动转化为直线运动	轴承损伤	异物侵入 零件损伤	作动效果下降	2	2	2	Ⅳ	温度振动幅相频率		3	小波理论结合智能方法预测	检修/更换
			丝杠卡滞	异物侵入 润滑失效 轴承咬死	作动效果下降	2	2	2	Ⅳ			3		检修/更换

Ⅲ——引起飞行员轻度伤害、飞机轻微损坏或导致任务延迟或降级的轻微损坏

Ⅳ——引起不足以导致上述三种后果的故障，只能导致非计划维修和修理

(3)发生频度：

1——经常发生

2——时而发生

3——可能发生

4——几乎不可能发生

根据机电作动系统的扩展式故障模式影响及危害分析结果可知，机电作动系统的故障主要集中在驱动电机、齿轮箱及滚珠丝杠三个关键部件。作为传动执行机构的齿轮箱和滚珠丝杠，在正常维修状态下可靠性较高，而作为驱动电机的永磁同步电机或永磁无刷直流电机，由于结构复杂、控制信号多，更容易出现故障。因此，机电作动系统性能的优劣与其驱动电机的健康状态联系更为紧密，在一定程度上，驱动电机的健康状态甚至直接决定机电作动系统的整体性能。

§7.2　非平稳信号处理方法简介

基于 Fourier 变换的传统信号处理方法只能分析信号的统计平均结果，无法处理非平稳信号。机电作动系统的动态信号中存在大量的非平稳信号，这些信号的非平稳性能够表征故障的某些特征。非平稳信号的统计特性与时间有关，对其处理需进行时频分析，得到时域和频域中的全貌和局部结果。常用的非平稳信号处理方法大致有四种：短时傅立叶变换、Wigner-Ville 分布、小波变换和自适应时频分析。

1. 短时傅立叶变换

短时傅立叶变换（Short Time Fourier Transformation, STFT）又称谱图法，是最常用的方法，在很长时间内成了非平稳信号分析的一种标准和有力工具，其概念最早由 Gabor 于 1946 年提出，后经 Allen、Rabiner 等人改善，其计算公式为：

$$STFT(t,f) = \int_{-\infty}^{+\infty} x(\tau)h^*(\tau - t)\mathrm{e}^{-j2\pi ft}\mathrm{d}\tau \tag{7.1}$$

其中，$h^*(\tau - t)$ 是滑移时窗 $h(\tau - t)$ 的共轭，滑移时窗用来对信号进行分段截取。

短时傅立叶变换简单、高效，但是，根据测不准原理，其时域分辨率和频域分辨率相互矛盾，要提高频域分辨率就得降低时域分辨率，反之亦然，这就制约了短时傅立叶变换的分析精度。当滑移时窗采用高斯窗 $g(t) = \pi^{-\frac{1}{4}}e^{-\frac{t^2}{2}}$ 时，短时傅里叶变换分析的时域和频域分辨率相等，二者之积最小，有最高的时频分辨率。由于最早由 Gabor 提出，因此，使用高斯窗的短时傅立叶变换习惯上称之为

Gabor 变换。该法能否真正地在时频谱图上表征每个时间点的瞬时频率，需要进一步进行分析和验证。

短时傅立叶变换通过对信号的分段截取来处理时变信号，是基于对所截取的每一段信号认为是线性、平稳的。严格地说，短时傅立叶变换是一种平稳信号分析法，只适用于对缓变信号的分析。

2. Wigner-Ville **分布**

1932 年，Wigner 提出了 Wigner 分布，最初应用于量子力学的研究。1948 年，Ville 将其引入信号分析领域。1970 年，Mark 提出 Wigner-Ville 分布中最主要的缺陷——交叉干扰项的存在。1980 年，Claasen 和 Mecklenbraker 联合发表的论文中详细论述了 Wigner-Ville 分布的概念、定义、性质以及数值计算等问题。

Wigner-Ville 分布是分析非平稳时变信号的重要工具，在一定程度上解决了短时傅立叶变换存在的问题。Wigner-Ville 分布的重要特点之一是具有明确的物理意义，它可被看作信号能量在时域和频域中的分布。但是 Wigner-Ville 分布还存在一些问题，根据卷积定理，多分量信号的 Wigner-Ville 分布会出现交叉项，这是 Wigner 分布应用中的主要困难。交叉项通常是振荡的，而且幅度可以达到自项的两倍，造成信号的时频特征模糊不清。因此如何有效抑制交叉项，对时频分析非常重要。对多分量信号的干扰项虽是无法避免的，国内外学者已经研究了多种可抑制或削弱它们的方法，主要有预滤波法、多分量分离法和辅助函数法，并且都采用解析信号以消除由负频率成分产生的交叉干扰项[175]。

3. **小波变换**

小波变换最早由法国地球物理学家 Morlet 于 20 世纪 80 年代初在分析地球物理信号时提出来的，它实质上是时间窗可调整的窗口傅立叶频谱分析。小波变换的基本思想是将频率域的表征改为另外一个域（如尺度域），而用联合的时间和尺度平面来描述信号。小波变换被认为是近年来在工具和方法上的重大突破，为非平稳信号分析展示了美好的前景。其定义如下：

满足如下允许条件：

$$C_\psi = \int_0^{+\infty} \frac{|\psi(\omega)|^2}{\omega}\mathrm{d}\omega < +\infty \tag{7.2}$$

式（7.2）中，函数系

$$\psi_{a,b}(t) = |a|^{-\frac{1}{2}}\left|\psi\left(\frac{t-b}{a}\right)\right| \tag{7.3}$$

称为小波函数（Wavelet Function）或简称为小波（Wavelet），它是由函数经过不同的时间尺度伸缩（Time Seale Dilotion ）和不同的时间平移（Time Translation）得到的。因此是小波原型(Wavelet Prototype),并称为母小波(Mother Wavelet)。通常可以在时域中定义小波函数:

$$\int_{-\infty}^{+\infty} \psi(t)\,\mathrm{d}t = 0 \tag{7.4}$$

变量 a 反映函数的尺度(或宽度),变量 b 检测沿 t 轴的平移位置。一般情况下,母小波函数 $\psi(t)$ 能量集中在原点,小波函数 $\psi_{a,b}(t)$ 能量集中在 b 点。对式(7.3)一个直观而简单的解释就是:ψ 是 $t=b$ 时,时间轴尺度伸缩参数为 a 的 $|\psi_{a,b}(t)|$ 的能量。

小波变换是以时间和尺度作为参数,在时间尺度平面的不同位置具有不同的分辨率,因而是一种多分辨分析方法,小波分析得益于小波基的完备性、自相似性和多分辨性。它能获得成功的两个重要原因是其拥有快速分解算法和良好的时频局域特性。但小波变换有其自身的缺陷:首先,小波变换是线性的;其次,小波变换本质上是窗口可调的傅立叶变换,即一旦选择了小波基和分解尺度,则所得到的结果是某一固定频带的信号,即该频带范围只与信号的采样频率有关,而与信号本身无关,如果小波基选择不当,则应用效果会大受影响[176]。因此,小波分析不具有自适应性,这就在一定程度上制约了小波分析的应用。

4. 自适应时频分析

自适应时频分析一般可分为基于核函数的自适应时频分析和基于基函数的自适应时频分析。一般的二次型时频分布分析采用固定的核函数。采用固定核函数的时频分布,必然有固定的通带和止带范围,且总能在通带内找到明显的交叉项能量。使用固定核函数的时频表示时,不易随信号的变化作自适应的调整,影响分析效果。因此,核函数的设计应该与被分析的信号密切相关。基于基函数的自适应时频分析的基本原理是在信号空间寻找一组完备的基函数,经过待分析信号在该基函数上投影(通过内积实现)的线性组合来完整地表达信号,并在各基函数的时频分布已知的情况下,得到待分析信号的时频分布。在采用基函数的分解方法时,应该根据信号的先验知识,采取与信号的局部结构特征相似的基函数,以期用尽可能少的基函数来分解信号。

由于一般自适应时频分析方法的复杂性、先验性等原因,国内外对该方法的理论和仿真研究比较多,而用于实际信号分析则比较少。该方法是先验的,在分析信号之前必须确定核函数或基函数的类型和具体参数,而核函数或基函数的类型选择不当会影响分析精度,这是一般自适应时频分析本质的不足之处[177]。

经验模式分解(EMD)是 1998 年 Norden E. Huang 提出的一种自适应的信号分解方法,它建立在瞬时频率的基础上,基于信号的局部特征,能把复杂的信号分解为有限个本征模函数(Intrinsic Mode Function,IMF)。根据本征模函数,可以用希尔伯特(Hilbert)变换来研究时变信号的瞬时频率和频率特征,从而建立以瞬时频率来表征信号交变的基本量,以本征模函数为时域基本信号的新的时频分析方法体系,这一方法体系称为 Hilbert-Huang 变换(Hilbert-Huang Transformation,HHT)。

基于经验模式分解的 HHT 与 FFT 相比,它的每个本征模函数的振幅和频率是随时间变化的,从而消除了为反映非线性、非平稳过程而引入的多余无物理意义的谐波;与小波分析相比,HHT 具有小波分析的全部优点,在分辨率上消除了小波分析的模糊和不清晰,具有更准确的频谱结构;与 Winger-Ville 分布及所有其他的 Cohen 类时频分布相比,HHT 不存在交叉项问题。因此 HHT 是一种非常有效的非线性和非平稳信号分析方法[178]。

§7.3 EMD 的基本理论及算法

基于 EMD 的时频分析主要由两个步骤组成:一是对时间序列进行 EMD 分解,分解成本征模函数组;二是对每个本征模函数进行希尔伯特变换再组合成时频谱图进行分析。从本质上讲,EMD 方法是对信号进行平稳化处理,其结果是将信号中不同尺度的波动或趋势逐级分解出来,产生一系列具有不同特征尺度的数据序列,每一个序列成为一个本征模函数(IMF)。对这些本征模函数进行希尔伯特变换便可得到信号的时频谱图,由此得到的谱图能够准确地反映出信号的原有特性。经验模式分解的最大优点是使希尔伯特变换后的瞬时频率具有物理意义,对非平稳信号进行有意义的希尔伯特变换具有桥梁作用。

§7.3.1 瞬时频率和本征模函数

对任意的时间序列 $x(t)$,它的 HHT 变换为:

$$y(t) = \frac{1}{\pi}\int_{-\infty}^{+\infty}\frac{x(\tau)}{t-\tau}\mathrm{d}\tau \tag{7.5}$$

构造解析函数 $z(t)$:

$$z(t) = x(t) + iy(t) = a(t)\mathrm{e}^{i\Phi(t)} \tag{7.6}$$

其中幅值函数为:

$$a(t) = \sqrt{x(t)^2 + y(t)^2} \tag{7.7}$$

相位函数为:

$$\Phi(t) = \arctan\frac{y(t)}{x(t)} \tag{7.8}$$

相位函数的导数即为瞬时频率：

$$\omega(t)=\frac{\mathrm{d}\Phi(t)}{\mathrm{d}t} \tag{7.9}$$

Norden E. Huang 等对瞬时频率进行深入研究后发现，从物理上定义一个有意义的瞬时频率的必要条件是：函数是对称的；局部均值为零；过零点和极值点的数目相等。只有满足这些条件的信号才能求得具有物理意义的瞬时频率，并将此类信号称之为本征模函数。本征模函数需要满足以下两个条件[179]：

(1) 在整个数据序列中，极值点的数量（包括极大值点和极小值点）与过零点的数量必须相等，或最多相差不多于一个；

(2) 在任意时间点上，信号局部极大值确定的上包络线和局部极小值确定的下包络线的均值为零。

通常，第一个条件类似于传统的平稳化高斯过程中对基带信号的要求；第二个条件则是一个创新，它把全局限定变为局部限定，目的是防止由于波形的不对称所造成的瞬时频率不必要的波动。在理想的情况下，这个条件应为“数据的局部平均值为零”。对于非稳态数据，为了计算“局部平均”，关系到“局部时间尺度”的概念，而这个概念是很难定义的，因此就用数据极大值包络和极小值包络的平均值为零作为一个代替，使信号的波形局部对称。为了避免定义局部平均时间尺度的概念，这是一个必须的近似。由于采用了这种近似，求瞬时频率所用的方法不能保证在任何条件下都能得到较好的瞬时频率。Norden E. Huang 等研究表明：在一般情况下，瞬时频率符合所研究系统的物理意义。重庆大学钟佑明等在对本征模函数的数学模型进行分析之后，论证了局部对称的必要性和用极值点拟合包络线的合理性[180]。

本征模函数表征了数据内在的波动模式，由其定义可知：由过零点所定义的本征模函数的每一个波动周期，只有一个波动模式；一个本征模函数没有约束为一个窄带信号，既可频率调制又可幅值调制，还可以是非稳态的；只有频率或幅值调制的信号也可成为本征模函数。

基于本征模函数的定义，可以提出信号的经验模式分解原理及步骤如下。

(1) 假设原始信号（或原始时间序列）为 $x(t)$，分别求出其所有的极大值点、极小值点，用三次样条连接所有的局部极值点得到上、下包络线，上、下包络线的均值为 $m_{11}(t)$，$x(t)$ 与 $m_{11}(t)$ 的差值定义为 $h_{11}(t)$，则：

$$h_{11}(t)=x(t)-m_{11}(t) \tag{7.10}$$

(2) 判断 $h_{11}(t)$ 是否为本征模函数，若 $h_{11}(t)$ 不满足本征模函数的两个条件，则将视为新的“原始时间序列”，重复以上步骤，直到满足两个条件为止。此时记 $c_1(t)=h_{11}(t)$，则 $c_1(t)$ 为信号 $x(t)$ 的第一个本征模函数，它代表信号 $x(t)$

的最高频率分量。

(3)将 $c_1(t)$ 从信号 $x(t)$ 中分离出来,得到一个去掉高频分量的差信号,有:

$$r_1(t) = x(t) - c_1(t) \tag{7.11}$$

将 $r_1(t)$ 视为新的原始时间序列,重复以上步骤,得到第二个本征模函数 $c_2(t)$。

(4)重复以上步骤,得到 $c_3(t)$,…,$c_n(t)$,此时 $x_n(t)$ 变成一个单调序列,其中不再包含任何模式的信息,这就是原始信号的余项 $r_n(t) = x_n(t)$。

这样,原始信号 $x(t)$ 被分解成 n 个本征模函数 $c_i(t)$ 和一个余项 $r_n(t)$ 之和,即有:

$$x(t) = \sum_{i=1}^{n} c_i(t) + r_n(t) \tag{7.12}$$

式(7.12)表明信号的经验模式分解具有完备性,其中,$r_n(t)$ 为残余函数,代表信号的平均趋势。各本征模函数 $c_1(t)$,$c_2(t)$,…,$c_n(t)$ 分别包含了信号从高频到低频不同频率段的成分,每一个频率段所包含的频率成分都是不同的,且随信号本身的变化而变化。通常,经验模式分解方法分解出来的前几个 IMF 分量集中了原信号中最显著、最重要的信息,这是由 IMF 的本质所决定的。

分解停止条件有以下两种:一是当分量或余项变得比预期值小时便停止;二是当剩余分量变成单调函数,从而不能再筛选出本征模函数为止。本征模函数的两个限定条件只是一种理论上的要求,在实际的筛选过程中,很难保证信号的局部均值绝对为零。如果完全按照上述两个限定条件判断分离出的分量是否为本征模函数,很可能需要过多的重复筛选,从而导致本征模函数失去了实际的物理意义。为了保证本征模函数保存足够的反映物理实际的幅度与频率调制,必须确定一个筛选过程的停止准则。筛选过程的停止准则可以通过限制两个连续的处理结果之间的标准差的大小来实现。

$$S_d = \sum_{t=0}^{T} \frac{\left| h_{1(k-1)}(t) - h_{1k}(t) \right|^2}{h_{1k}(t)^2} \tag{7.13}$$

式中 T 表示信号的时间跨度,$h_{1(k-1)}(t)$ 和 $h_{1k}(t)$ 是在筛选本征模函数过程中两个连续的处理结果的时间序列。S_d 的值通常取 0.2 ~0.3[179]。

§7.3.2 基于 EMD 的 HHT 变换

对信号进行经验模式分解,主要是为了对其进行 HHT 变换,从而取得信号的希尔伯特谱来进行时频分析。通过 EMD 分解,将信号分解为若干个平稳的本征模函数,使得希尔伯特变换有了意义,这是 EMD 变换的主要意义。

在获得原始信号 $x(t)$ 的本征模函数组后,对每个本征模函数进行希尔伯特变换后可以得到:

$$x(t) = \mathrm{Re}\sum_{i=1}^{n} a_i(t)\mathrm{e}^{\mathrm{j}\Phi(t)} = \mathrm{Re}\sum_{i=1}^{n} a_i(t)\mathrm{e}^{i\int\omega_i(t)\mathrm{d}t} \tag{7.14}$$

其中 Re 表示取实部,在推导中省去了余项 $r_n(t)$,因为它是一个单调函数或是一个常量。虽然在进行希尔伯特时频变换时可把余项看作长周期的波动,但有时残余分量的能量较大,会对其他有用分量的分析产生影响,并且感兴趣的信息一般在小能量的高频部分。因此,在做变换时,一般把不是本征模函数的成分都略去[181]。根据式(7.14)可看出,可以把时间 t、频率 $\omega_i(t)$、幅值 $a_i(t)$ 画在一个三维图上,其中幅值可以在时频平面中以等高线表示。这种幅值的时频分布表示便称之为希尔伯特时频谱 $H(\omega,t)$,简称 Hilbert 谱,如式(7.15)所示。

$$H(\omega,t) = \mathrm{Re}\sum_{i=1}^{n} b_i a_i(t)\mathrm{e}^{\mathrm{j}\int\omega_i(t)\mathrm{d}t} \tag{7.15}$$

其中,当 $\omega_i(t) = \omega$ 时,$b_i = 1$,否则 $b_i = 0$。

在希尔伯特时频谱 $H(\omega,t)$ 的基础上,可以定义边界谱 $h(\omega)$:

$$h(\omega) = \int_0^T H(\omega,t)\mathrm{d}t \tag{7.16}$$

其中,T 是信号的整个采样持续时间。由式(7.16)可知,边际谱 $h(\omega)$ 是时频谱对时间轴的积分,它反映了每一个频率点上的幅值在整个数据跨度上的积累幅值。边际谱表达了每个频率在全局上的幅度(或能量)贡献,它代表了在统计意义上的全部数据的累加幅度,反映了概率意义上幅值在整个时间跨度上的积累幅值。若把希尔伯特时频谱的幅值平方对频率进行积分,便得到瞬时能量密度 $IE(t)$:

$$IE(t) = \int_{\omega} H^2(\omega,t)\mathrm{d}\omega \tag{7.17}$$

§7.4 EMD 算法的改进

作为一种新出现的信号分析方法,EMD 分析技术对于分析实际广泛存在的非线性与非平稳性信号十分有效,在很多领域获得了大量成果,显示出强大的生命力。但由于该方法属于一种“经验性”算法,在理论基础和实际应用等诸多环节仍然存在一些问题[182-183],如虚假模式、包络线拟合、端点效应等问题,影响了信号特征的精确提取。因此,在应用 EMD 方法之前,需要对其算法进行改进,以提高其特征提取的精度。

§7.4.1 端点效应的处理

在 EMD 方法使用中,对于短数据序列的分析,端点效应成为影响该方法精度的主要因素[179]。端点效应有两种,一种是 EMD 分解中样条插值引起的端点效应:"筛"的过程中构成上、下包络的三次样条拟合函数在数据序列的两端会出现发散现象,并且这种发散的结果会随着"筛"过程的不断进行逐渐向内"污染"整个数据序列,从而使所得结果严重失真。另一种是本征模函数在进行希尔伯特变换时产生的端点效应,这是由于在数字方法实现时采用傅立叶变换而形成的频谱泄漏。

三次样条插值和希尔伯特变换中的端点效应对基于 EMD 的时频分析方法影响很大,处理不好会使该时频分析方法失效。为了减弱或消除端点效应,对两种类型的数据各有方法:对于长数据序本征模函数列,通过 EMD 分解后,或 EMD 分解后的数据做希尔伯特变换后抛弃一部分两头的数据点来减弱或消除;对于短数据序列,必须先对信号序列进行数据延拓,再对延拓后的数据进行 EMD 分解或对 EMD 分解后的数据进行希尔伯特变换,操作结束后抛弃延拓部分。

目前,采用的数据延拓技术主要有神经网络延拓和镜像延拓技术。神经网络延拓算法的最大不足就是运算速度太慢:EMD 方法筛选出每一个 IMF 分量都要循环若干次才能满足结束条件,在每次循环中都要利用该方法对原始数据序列的两端进行延拓;其次,对于不同类型的数据序列,最合适的神经网络模型也存在不同之处,在实际应用过程中需根据需要设定不同的模型,给编程带来较大的困难。镜像延拓算法虽然运算速度较神经网络算法大大提高,但该方法使用了原始数据两倍的存储空间,而且在求各 IMF 分量的每次循环过程中都要求出整个环形数据的上、下包络,其所需时间是求原始数据包络时间的两倍。多项式拟合算法的运算速度不亚于镜像延拓,且较镜像延拓算法节约了二分之一的存储空间[184]。该方法不仅能有效抑制端点效应,还能把信号的主要信息完整地提取出来,是一种非常好的抑制端点效应的方法,具体算法步骤如下:

(1)确定拟合多项式的次数 n;

(2)根据离散数据序列 $x(t)$ 计算 S_p 和 Q_r:

$$S_p = \sum_{i=1}^{m} t_i^p,\ Q_r = \sum_{i=1}^{m} t_i^r x_i \tag{7.18}$$

式中 t_i, x_i 分别为离散数据序列的横、纵坐标,m 为数据序列的长度,$p=0,1,\cdots,2n$,$r=0,1,\cdots,n$,$n<m$;

(3)求解正规方程：

$$\begin{bmatrix} S_0 & S_1 & \cdots & S_n \\ S_1 & S_2 & \cdots & S_{n+1} \\ \vdots & \vdots & \vdots & \vdots \\ S_n & S_{n+1} & \cdots & S_{2n} \end{bmatrix} \begin{bmatrix} a_0 \\ a_1 \\ \vdots \\ a_n \end{bmatrix} = \begin{bmatrix} Q_0 \\ Q_1 \\ \vdots \\ Q_n \end{bmatrix} \tag{7.19}$$

解出 $a_0, a_1, \cdots, a_n$；

(4)写出拟合多项式：

$$X_n(t) = \sum_{k=0}^{n} a_k t^k \tag{7.20}$$

具体计算时，用来拟合的数据点数不能太多，本书中取原始数据左右端点处的4个极大(小)值。因为拟合函数是利用最小二乘法得到的，如果用来拟合的数据过多，拟合出来的函数不能很好地反映数据端点处的变化趋势。另外，多项式的次数也不能太高，太高会导致失真，以两次为佳。

§7.4.2　局部均值的求解

EMD分解过程的一个重要步骤就是求解信号的局部均值，这表明该方法是基于信号的局部特征的。因此，如何进一步提高局部均值的求解精度，是一个非常值得研究的问题，也是研究的热点。传统的EMD方法以信号的局部极大值和局部极小值定义的包络线的均值作为信号的局部均值，只利用了信号中的极值点信息，局部均值的精度较低，且包络的求取需要两度三次样条插值，计算速度较慢[175]。国内学者分别提出了自适应时变滤波法(Adaptive Time-Varying Filter Decompotion, ATVFD)[185]和极值阈均值模式分解法(Extremum field Mean Mode Decompotion, EMMD)[186]，不同程度地提高了局部均值的求解精度。

在EMMD方法的基础上，又提出了一种改进的极值域均值模式分解算法(Improved Extremum field Mean Mode Decompotion, IEMMD)[187]，该算法取消了"两极值点间的数据是均匀变化的"这一假设，进一步提高了局部均值求解的精度和速度，具体算法步骤如下[174]：

(1)求出原始数据 $x(t)$ 的所有局部极值点，组成极值点序列 $e(t_i), i=1,2,\cdots,k$；

(2)根据式(7.21)计算出相邻两极值点间的局部均值序列 $m^i, i=1,2,\cdots,k-1$。

$$m_i(t_\zeta) = \frac{1}{t_{i+1} - t_i + \Delta t} \sum_{t=t_i}^{t_{i+1}} x(t) \tag{7.21}$$

(3)计算局部均值序列 $m_i(t_\zeta)$ 与初始信号 $x(t)$ 的交点 $t_{\zeta i}$；

考虑到极值点序列 $e(t_i)$ 中极大值和极小值是间隔排列的，即相邻两极值点间的数据是单调的，局部均值 m_i 与初始信号只交于一点，设对应的时间为 $t_{\zeta 1}$。同理，m_{i+1} 与初始信号相交于时刻 $t_{\zeta 2}$，如图 7.5 所示。

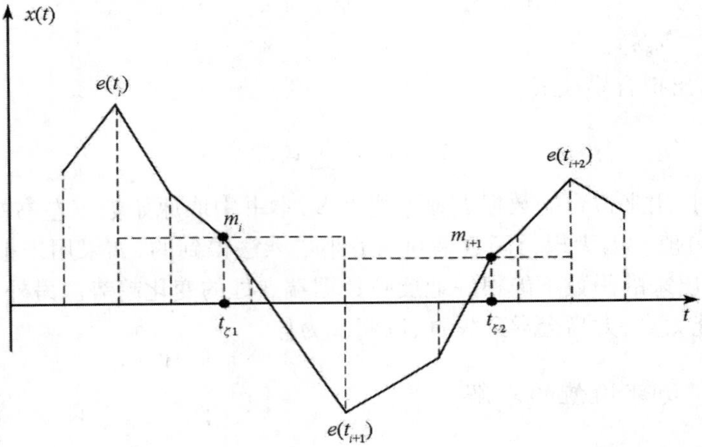

图 7.5　信号、极值点与局部均值的关系

设 m_i 在原始数据中介于 $x(t_j)$ 和 $x(t_{j+1})$ 之间，$1 \leqslant j \leqslant k-1$，此时有：

$$t_{\zeta i} = t_j + \frac{|m_i - x_j| \times (t_{j+1} - t_j)}{|x_{i+1} - x_i|}, \text{且 } t_{\zeta i} \in [t_j, t_{j+1}] \tag{7.22}$$

(4)用两个相邻局部均值 $m_i(t_{\zeta 1})$ 和 $m_{i+1}(t_{\zeta 2})$ 的加权平均求 t_{i+1} 处极值点的局部均值 $m(t_{i+1})$，如式(7.23)所示：

$$m(t_{i+1}) = k(t_i) \times m_i + k(t_{i+1}) \times m_{i+1} \tag{7.23}$$

式中 $k(t_i)$ 和 $k(t_{i+1})$ 是通过相似梯形得到的加权系数，计算公式如下：

$$k(t_i) = \frac{t_{\zeta 2} - t_{i+1}}{t_{\zeta 2} - t_{\zeta 1}},\ k(t_{i+1}) = \frac{t_{i+1} - t_{\zeta 1}}{t_{\zeta 2} - t_{\zeta 1}} \tag{7.24}$$

得到极值点处的局部均值后，可以利用这些局部均值进行三次样条插值得到原始信号的局部均值曲线，之后的处理方法与原始的 EMD 算法相同。改进的极值域均值模式分解算法在求局部均值时既使用了信号相应局部的全部数据，又考虑了中值定理求解局部均值时对应的时间位置，因此能够得到比较正确的局部均值，更能保证瞬时频率有意义，分解出的本征模函数具有更高的分解精度和时频分辨率。

§7.5　基于改进 EMD 算法的机电作动系统故障特征提取

在机械故障诊断领域中，适合设备状态信号处理及特征提取的方法是在通用的信号处理理论基础上发展起来的，它是一切诊断工作的前提，也是各种诊断方法的依据。在机械故障诊断技术的发展过程中，故障特征信息提取（简称特征提取）是最重要、最关键的，同时也是最困难的问题之一。在某种意义上，特征提取可以说是当前机械故障诊断研究的瓶颈，它直接关系到故障诊断的准确性和故障早期预报的可靠性。如果不能检测和处理反映设备状态的信息，不能提取特征参数，故障诊断就无从入手；如果所提取的特征参数分辨率不高，也必将给进一步的故障诊断带来困难。

目前，为了从根本上解决特征提取这个关键问题，人们主要借助信号处理尤其是现代信号处理的理论方法和技术手段，从对信号的深度加工中获取更多的信息。基于 EMD 的方法是一种自适应的时频局部化分析方法，它从根本上摆脱了傅立叶变换的局限性，具有很高的信噪比，非常适用于非平稳、非线性信号的特征提取。

§7.5.1　基于改进 EMD 算法的故障信号预处理

当机电作动系统的驱动电机——永磁同步电机发生故障时，其电流、转速、电磁转矩等信号都会发生变化，及时准确地对这些信号进行分析处理对于整个机电作动系统的故障诊断及预测都具有十分重要的意义。其中，电磁转矩信号中包含的信息量最为丰富，因此本书选择对电磁转矩信号进行分析。然而在实际工程测量中，由于受设备工作环境、测试仪器以及故障引发的冲击等干扰因素的影响，现场采集到的数据往往被各种噪声所污染。因此，在故障诊断中，噪声直接影响了后续的故障分析和诊断效果。如果直接对采集到的信号进行 EMD 分解，可能会出现一些虚假的频率成分。所以，在对采集到的信号进行分析之前，应先对其进行降噪处理，尽量将噪声的影响降到最低，给后续的故障诊断提供“干净”的信号源。

根据 EMD 的原理可知，EMD 分解过程本身就是一个自适应的滤波过程，它对信号经过多次筛选，获得从高频到低频排列的有限个 IMF 和一个残余项，而且越早分解出来的 IMF，其频率越高。部分重建信号就相当于把信号通过一个滤波器组，并且该滤波器组是自适应的，其通带的截止频率随着输入信号变化而改变:若在本征模函数组中去除最先分解出来的一个或几个 IMF,把其余的 IMF 组合叠加起来形成一个信号,相当于原信号通过了一个自适应低通滤波器;若本征模函数组去除最后一个或几个 IMF,把其余的 IMF 组合起来,则相当于原信号通过了一个自适应高通滤波器;同理,若本征模函数组去除了最先和最后分解出来的一个或几个 IMF,把其余的 IMF 组合起来,则相当于原信号通过了一个自适应带通滤波器。此外,因分析目的的不同,可以把本征模函数组的 IMF 进行任意组合,以突出某种特征。因此,可以利用 EMD 良好的时空滤波特性,设计相应的高通、低通或带通滤波器。通过设定滤波阈值,可以按照(7.25)式对原始信号进行降噪处理和信号重构:

$$\tilde{x}(t) = \sum_{i=k}^{m} c_i(t), \ 1 \leqslant k \leqslant m \leqslant n \tag{7.25}$$

式(7.25)中 n 为原始信号经 EMD 分解得到的 IMF 的层数。可以通过选择适当的 k、m 值,来构造相应的滤波器。

机电作动系统工作在高温、非线性的复杂环境中,其驱动电机的电磁转矩信号中含有较多的高频随机噪声信号,通过设置滤波阈值可以将其滤除。电机正常工作及定子绕组发生 2% 匝间短路故障时的电磁转矩信号如图 7.6 所示,故障发生的时间是 0.06s。

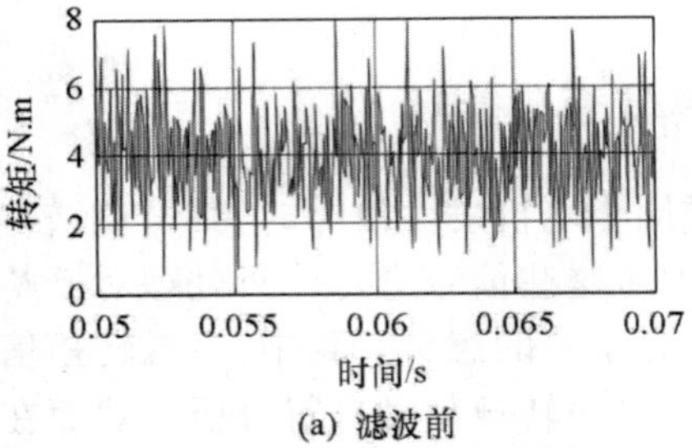

(a) 滤波前

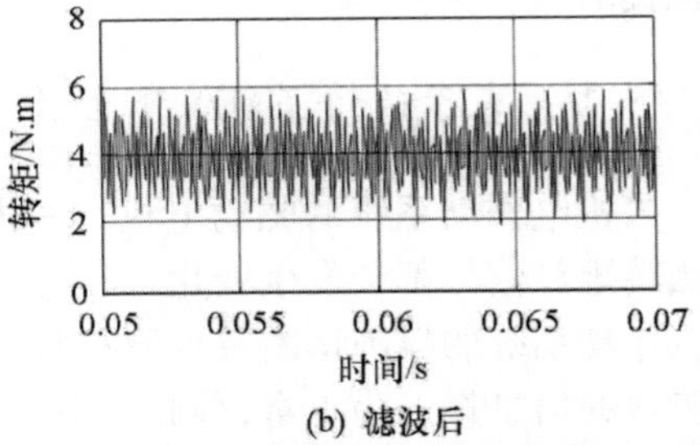

(b) 滤波后

图 7.6 电机转矩信号

§7.5.2 基于改进 EMD 算法的故障信号时频分析

对降噪后的转矩信号进行 EMD 分解,结果如图 7.7 所示,横轴为采样时间,纵轴为转矩值。第一层是原始信号,最后一层是残差,即趋势项,中间各层为本征模函数 IMF。从图中的 IMF4 可以看出故障发生的时间为 0.06s,因为从 0.06s 开始,IMF4 的震荡幅值开始变大,即故障发生。

各本征模函数的瞬时频率、转矩信号的希尔伯特时频谱和能量谱分别如

图 7.8～图7.10 所示。

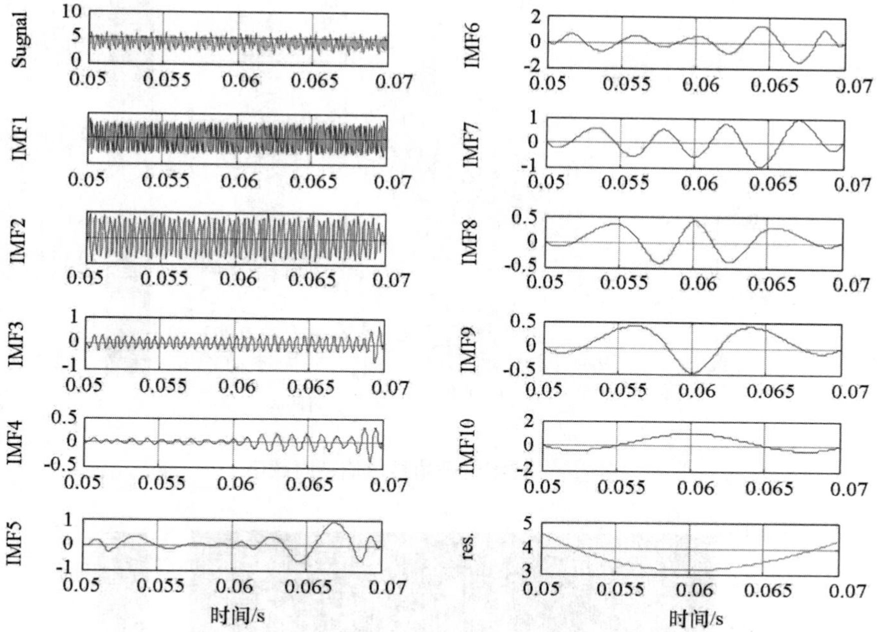

图 7.7　电机转矩信号 EMD 分解结果

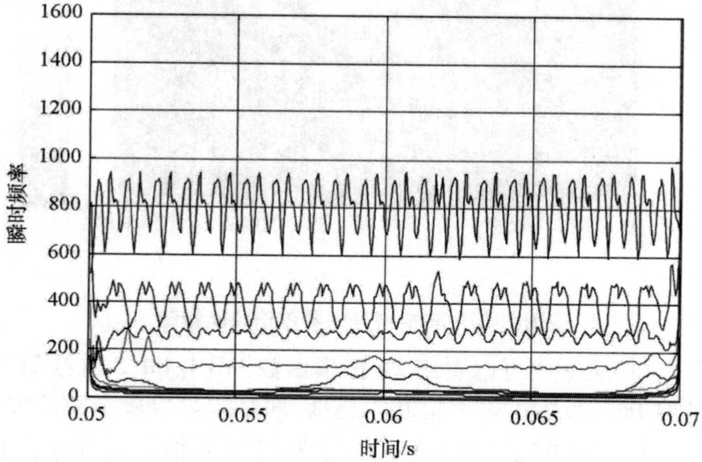

图 7.8　各本征模函数的瞬时频率

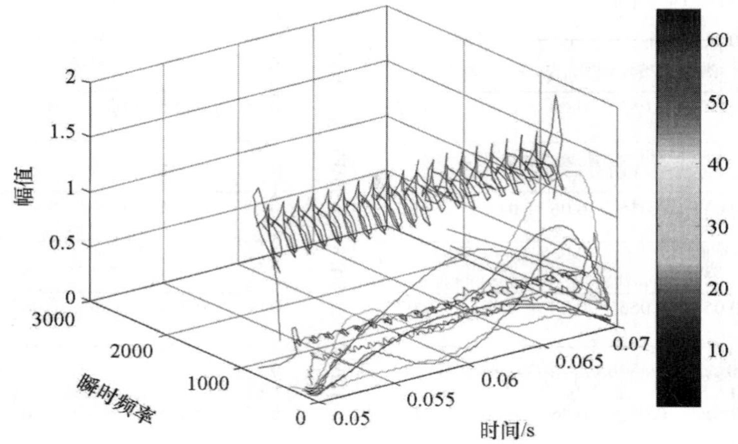

图 7.9　转矩信号的希尔伯特时频谱

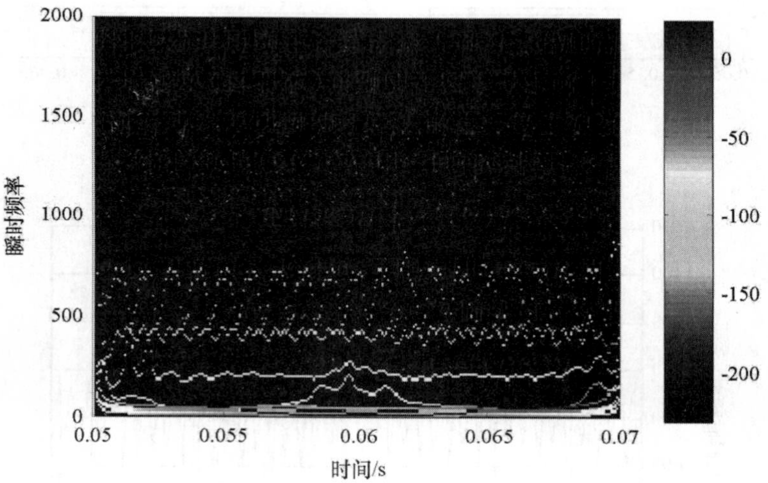

图 7.10　转矩信号的希尔伯特能量谱

从图 7.7 ~ 图 7.8 中可以看出，本征模函数 IMF4、IMF5 的幅值和频率在故障发生时刻(0.06s)发生了较大幅度的震荡，即基本可以确定故障发生的时刻。图 7.9 ~ 图 7.10 中的电磁转矩信号希尔伯特时频谱和希尔伯特能量谱中也有类似的情况。

§7.5.3 本征模能量特征向量提取

在信号的分析过程中,时间尺度和随时间尺度分布的能量是信号的两个最主要参数。当机电作动系统的驱动电机发生故障时,其电磁转矩信号与正常运行时的信号相比,相同频带内信号的能量会有较大的差别,故障信号的能量在某些频带内会减少,而在另外一些频带内会增加。因此,在信号各个频率成分的能量中包含着丰富的故障信息,某种或某几种频率成分能量的改变即代表了一种故障模式,由此可以根据机电作动系统驱动电机的电磁转矩信号各频带能量的变化来进行故障分析与诊断。

在对电磁转矩信号进行 EMD 分解的基础上,构造基于 IMF 的能量特征向量的具体步骤和方法如下:

(1)对转矩信号进行 EMD 分解,得到各 IMF 分量 $c_i(t)$;

(2)求出各 IMF 分量的能量 $E_i(t)$;

(3)对各 IMF 的能量进行归一化处理:

$$e_i(t) = \frac{E_i(t)}{E},\ i = 1,2,\cdots,n,\ E = \sum_{i=1}^{n} E_i(t) \tag{7.26}$$

(4)构造本征模能量特征向量:

$$T = (e_1(t), e_2(t), \cdots, e_n(t)) = \left(\frac{E_1(t)}{E}, \frac{E_2(t)}{E}, \cdots, \frac{E_n(t)}{E}\right) \tag{7.27}$$

由于 EMD 分解是一种依赖信号本身、完全在时域中自适应分解的方法,不同的信号分解出来的本征模函数个数一般不相同。为了使提取到的能量特征具有意义,可以采取给项数少的能量特征向量后面加零,使之与项数最多的特征向量项数相等的方法进行处理,这样构造出的能量特征向量就具有相同的维数。下面分别对电机正常工作和定子绕组发生 2%、5% 匝间短路时的电磁转矩信号进行 EMD 分解,并构造能量特征向量,结果如下:

T_0 = [0. 4454,0. 0438,0. 0203,0. 0017,0. 0274,0. 1230,0. 0945,0. 0724,0. 1369,0. 0348]

T_2 = [0. 2804,0. 0267,0. 0155,0. 0055,0. 0721,0. 1524,0. 1519,0. 1750,0. 1206,0]

T_5 = [0. 1392,0. 0142,0. 0101,0. 0190,0. 1447,0. 4098,0. 1095,0. 0492,0. 1044,0]

其中,T_0 表示电机正常工作,T_2 表示定子绕组发生 2% 匝间短路,T_5 表示发生 5% 匝间短路,三者对比如图 7. 11 所示。

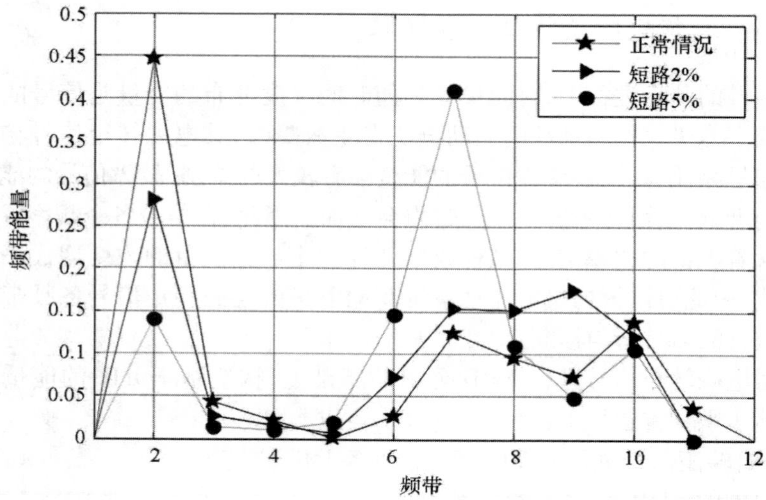

图 7.11 本征模能量特征向量

图 7.11 中,横坐标 2 ~ 12 表示提取的能量特征向量中的($e_1(t)$,$e_2(t)$,…,$e_{10}(t)$)。从图中可以看出,所提取的本征模能量特征向量对电机的工作状态非常敏感,能够有效反映电机运行状态的微小变化,因此可以作为故障特征向量对机电作动系统进行故障诊断。

§7.6 本章小节

本章首先介绍了非平稳信号的常用分析处理方法,然后对一种新的自适应信号分析方法——经验模式分解(EMD)的原理和算法进行了详细的阐述,并对其算法进行了改进。根据改进后的 EMD 算法对机电作动系统驱动电机发生典型故障时的转矩信号进行了分析,得到了信号的瞬时故障信息,并提取了故障信号的本征模能量特征向量。仿真计算结果表明,基于 EMD 改进算法的本征模能量特征向量能够敏感到电机工作状态的微弱变化,有效地反映电机的健康状态。因此,可以根据本征模能量特征向量准确地对电机进行故障诊断。

第八章　机电作动系统故障预测及健康状态评估

故障预测是PHM系统的核心和健康管理的灵魂，对机电作动系统进行按“需”维修而不是按“时”维修，就必须对其进行有效的故障预测。及时准确的故障预测不仅可以节省不必要的维修费用，更可以较早地发现问题，预防系统失效甚至是灾难性事故的发生。故障预测是比故障诊断更高级的监测技术，是一门涉及多学科综合的新兴边缘学科。它以系统当前的状态为起点，结合被预测对象的近期监测数据、环境条件及历史数据，通过相应的预测算法对被监测数据进行分析，对系统未来时刻的运行状态进行预测、分析与决策，以便在故障发生之前及时采取有效措施保证系统的顺利运行。机电作动系统的故障预测比故障诊断具有更重要的实际应用价值：它可以实现对故障的提前预警，及早采取相应的措施，为系统后续的正常运行争取时间，以便进行预防维修[64]。

本章结合灰色理论预测和最小二乘支持向量机回归预测的优点，提出一种新的预测模型——灰色-最小二乘支持向量机预测对机电作动系统的健康状态进行预测，并结合第六章EMD分解的结果对系统进行健康状态评估。

§8.1　预测技术简介

所谓预测，就是根据过去和现在的状态对未来进行预言和推断，即在一定的理论指导下，对被预测实物或现象未来的发展趋势、发展方向及可能的状态做出科学的预言和合理的推断。简而言之，预测就是根据事物过去的发展规律研究其未来的发展趋势，以调节当前行动的一种理论和方法，目前已被广泛地应用于各学科的研究领域[189]。现有的预测技术主要分为参数模型法和非参数模型法两个大类。

§8.1.1　参数模型预测法

参数模型预测法首先对观测的历史数据模型做一定的假设，然后经过模型参数的估计得到相应的预测值。虽然当前这种故障特征的幅值很小，难以检测出来,但随着时间的推移,它的幅值会越来越大。因此,根据系统过去和现在的状态,采用预测技术估计出将来时刻的状态,再进行故障检测。常用的参数模型有随机型时间序列预测、卡尔曼滤波器预测、灰色模型预测、多项式曲线拟合预测、主观概率预测和回归预测等方法。这类方法的不足是,如果模型的假设与实际不符,预测性能就会较差。

1. **时间序列预测**

经典的时间序列分析方法是把数据看作一个随机序列,根据相邻观测值所具有的依赖性,建立数学模型来拟合时间序列。Box 和 Jenkins 详细分析了用于描述线性平稳过程的 ARMA 模型和线性非平稳过程的 ARIMA 模型,并推导出在最小均方误差下的预测公式。ARMA 模型的成立条件是动态过程的,时间序列是一零均值的平稳随机序列,这就意味着动态系统未来的状态应当与其过去的状态保持一致,显然在具有多状态系统中该方法的应用受到了限制。此外,只有当动态过程为线性或准线性时,该方法才能得到较好的预测结果[189]。

2. **滤波器预测**

20 世纪 60 年代初,Kalman 和 Bucy 最先提出状态空间方法,以及递推滤波算法(即 Kalman 滤波器)。通过对系统状态估计误差的极小化得到递推估计的一组方程,由于它同时得到了系统的预报方程,在预报领域也得到了大量的应用。例如,飞行器运动的实时预报、运动物体的轨迹预测等。基于 Kalman 滤波器的方法要求系统模型已知,当模型比较精确时,通过比较滤波器的输出与实际输出值的残差,实时调整滤波器的参数,能够较好地估计系统的状态,同时,也能对系统的状态做短期预报。但一旦模型不准确,滤波器估计值就可能发生较大偏差。

3. **灰色模型预测**

灰色模型(Grey Model,GM(1,1))是 1982 年由我国邓聚龙教授提出,是目前常用的预测模型,它是通过一阶微分方程揭示数列的发展规律。此外该模型用于故障短期预测效果比较好,在中长期预测中应慎用。针对常规 GM(1,1)的不足,人们在预测精度和适用范围方面展开了深入研究,提出了许多改进模型的方法。该模型对呈指数增长的数据序列具有良好的预测效果,适用于具有相对确定性规律的数列,对于随机序列则预测效果较差。

§8.1.2 非参数模型预测法

非参数模型法不需要系统的精确数学模型,因此它比参数模型法具有更广泛的应用范围。现有的非参数模型法主要有神经网络预测、专家系统预测、模糊理论预测、统计学习理论预测等。

1. 神经网络预测

神经网络具有极强的非线性映射能力,在故障预测方面受到了广泛的关注。神经网络从理论上可以模拟多个输入输出的任意非线性系统,具有较强的自学习与自适应能力。神经网络在故障预测中的应用主要以两种方式来实现:一是把神经网络作为函数逼近器,对系统各工况下的某些参数拟合预测;二是利用动态神经网络对过程或工况参数建立动态模型来进行故障预测。它要求大量且完备的训练数据,在训练过程中易陷入局部极值,并且隐含层的神经元个数具有较大的不确定性。

2. 专家系统预测

专家系统预测是通过建立有决策功能的智能系统来实现的。专家系统常由知识库、推理机、数据库、知识获取和解释等五个部分构成。知识获取的困难性在一定程度上限制了专家系统的应用。

3. 模糊理论预测

模糊理论预测是基于模糊集合论,模拟人的模糊逻辑思维能力,采用模糊理论的方法实现预测。模糊逻辑提供了由专家构造语言信息并进行推理的方法,能够解决因复杂而无法建立精确数学模型的问题。

4. 统计学习理论预测

统计学习理论预测最实用之处就是支持向量机回归,相对神经网络而言,支持向量机在解决小样本、非线性及高维模式识别问题中表现出许多特有的优势,是一种很有发展前途的预测方法。

§8.2 灰色预测理论

灰色预测理论是邓聚龙教授于 1982 年创立的,是研究解决灰色系统分析、评估、建模、预测、决策、控制和优化的理论,由于其理论的简洁和思想方法的新颖,灰色理论中的灰色预测、关联度分析、灰色聚类和灰色决策都可能成为设备故障诊断的有力工具。灰色理论从系统的角度出发研究了信息间的关系,即研究如何利用已知的信息去揭示未知的信息,也就是系统的白化问题。而故障预测过程是利用有限的已知信息,通过信息处理对含有不可知信息的系统进行诊断、预测、决策的过程。

灰色预测理论认为,对既含有已知信息又含有未知或非确定信息的系统进行预测,就是对在一定方位内变化的、与时间有关的灰色过程的预测。尽管过程中所显示的现象是随机的、杂乱无章的,但数据累加和具有一定的潜在规律。灰色预测就是利用这种规律建立灰色模型对灰色系统进行预测,其实质是将无规律的原始数据进行累加生成,得到规律性较强的生成数列后再重新建模。由生成模型得到的数据再通过累加生成的逆运算—累减生成得到还原模型,再将还原模型作为预测模型。目前常用的灰色模型包括 GM(1,1),GM(1,N),GM(0,N)等,其中 GM(1,1)是基本预测模型,应用最为广泛,即一阶 1 个变量的微分方程型的灰色模型。

1. 累加生成

累加生成是使灰色过程由灰变白的一种方法,通过数据累加来弱化数据信息的随机性,显示出数据中蕴涵的规律,从而建立系统预测模型。对于非负序列,累加生成次数越多,数列的随机性就弱化得越多。通常,在 GM 模型中一般只对数据作一次累加生成。

设原始序列为 $X^{(0)}=\{x^{(0)}(i),i=1,2,\cdots,n\}$,$D$ 为序列算子,即有:

$$X^{(0)}(D)=(x^{(0)}(1)d,x^{(0)}(2)d,\cdots,x^{(0)}(n)d) \tag{8.1}$$

其中 $x^{(0)}(k)=\sum_{i=1}^{k}x^{(0)}(i),k=1,2,\cdots,n$, D 为 $X^{(0)}$ 的一次累加生成算子,记为 1-AGO(Accumulating Generation Operation),r 阶算子 D^r 为 $X^{(0)}$ 的 r 次累加生成算子 r-AGO,习惯上记为:

$$\begin{cases}X^{(0)}D=X^{(1)}=(x^{(1)}(1),x^{(1)}(2),\cdots,x^{(1)}(n))\\X^{(0)}D^r=X^{(r)}=(x^{(r)}(1),x^{(r)}(2),\cdots,x^{(r)}(n))\end{cases} \tag{8.2}$$

其中 $x^{(r)}(k)=\sum_{i=1}^{k}x^{(r-1)}(i),k=1,2,\cdots,n$。

非负序列经过上述累加生成后都会减少随机性,呈现出近似的指数增长规律。原始序列越光滑,生成后的指数规律也越明显。

2. 累减生成

累减生成是在获取增量信息时常用的生成,与累加生成是一对互逆的序列算子,设有原始序列 $X^{(0)}=\{x^{(0)}(i),i=1,2,\cdots,n\}$,$D$ 为序列算子,

$$X^{(0)}(D)=(x^{(0)}(1)d,x^{(0)}(2)d,\cdots,x^{(0)}(n)d) \tag{8.3}$$

其中 $x^{(0)}(k)d=x^{(0)}(k)-x^{(0)}(k-1),k=1,2,\cdots,n$,$D$ 为 $X^{(0)}$ 的一次累减生成算子,r 阶算子 D^r 为 $X^{(0)}$ 的 r 次累减生成算子,记为:

$$\begin{cases}X^{(0)}D=a^{(1)}X^{(0)}=(a^{(1)}x^{(0)}(1),a^{(1)}x^{(0)}(2),\cdots,a^{(1)}x^{(0)}(n))\\X^{(0)}D^r=a^{(r)}X^{(0)}=(a^{(r)}x^{(0)}(1),a^{(r)}x^{(0)}(2),\cdots,a^{(r)}x^{(0)}(n))\end{cases} \tag{8.4}$$

式中 $a^{(r)}x^{(0)}(k)=a^{(r-1)}x^{(0)}(k)-a^{(r-1)}x^{(0)}(k-1)$。

3. 均值生成

由于一些不可预知的外界因素有时会导致数据序列出现空缺，或数据虽完整但某个点的数据为明显异常数据，删除该数据也会导致原有数据序列出现空缺。这种情况下，均值生成[190]就成为填补空缺数据的有效方法。设序列 $X=(x(1),x(2),\cdots,x(n))$，则 $z(k)=0.5x(k)+0.5x(k-1)$ 为紧邻信息的均值生成。通常，由紧邻均值生成数构成的序列称为紧邻均值生成序列。

4. 灰色预测模型 GM(1,1)的建立

设有原始数列 $X^{(0)}=\{x^{(0)}(i)\geqslant 0,i=1,2,\cdots,n\}$，对其作一次累加生成：

$$X^{(1)}=\{x^{(1)}(i),i=1,2,\cdots,n\},\ x^{(1)}(i)=\sum_{k=1}^{i}x^{(0)}(k) \tag{8.5}$$

计算 GM(1,1)模型的背景值：

$$z^{(1)}(k)=0.5x^{(1)}(k)+0.5x^{(1)}(k-1),\quad k=2,\cdots,n \tag{8.6}$$

若 $\hat{a}=(a,b)^{\mathrm{T}}$ 为参数序列，且：

$$\begin{cases} B=\begin{bmatrix} -z^{(1)}(2) & 1 \\ -z^{(1)}(3) & 1 \\ \vdots & \vdots \\ -z^{(1)}(n) & 1 \end{bmatrix} \\ Y=\begin{bmatrix} x^{(0)}(2) \\ x^{(0)}(3) \\ \vdots \\ x^{(0)}(n) \end{bmatrix} \end{cases} \tag{8.7}$$

则灰色微分方程 $x^{(0)}(k)+ax^{(1)}(k)=b$ 的最小二乘估计参数为：$\hat{a}=(B^{(\mathrm{T})}B)^{-1}B^{T}Y$。灰色模型的解为：

$$\hat{x}^{(1)}(k+1)=\left(x^{(1)}(0)-\frac{b}{a}\right)\mathrm{e}^{-at}+\frac{b}{a},\quad k=1,2,\cdots,n \tag{8.8}$$

取 $x^{(1)}(0)=x^{(0)}(1)$，则模型的还原值为：

$$\hat{x}^{(0)}(k+1)=\hat{x}^{(1)}(k+1)-\hat{x}^{(1)}(k)=(1-\mathrm{e}^{a})\left(x^{(0)}(1)-\frac{b}{a}\right)\mathrm{e}^{-at},\quad k=0,2,\cdots,n \tag{8.9}$$

虽然灰色 GM(1,1)预测模型具有所需样本数据少、运算简便等特点，但理论上要求一次累加生成后的序列具有近似指数变化规律，同时对参数 a 和 b 的求解算法存在一些理论缺陷[191]，因此，许多文献中对此内容进行了研究并作了

进一步改进。

5. **精度检验**

GM 模型一般采用三种方法检验:残差大小检验、关联度检验和后验差检验。残差大小检验是按点检验,关联度检验是建立的模型与指定函数之间近似性的检验,后验差检验是残差分布统计特性的检验。

残差 $\varepsilon^{(0)}(k)$:

$$\varepsilon^{(0)}(k)=x^{(0)}(k)-\hat{x}^{(0)}(k),\quad k=1,2,\cdots,n \tag{8.10}$$

相对误差 $e^{(0)}(k)$:

$$e^{(0)}(k)=\frac{\varepsilon^{(0)}(k)}{x^{(0)}(k)}100\%,\quad k=1,2,\cdots,n \tag{8.11}$$

平均残差 $e^{(0)}(avg)$:

$$e^{(0)}(avg)=\frac{1}{n}\sum_{k=1}^{n}\left|e^{(0)}(k)\right|,\quad k=1,2,\cdots,n \tag{8.12}$$

实际数据的方差为 S_1:

$$S_1=\sqrt{\frac{1}{n}\sum_{k=1}^{n}\left(x^{(0)}(k)-\bar{x}\right)^2} \tag{8.13}$$

残差的方差为 S_2:

$$S_2=\sqrt{\frac{1}{n}\sum_{k=1}^{n}\left(\varepsilon(k)-\bar{\varepsilon}\right)^2} \tag{8.14}$$

后验差比值 C:

$$C=\frac{S_2}{S_1} \tag{8.15}$$

小误差概率 P:

$$P=\left\{\left|\varepsilon(k)-\bar{\varepsilon}\right|<0.6745S_1\right\} \tag{8.16}$$

式中 C,P 是进行后验差检验的两个重要指标。后验差比值 C 越小越好,C 越小,表示 S_1 越大而 S_2 越小。S_1 大,表明原始数据方差大,原始数据离散程度大;S_2 小,表明残差方差小,残差离散程度小。C 值小,表明尽管历史数据方差大,但模型所得的预测值与实际值之差并不太离散。小误差概率 P 越大越好,P 值越大,表示残差与残差平均值之差小于给定值 $0.6745S_1$ 的点越多。按 C 与 P 两个指标综合评定预测模型的精度,分级标准及相应的 C 与 P 值见表 8.1。

表 8.1　模型预测精度级别

精度等级	P	C
一级(好)	$\geqslant 0.95$	$\leqslant 0.35$
二级(合格)	$0.8 \leqslant P \leqslant 0.95$	$0.35 \leqslant C \leqslant 0.5$
三级(勉强)	$0.7 \leqslant P \leqslant 0.8$	$0.5 \leqslant C \leqslant 0.65$
四级(不合格)	<0.7	>0.65

§8.3　支持向量机

统计学习理论是一种专门研究小样本情况下机器学习规律的基本理论和数学构架,也是小样本统计估计和预测学习的最佳理论。到20世纪90年代中期,随着该理论的不断发展和成熟,产生了基于统计学习理论体系的新的通用机器学习方法,即支持向量机(Support Vector Machines,SVM)。它是由Vapnik领导的AT&T Bell实验室研究小组提出的,它与神经网络完全不同。神经网络学习算法的构造是受模拟生物启发,而支持向量机是基于统计学习理论的结构风险最小化(Structural Risk Minimization,SRM)原则的,它的思想来源于最小化错误率的理论界限,这些界限是通过对学习过程的形式化分析得到的。基于这一思想产生的支持向量机算法,不但具有良好的数学性质,如解的唯一性、不依赖输入空间的维数等,而且在应用中也表现出了良好的性能,它所得到的最优解超过了传统学习方法,如神经网络学习方法。

§8.3.1　支持向量机的基本理论

支持向量机(SVM)是从线性可分情况下的最优分类面发展而来的,也是统计学习理论中最实用的一部分,基本思想可用图8.1所示的两类线性可分情况说明。图8.1中,实心点和空心点代表两类样本,实线为分类超平面,虚线分别为过各类中离分类超平面最近的样本且平行于分类超平面的平面,它们之间的距离叫作分类间隔(Margin)。所谓最优分类面就是要求分类面不仅能将两类训练样本正确分开(训练错误率为0),而且要使分类间隔最大。实际上就是对推广能力的控制,这是SVM的核心思想之一。距离最优分类超平面最近的向量称为支持向量(Support Vectors)。

对于图8.1中的数据分类问题,给定样本点(x_1,y_1),(x_2,y_2),…,(x_n,y_n),

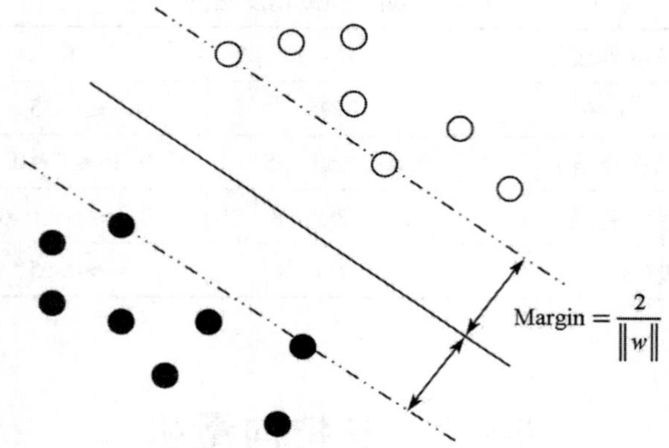

图 8.1　线性可分情况下的最优分类线

$x_i \in R^d, y_i \in \{-1,1\}$,SVM 用如下的方式定义分类超平面:

$$(w \cdot x_i) + b = 0 \tag{8.17}$$

使得

$$\begin{cases}(w \cdot x_i) + b \geqslant 1, & y_i = 1 \\ (w \cdot x_i) + b \leqslant -1, & y_i = -1\end{cases} \tag{8.18}$$

以上两个不等式可以合并写成:

$$y_i[(w \cdot x_i) + b] \geqslant 1, \quad i = 1,2,\cdots,n \tag{8.19}$$

可以计算出训练样本到某一给定分类平面的最小距离为:

$$p(w,b) = \min_{x_i, y_i = 1} \frac{w \cdot x_i + b}{\| w \|} - \max_{x_i, y_i = -1} \frac{w \cdot x_i + b}{\| w \|} = \frac{2}{\| w \|} \tag{8.20}$$

此时分类间隔等于$\frac{2}{\| w \|}$,$\| w \|$ 为非负数,$\| w \|$ 最小与 $\| w \|^2$ 最小等价。满足式(8.19)且使$\frac{1}{2}\| w \|^2$ 最小的分类面叫做最优分类面,虚线上的训练样本点则称为支持向量。

该约束优化问题可以利用 Lagrange 方法转化为其对偶问题的求解:

$$\begin{gathered}\min \frac{1}{2}\sum_{i,j=1}^{n} a_i a_j y_i y_j (x_i, x_j) - \sum_{i=1}^{n} a_i \\ \text{s.t.}\begin{cases}\sum_{i=1}^{n} y_i a_i = 0 \\ a_i \geqslant 0\end{cases}, \quad i = 1,2,\cdots,n\end{gathered} \tag{8.21}$$

a_i 为与每个样本对应的 Lagrange 乘子,这是一个凸二次优化问题,存在唯一解。可以证明,解中将只有一部分(通常是少部分)a_i 不为零,对应样本点(x_i, x_j)的输入 x_i 称为支持向量。

于是,就从训练集中得到了描述最优分类超平面的决策函数,即支持向量机,它的分类功能由支持向量决定。这样决策函数可以表示为:

$$f(x) = \operatorname{sgn}\left[\sum_{\text{支持向量}} y_i a_i^* (x_i \cdot x) + b^*\right] \tag{8.22}$$

其中,b^* 是分类阈值,可以用任一个支持向量(满足(5.19)式中的等号)求得,或通过两类中任意一对支持向量取中值求得。

这样通过把原问题转化为对偶问题,计算的复杂度不再取决于空间维数,而是取决于样本数,尤其是样本中支持向量数。这些特点使得有效地解决高维问题成为可能。

在线性不可分的情况下,比如存在噪声数据的情况,可以在条件(8.19)中增加一个松弛项 $\xi \geqslant 0$,使其为:

$$y_i[(w \cdot x_i) + b] \geqslant 1 - \xi_i, \quad i = 1, 2, \cdots, n \tag{8.23}$$

对于实际上难以线性分类的问题,待分类样本可以通过选择适当的非线性变换映射到某个高维的特征空间,使得在目标高维空间这些样本线性可分,从而转化为线性可分问题。Cover 定理表明,通过这种非线性转换将非线性可分样本映射到足够高维的特征空间,非线性可分的样本将以极大的可能性变为线性可分[192-193]。如果这个非线性转换为 $\Phi(x)$,同样利用 Lagrange 方法将上述约束优化问题转化为其对偶问题的求解。

$$\begin{aligned} &\min \frac{1}{2}\sum_{i,j=1}^{n} a_i a_j y_i y_j \Phi(x_i) \cdot \Phi(x_j) - \sum_{i=1}^{n} a_i \\ &\text{s.t.} \begin{cases} \sum_{i=1}^{n} y_i a_i = 0 \\ \leqslant 0 a_i \leqslant C \end{cases}, \quad i = 1, 2, \cdots, n \end{aligned} \tag{8.24}$$

其中,$C > 0$ 是一个常数,它控制对错以样本惩罚的程度为依据。

类似可得超平面决策函数式为:

$$f(x) = \operatorname{sgn}\left[\sum_{\text{支持向量}} y_i a_i^* \Phi(x) \cdot \Phi(x_i) + b^*\right] \tag{8.25}$$

上面的问题只涉及训练样本之间的内积运算,这样,在高维空间实际上只需进行内积运算,可以用原空间中的函数实现,甚至无须知道变换的形式。根据泛函的有关理论,只要有一种核函数满足 Mercer 条件,它就对应某一变换空间中的内积。因此在最优分类面中选择适当的内积核函数就可以实现某一非线性变换后的线性分类,而计算复杂度却没有增加。张铃证明了核函数存在性定理[194],并提出了寻找核函数的算法。核函数存在性定理表明:给定一个训练样

本集,就一定存在一个相应的函数,训练样本通过该函数映射到高维特征空间的相是线性可分的,相应超平面决策函数式为:

$$f(x) = \mathrm{sgn}\left[\sum_{\text{支持向量}} y_i a_i^* K(x,x_i) + b^*\right] \tag{8.26}$$

概括地说,支持向量机就是通过某种事先选择的非线性映射,将输入向量映射到一个高维特征空间,在这个空间中构造最优分类超平面的实现过程。

§8.3.2 最小二乘支持向量机(LS-SVM)

设训练样本集 $D=\{(x_i,y_i)\mid i=1,2,\cdots,n\}$,$x_i\in R^n$,$y_i\in R$,$x_i$ 是输入数据,y_i 是输出数据。在权 w 空间(原始空间)中的函数估计问题可以描述为求解如下问题:

$$\min_{w,b,e} J(w,e) = \frac{1}{2}w^T w + \frac{1}{2}\gamma\sum_{i=1}^{n} e_i^2 \tag{8.27}$$

$$\text{s.t.}\ \ y_i = w^T\varphi(x_i) + b + e_i,\quad i = 1,2,\cdots,n$$

其中,$\varphi(\cdot):R^n\to R^{n_h}$ 是核空间映射函数,权向量 $w\in R^{n_h}$(原始空间),误差变量 $e_i\in R$,b 是偏差变量。损失函数 J 是 SSE 误差和规则量化之和,γ 是可调常数。核空间映射函数的目的是从原始空间中抽取特征,将原始空间中的样本映射为高维空间中的一个向量,以解决原始空间线性不可分的问题。根据式(8.27),可定义 Lagrange 函数:

$$L(w,b,e,a) = J(w,e) - \sum_{i=1}^{n} a_i\{w^T\varphi(x_i) + b + e_i - y_i\} \tag{8.28}$$

其中,$a_i\in R$ 为 Lagrange 乘子。对式(8.28)进行优化,即使 L 对 w,b,e_i,a 的偏导数等于零。消除变量 w,e,就可以得到如下矩阵方程:

$$\begin{bmatrix} 0 & 1_v^T \\ 1_v & \Omega + \frac{1}{\gamma}I \end{bmatrix}_{(n+1)\times(n+1)} \cdot \begin{bmatrix} b \\ a \end{bmatrix}_{(n+1)\times 1} = \begin{bmatrix} 0 \\ y \end{bmatrix}_{(n+1)\times 1} \tag{8.29}$$

其中,$e=[e_1,e_2,\cdots,e_n]$,$y=[y_1,y_2,\cdots,y_n]$,$1_v=[1,1,\cdots,1]$,$a=[a_1,a_2,\cdots,a_n]$,$\Omega_{kl}=\varphi(x_k)^T\varphi(x_l)$,$k,\ l=1,2,\cdots,n$。根据 mercer 条件,存在映射函数 φ 和核函数 $K(\cdot,\cdot)$ 使得:

$$K(x_k,x_l)=\varphi(x_k)^T\varphi(x_l) \tag{8.30}$$

最小二乘支持向量机的函数估计为:

$$y(x) = \sum_{k=1}^{n} a_i K(x,x_i) + b \tag{8.31}$$

参数 a,b 可由方程(8.29)解出。核函数的选取在 SVM 方法中是一个较难的问题,至今没有一定的理论方面的指导,核函数的作用相当于使样本投影到一个很高维的空间中,将其转化为一个线性回归问题,然后再构造最优回归曲线。因此,核函数的选取直接影响了曲线的泛化能力,SVM 中不同的内积核函数将形成不同的算法[195]。目前研究最多的核函数主要有三类:

(1)多项式核函数:

$$K(x,y)=(x\cdot y+1)^d,\quad d=1,2,\cdots \tag{8.32}$$

(2)径向基核函数(Radial Basis Function, RBF):

$$K(x,y)=\exp\left(\frac{\|x-y\|^2}{2\sigma^2}\right) \tag{8.33}$$

(3)Sigmoid 核函数:

$$K(x,y)=\tanh[b(x\cdot y)-c] \tag{8.34}$$

§8.4 基于灰色-最小二乘支持向量机的机电作动系统故障预测

灰色预测的灰色生成能弱化原始数据序列的随机性并增强其规律性,而支持向量机能很好地解决小样本、非线性和高维模式问题,并且具有很强的泛化能力,因此可以将二者结合起来对机电作动系统进行故障预测,以充分发挥它们各自的优势,提高预测的精度。

基于以上分析,本书提出了将灰色预测和最小二乘支持向量机预测相结合的一种新的预测模型——灰色-最小二乘支持向量机预测模型。该预测方法首先根据灰色预测理论将原始序列进行一次累加生成,然后利用最小二乘支持向量机拟合非线性数据能力的优势对一次累加生成的序列建立预测模型,最后将预测结果进行累减还原,即可得原始数据序列的预测值。具体算法设计如下:

(1)设原始序列为 $X^{(0)}=\{x^{(0)}(i),i=1,2,\cdots,n\}$,对其进行一次累加生成得到新序列 $X^{(1)}=(x^{(1)}(1),x^{(1)}(2),\cdots,x^{(1)}(n))$,其中 $x^{(1)}(k)=\sum_{i=1}^{k}x^{(0)}(i)$, $k=1,2,\cdots,n$;

(2)根据累加生成序列按式(8.29)解出参数 a,b,确定核函数(本书选择径向基核函数)并建立最小二乘支持向量机预测模型:

$$y(x)=\sum_{k=1}^{n}a_iK(x,x_i)+b=\sum_{k=1}^{n}a_i\cdot\exp\left(-\frac{\|x-x_i\|^2}{2\sigma^2}\right)+b \tag{8.35}$$

(3)按式(8.35)计算累加生成序列 $X^{(1)}$ 的预测值 $\hat{X}^{(1)}$;

(4)对 $\hat{X}^{(1)}$ 进行累减还原,得到原始数据序列 $X(0)$ 的预测模型:

$$\hat{x}^{(0)}(k+1)=\hat{x}^{(1)}(k+1)-\hat{x}^{(1)}(k),\quad k=n+1,\ n+2,\ \cdots \tag{8.36}$$

永磁同步电机的电磁转矩信号不但反映了驱动电机的电流、转速等信息,还间接反映了机械传动部件的工作状态,其各频带的能量值能有效反映不同故障对系统带来的影响,因此,可以通过监测电磁转矩的频带能量来对机电作动系统进行故障预测。由预测的原理可知,预测就是根据事物过去的发展规律研究其未来的发展趋势,因此,故障预测的研究对象一般是渐变式的故障,即故障有一个逐步发展的过程,故障预测就是找出故障发展过程中某些参数的变化规律,提前知道设备未来的状态。基于此,本节以永磁同步电机定子绕组匝间短路故障为研究对象,对其发生不同程度匝间短路时电磁转矩信号的各频带能量进行分析和预测。

电机正常工作及定子绕组发生匝间短路为 2%、5%、10%、20%、30%、50%时,最高频带的能量为 $E^{(0)}=[660.36,681.33,709.2,710.9,775.8,847.2,953.0]$,如图 8.2 所示。

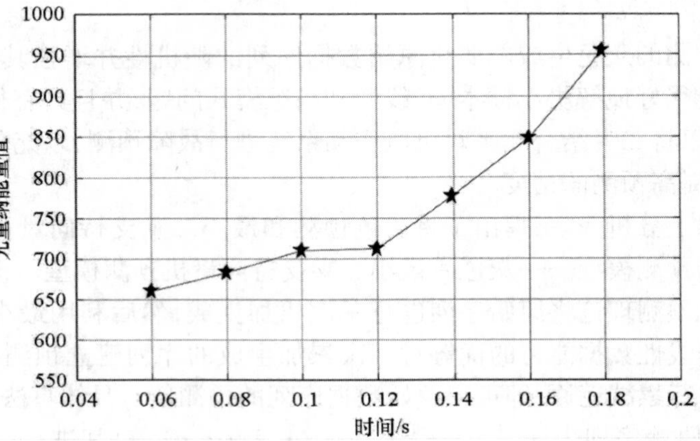

图 8.2 最高频能量时间序列

由图 8.2 可知,随着电机定子绕组匝间短路程度的加剧,最高频带能量值逐渐增大。本书所取的能量值序列是电机在各种故障模式下电磁转矩信号经过 EMD 分解后的最高频带的能量值,只有 7 个数据,因此能量值序列属于典型的小样本数据。下面以前 6 个能量值 $E^{(0)}=[660.36,681.33,709.2,710.9,775.8,847.2]$为样本,用灰色-最小二乘支持向量机模型对最后 1 个能量值进行一步预测:

(1)对最高频能量序列进行一次累加生成,得到新序列:

$$E^{(1)} = [660.36, 1341.69, 2050.89, 2761.79, 3537.59, 4384.79]$$

(2)计算参数 a,b,选择径向基核函数并确定参数 σ 和 γ。根据最小二乘支持向量机原理,取经验值 $\sigma \in [0.01, 100]$,$\gamma \in [0.1, 50000]$[196],具体计算时一般采用交叉验证法,本书中取值为 $\sigma = 10$,$\gamma = 6000$,则径向基核函数为:

$$K(x, x_i) = \exp\left(-\frac{\| x - x_i \|^2}{200}\right) \tag{8.37}$$

(3)建立灰色-最小二乘支持向量机回归预测模型,对累加生成序列进行预测,得到预测值为:

$$\hat{E}^{(1)} = [660.36, 1336.61, 2031.96, 2748.13, 3527.79, 4367.81, 5319.62]$$

(4)对生成序列预测值进行一次累减还原,得到原始数据的预测值:

$$\hat{E}^{(0)} = [660.36, 676.25, 695.35, 716.17, 779.6, 840.02, 951.81]$$

即用灰色-最小二乘支持向量机预测模型预测最后一个能量值为 951.81。预测结果与原始信号对比如图 8.3 所示。

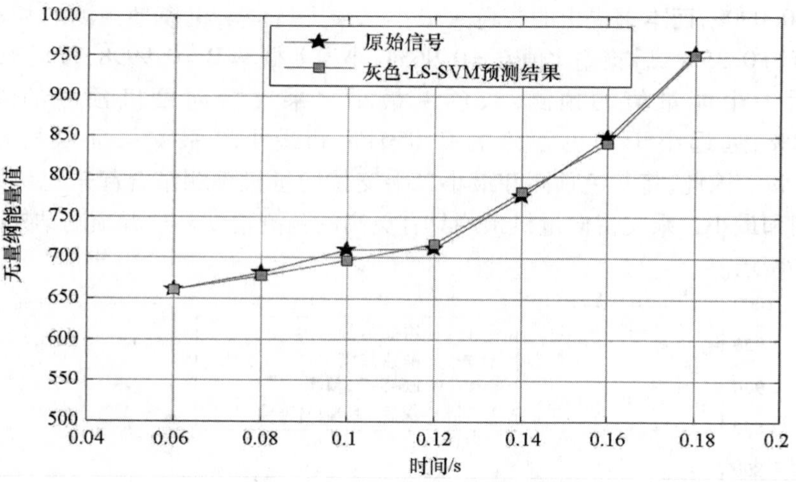

图 8.3 灰色-最小二乘支持向量机预测结果

为了跟单一的灰色预测和最小二乘支持向量机预测结果相比较,现将三者的预测结果列举如表 8.2 所示。

表 8.2　最高频能量值预测数据比较

故障持续时间	实际值	GM(1,1)预测值	GM(1,1)预测相对误差(%)	LS-SVM预测值	LS-SVM预测相对误差(%)	灰色-LS-SVM预测值	灰色-LS-SVM预测相对误差(%)
0.04~0.06s	660.36	660.36	0	660.36	0	660.36	0
0.06~0.08s	681.33	673.51	0.0115	670.16	0.0164	676.25	0.0075
0.08~0.10s	709.2	708.01	0.0017	696.89	0.0174	695.35	0.0195
0.10~0.12s	710.9	725.22	-0.0201	716.99	-0.0086	716.17	-0.0074
0.12~0.14s	775.8	782.92	-0.0092	770.68	0.0066	779.66	-0.0050
0.14~0.16s	847.2	819.68	0.0325	858.24	-0.0130	840.02	0.0085
0.16~0.18s	953.0	905.00	0.0504	939.93	0.0137	951.81	0.0012

灰色模型GM(1,1)预测的相对误差平均值为0.95%，后验差比值C＝0.2061；最小二乘支持向量机模型预测的相对误差平均值为0.46%，后验差比值C＝0.0909；而本书提出的灰色－最小二乘支持向量机模型预测的相对误差平均值为0.35%，后验差比值C＝0.0634，小误差概率P＝0.9998，接近于1。对于最后一个能量值的预测，灰色－最小二乘支持向量机预测的误差为0.0012%，远远小于灰色预测的0.0504%和最小二乘支持向量机预测的0.0137%。因此，将灰色预测和最小二乘支持向量机预测结合起来比单纯的灰色预测和最小二乘支持向量机预测具有更高的预测精度。三者预测结果对比如图8.4所示。

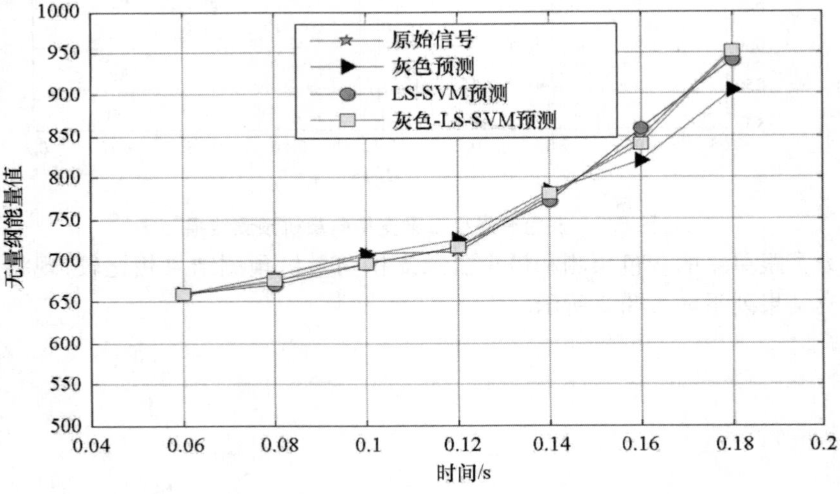

图 8.4　三种预测方法对比

根据上述一步预测的原理和方法，可以实现系统故障的多步预测，具体方法为：对系统采集到的数据进行动态处理，删除最老的数据，同时将前一步的计算结果作为最新数据加入到预测数据样本中，用灰色－最小二乘支持向量机模型进行一步预测，就可以得到下一步的预测结果，以此类推，就可以实现故障的多步预测。由于使用的样本数据都是系统的最新状态信息，这就保证了预测结果的可靠性，同时也实现了对系统故障的实时预测。

§8.5　基于 EMD 奇异值熵的机电作动系统健康状态评估

§8.5.1　信号的奇异值分解

设 A 为 n 行 m 列的矩阵，A 的奇异值分解（Singular Value Decomposition, SVD）为：

$$A = U\Lambda V^T \tag{8.38}$$

其中 $U=[u_1,u_2,\cdots,u_n]\in R^{n\times n}$，$U^TU=I$；$V=[v_1,v_2,\cdots,v_m]\in R^{m\times m}$，$V^TV=I$，$\Lambda\in R^{n\times n}$为矩阵$[diag\{\sigma_1,\sigma_2,\cdots,\sigma_p\}:0]$或其转置形式。这取决于 $n<m$ 还是 $n\geqslant m$，$p=\min(n,m)$，$\sigma_1\geqslant\sigma_2\geqslant\cdots\geqslant\sigma_p\geqslant0$，$\sigma_1,\sigma_2,\cdots,\sigma_p$ 即为矩阵 A 的奇异值[197]。当矩阵的各行向量都相等或只差一个比例因子时，只有 σ_1 不为零，其他奇异值全部为零，否则有多个奇异值不为零。

假设有一个以 Δt 为采样间隔的时间序列 $x(k)$，$k=1,2,\cdots,n$，它含有一个周期为 T 的分量。任意取一正整数 $L(L\geqslant2)$，连续在时间序列 $x(t)$ 中截取 M 段长度为 L 的数据，构造如下矩阵：

$$A=\begin{bmatrix} x(1) & x(2) & \cdots & x(L) \\ x(L+1) & x(L+2) & \cdots & x(2L) \\ \cdots & \cdots & \cdots & \cdots \\ x((M-1)L+1) & x((M-1)L+2) & \cdots & x(ML) \end{bmatrix} \tag{8.39}$$

按照(8.39)式构造矩阵 A，需要确定合适的正整数 L：L 太小，矩阵 A 不能包含系统的全部状态信息；而 L 太大时则要求大量的采样数据，当 L 大到超过原始信号中的最大周期时，重构矩阵 A 将失去意义。因此，对信号或数据构造相空间矩阵进行奇异值分析时一般采用延时法进行[198]。

假设采样得到的时间序列为$\{x(i)\}$，$i=1,2,\cdots,n$，采样时间间隔为 Δt。现

对 $\{x(i)\}$ 进行延时采样，建立一个 m 维嵌入空间，延时时间为 $\tau(\tau = k \cdot \Delta t)$，$k$ 为整数，得到新的时间序列如下：

$$V(i) = (x(i), x(i+k), \cdots, x(i+(m-1)k)) \tag{8.40}$$

其中 $i = 1, 2, \cdots, n-(m-1)k$。$V(i)$ 对应于状态空间的一个向量，$n-(m-1)k$ 个向量就重构了矩阵 A。由于相空间是由系统的独立状态变量得到的，嵌入维数和延迟时间的选择和确定都会影响重构的相空间。

为了保证该相空间容纳原有状态空间吸引子的拓扑结构，由单变量的时间序列重构相空间时嵌入维数必须满足嵌入定理[199]：如果原吸引子的维数为 d，则嵌入空间的维数 m 要满足 $m \geqslant 2d+1$，即嵌入空间的维数一般至少是吸引子维数的两倍。这样，重构的相空间和系统的状态空间微分同胚，即拓扑等价，它们的动力学特性在定性意义上完全相同。

嵌入定理提供了确定嵌入维数的方法，但实际中往往由于缺乏系统动力维数的先验知识，嵌入维数的选择仍然比较困难。此外，通常用时延法重构相空间时，还需要确定延迟时间 τ，延迟时间 τ 对重构的相空间有很大影响。由于试验数据通常是有限的，并含有噪声，如果 τ 太小，会产生信息冗余，而 τ 过大，重构的相空间将不能真实反映原系统的状态。

根据矩阵理论，矩阵的奇异值是矩阵的固有特征，它具有良好的稳定性，即当矩阵元素发生小的变动时，矩阵奇异值变化很小，同时矩阵奇异值还具有比例不变性和旋转不变性。因此，信号重构相空间矩阵的奇异值可以准确地反映系统的工作状态。但直接对信号进行奇异值分解，利用时延法进行相空间重构时，嵌入维数和延迟时间的选择是一个非常棘手的问题。EMD 分解是一种依赖信号本身、完全在时域中自适应分解的方法，能将原始信号分解为若干个不同频率成分的本征模函数。因此，可以结合二者的优点，先对信号进行 EMD 分解得到基本模式分能量 IMF，再利用 IMF 直接构造相空间矩阵 A，这样就可以避免人为选择嵌入维数和延迟时间带来的影响。

§8.5.2 信息熵理论

1. 自信息

在信息论中，对于工程物理系统，信源就是所研究的客观事物。信源中某一状态发生的不确定性与其发生的概率有关，发生的概率越大，不确定性就越小，该状态发生时所包含的信息量也就越小；发生的概率越小，该状态发生时所包含的信息量也就越大。对于发生概率为 1 的必然性事件，不存在不确定性，该事件发生时所含有的信息量也就为零。因此，可以定义这样一个函数，其函数值代表

某事件发生时所含有的信息量,该函数即为自信息,如式(8.41)所示:

$$I(x_i)=\lg\frac{1}{p(x_i)}=-\lg p(x_i) \tag{8.41}$$

式中 $p(x_i)$ 表示事件发生的先验概率。自信息 $I(x_i)$ 代表了两种含义:

(1)在事件 x_i 发生之前,表示事件 x_i 发生的不确定性;

(2)在事件 x_i 发生之后,表示事件 x_i 含有的信息量。

2. 信息熵

熵是对系统无序状态的描述,是系统紊乱程度的度量。一个物理系统的熵,可以用其微观状态数的对数来描述。信息熵也可以认为是信源紊乱程度的度量,可用来表征物理系统运动状态的不确定性(无序性)。自信息是指信源(物理系统)某一事件发生时所包含的信息量,物理系统内不同事件发生时,其信息量不同,因此自信息是一个随机变量,不能用来作为整个系统信息的一种度量。Shannon 定义自信息的数学期望为信息熵,即信源的平均信息量,如式(8.42)所示:

$$H(X)=E[-\lg p(x_i)]=-\sum_{i=1}^{n}p(x_i)\lg p(x_i) \tag{8.42}$$

其中 $p(x_i)$ 表示事件 x_i 发生的概率。

信息熵表征了信源整体的统计特征,是总体平均不确定性的一种度量。对于某一确定的信息,其信息熵是唯一确定的。由于统计特性不同,不同信源的信息熵也不同[198]。熵反映了变量的随机性,也是表征随机变量统计特性的一个特征参数。对于一个物理系统,某状态发生的不确定性越大,其熵值也越大,否则其熵值越小。

§8.5.3　健康指数

由上文可知,利用 EMD 分解的自适应性和矩阵奇异值的稳定性相结合的方法对永磁同步电机的相关物理量进行分析,可以得到表征电机工作状态的参数——重构相空间矩阵的奇异值,并且电机的工作状态不同,得到的奇异值也不相同,即奇异值可以完全准确地描绘电机的工作状态。如果进一步对不同工作状态下得到的奇异值进行归一化处理并求出其信息熵,就可以得到一个表征电机工作状态的量——奇异值熵。由矩阵奇异值的稳定性和确定事件信息熵的唯一确定性可知,该奇异值熵完全可以表征电机的工作状态。为了更加形象地对电机的工作状态进行监测和评估,本书提出健康指数(Health Index,HI)的概念,其计算公式如下:

$$HI = e^{-|H(X_0) - H(X_i)|} \tag{8.43}$$

式中 $H(X_0)$ 表示电机工作在正常状态时的奇异值熵，$H(X_i)$ 表示电机工作在某状态的奇异值熵，$HI \in [0,1]$。系统完全工作正常、不存在故障时其健康指数为 1；系统完全损坏（系统全部的功能独立的子系统完全损坏）时健康指数为 0；系统性能下降，健康指数介于[0,1]之间。

健康指数（HI）的计算过程如下：

（1）对待分析信号进行 EMD 分解，得到本征模函数组；

（2）把每一个本征模函数当成一行，重构相空间矩阵 A；

（3）对矩阵 A 进行奇异值分解，并对得到的奇异值进行归一化处理；

（4）按式（8.42）计算待分析信号的信息熵；

（5）按式（8.43）计算待分析信号的健康指数。

永磁同步电机常见的故障有定子绕组匝间短路、相间短路、接地等，是导致电机失效的主要原因之一，占电机故障的 30% ~40% 左右[200]。本书主要对永磁同步电机发生匝间短路故障的劣化程度进行评估，以电机的电磁转矩信号为分析对象，求出电机在不同匝间短路程度下的健康指数，为机电作动系统的健康状态评估提供一种新的思路和方法。

要求得电机的健康指数，首先要求出电机正常工作时的奇异值熵。电机正常工作时的电磁转矩信号及其 EMD 分解结果如图 8.5 所示。图中横轴为时间（s），第一层是原始信号，最后一层是余项，即信号的趋势项，IMF1 ~ IMF10 为分解得到的本征模函数。在对信号进行分析时，一般不考虑余项，因为它是一个单调函数或常量，且残余分量的能量较大，会对其他有用分量的分析产生影响，并且感兴趣的信息一般在小能量的高频部分[201]。把每个 IMF 当作一行重构相空间矩阵 A，对其进行奇异值分解得到奇异值如下：

$$[18.17, 12.99, 10.93, 6.67, 5.76, 5.16, 3.77, 2.87, 1.37, 1.08]$$

对上述奇异值进行归一化处理并求得奇异值熵为 2.0222。同理，可以求出电机定子绕组匝间短路 2%、5%、10%、20%、30%、50% 时的奇异值熵为：

$$[2.0111, 1.9337, 1.9133, 1.8795, 1.6951, 1.5073]$$

把求得的奇异值熵代入式（8.43）可求得相应的健康指数分别为：

$$[0.9890, 0.9153, 0.8968, 0.8170, 0.7210, 0.5976]$$

从健康指数的大小，可以大致了解电机的工作状态。为了进一步对其健康状态进行评估，可以按照健康指数的大小规定相应的健康等级，如下所示：

健康态：$HI = 1$，正常运行；

亚健康态：$HI \in [0.9, 1]$，轻微故障，继续观察；

中度病态：$HI \in [0.8, 0.9)$，中度故障，需密切注意，优先安排检修；

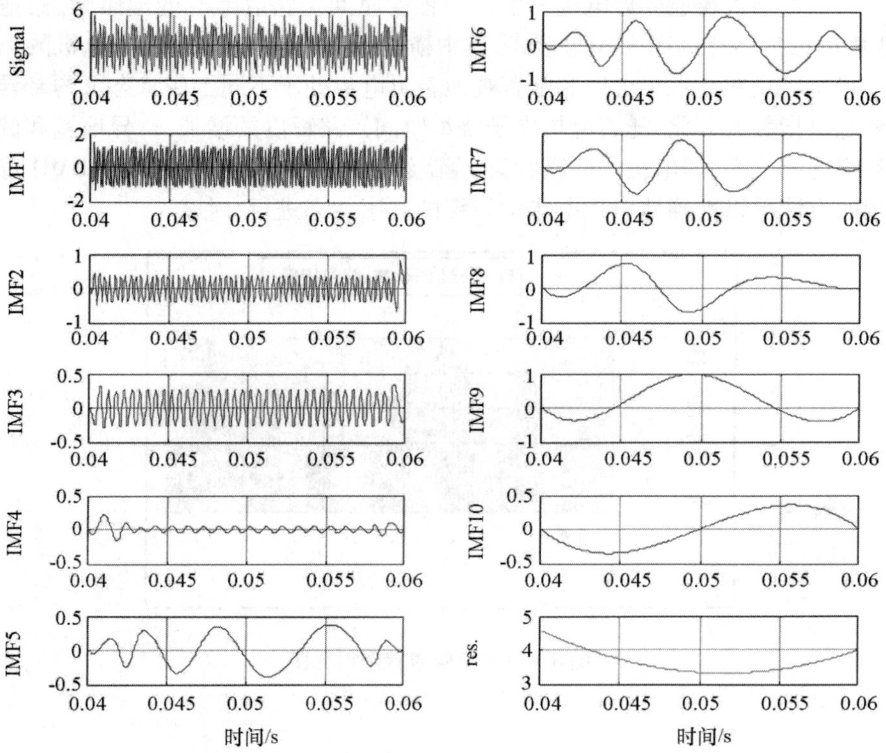

图 8.5　电机正常工作电磁转矩信号 EMD 分解结果

重度病态：$HI \in [0.6, 0.8)$，重度故障，故障有加重趋势，尽快安排检修；
致命态：$HI \in (0, 0.6)$，严重故障，应立即停机检修；
电机定子绕组发生匝间短路时的健康状态如表 8.3 所示。

表 8.3　电机健康状态

工作状态	奇异值熵	健康指数	健康等级
正常运行	2.0222	1	健康态
短路 2%	2.0111	0.9890	亚健康态
短路 5%	1.9337	0.9153	亚健康态
短路 10%	1.9133	0.8968	中度病态
短路 20%	1.8795	0.8170	中度病态
短路 30%	1.6951	0.7210	重度病态
短路 50%	1.5073	0.5976	致命态

为了更加直观地体现电机发生不同程度匝间短路故障时的健康状态，把表 8.3 中的数据转化为图 8.6 的形式，其中横坐标 1 ~7 对应表 8.3 中电机的 7 种工作状态。从图 8.6 中可以非常直观地看出电机处于不同工作状态下的奇异值熵和健康指数的变化：随着电机定子绕组匝间短路程度的增加，奇异值熵和健康指数都逐渐变小，即电机的健康状态逐渐变差。由此可见，基于信号 EMD 奇异值熵的方法可以准确地对机电作动系统的健康状态进行评估。

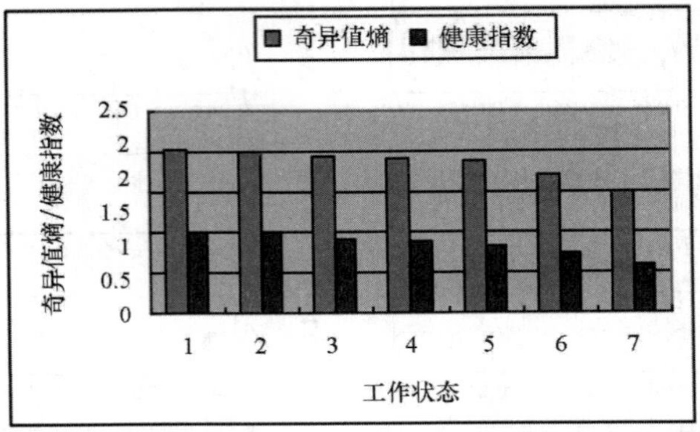

图 8.6　电机健康状态对比图

§8.6　本章小结

本章首先对现有的预测方法进行了简单的介绍，然后详细介绍了灰色预测理论和支持向量机预测理论，并结合二者的优点，提出了一种新的预测模型——灰色 - 最小二乘支持向量机预测模型，用于机电作动系统的故障预测。仿真计算结果表明，该方法相对于单纯的灰色预测和最小二乘支持向量机预测，具有更高的预测精度。对于机电作动系统的健康状态评估，本书提出了一种基于信号 EMD 奇异值熵的方法，将 EMD 分解的自适应性和矩阵奇异值稳定性的优点结合起来，引进信息熵理论，并创造性地提出了健康指数的概念和算法。通过对机电作动系统的驱动电机——永磁同步电机的定子绕组发生不同程度匝间短路时的电磁转矩信号进行分析，表明基于信号 EMD 奇异值熵健康指数的方法能准确地对机电作动系统的健康状态进行评估。

结 语

PHM 技术自提出以来就引起了国内外的高度重视并进行了广泛研究，在航空航天、国防以及工业等领域逐步得到应用，并显露出其巨大的发展潜力和良好的应用前景。PHM 代表的不仅是一种方法的转变，更是一种维护策略和概念的转变，是 21 世纪提高复杂系统维修性、可靠性、测试性、安全性和保障性（简称"五性"），以及降低设备生命周期费用极具前途的军民两用技术。然而，人们对 PHM 技术的研究基本都是默认传感器已经配置好，把关注重点放在如何提高故障诊断和故障预测等各种算法性能及其性能的改进上，传感器优化配置这一基础性问题却没有得到应有的重视。实际上，PHM 系统功能的有效实现不仅需要成熟先进的故障诊断及预测等各种算法，而且需要优化的传感器配置。围绕这一问题，本书从 PHM 系统传感器的选择、优化算法、传感器配置的多目标约束优化模型、基于传感器优化配置的故障诊断以及传感器自身故障的诊断等内容展开系统深入的研究，取得了一些研究成果，主要研究工作及结论如下。

（1）系统地研究了 PHM 系统的传感器选择方法。传感器的性能、质量等对 PHM 系统的性能有着非常重要的影响，在某种程度上甚至起决定性作用，而目前传感器的选择主要依据工程经验进行，没有行之有效的原则和方法作为指导。为此，本书针对 PHM 应用的特殊要求，并结合传感器自身的性能及属性，提出一种基于扩展式故障模式影响及危害分析（aFMECA）的传感器选择思路，并详细归纳了 PHM 系统传感器选择需考虑的因素及一般原则，为 PHM 系统的传感器选择提供一定的理论参考。

（2）系统研究了 PHM 系统的传感器优化配置的建模及求解问题。指出了传统的系统故障 - 传感器相关性矩阵的缺陷，结合传感器的故障检测能力对相关性矩阵进行了改进，改进后的相关性矩阵不仅能描述系统故障模式与传感器的关联关系，还能同时反映传感器实际的故障检测性能。基于改进的相关性矩阵和系统的故障检测率等各项测试性指标要求，建立了传感器配置的约束优化模型，并定义了一种故障检测可靠性的计算方法。同时，对粒子群优化（PSO）算法及其改进策略进行了系统深入的研究，提出了一种基于群体早熟收敛程度和非线性周期振荡参数策略的混沌自适应粒子群算法，利用混沌的遍历特性初始化粒子的速度和位置信息，惯性权重则根据粒子自身适应度值和种群的早熟收敛程度自适应地采用不同的调整策略,学习因子采用非线性周期振荡策略。以某车载稳定与跟踪伺服系统的传感器配置优化设计为例,验证了所提理论和方法的可行性及有效性,可为复杂系统的传感器配置优化设计提供参考。

(3) 研究了基于非线性观测器的传感器优化配置结果验证方法。PHM 系统传感器优化配置结果的验证是一个富有挑战的课题,本书通过引入传感器优化配置矩阵,将基于传感器优化配置的故障诊断问题转化成故障检测观测器的设计问题,从而探索一种验证 PHM 系统传感器优化配置结果的思路和方法。为使研究更加贴近实际,考虑了系统的非线性和鲁棒性等问题,进而系统地研究了对干扰信号具有鲁棒性、同时对故障信号具有较好灵敏度的鲁棒故障检测观测器的设计问题,应用线性矩阵不等式(LMI)技术给出了该设计问题解存在的条件和求解方法,并给出了求解观测器增益的算法及其流程。最后以某文献中汽车的传感器优化配置结果为例进行了仿真验证,说明了所提理论和方法的可行性和有效性。

(4) 系统地研究了传感器的故障诊断方法。传感器是信息采集系统的首要部件,一旦在系统运行过程中有传感器发生了故障,应及时对其进行检修或更换,以确保 PHM 系统的正常运行。本书重点研究了基于核主元分析(KPCA)的故障诊断方法,并对其进行了两方面的改进:一是提出了一种根据训练数据自适应确定核函数的方法,在选定核函数类型后,根据训练数据对其进行自适应修正,使核函数适应给定的训练数据,从而解决了难以确定合适核函数的问题;二是用“均值化”方法代替常规的标准化方法处理训练数据,不仅能消除各变量幅值和量纲的影响,还能全面反映原始数据的全部信息。最后,以模拟真实非线性工业过程的 TE 过程的传感器故障为例,对所提方法进行了仿真验证,验证了所提方法的先进性和有效性。

(5) 研究了传感器优化配置在机载系统中的应用问题。采用功率电传的电力作动系统将逐步取代传统的液压系统,而电动静液作动器是国内外率先获得发展的功率电传作动器,它兼具传统液压系统和直接电力驱动作动器的优点,因此,本书以机载系统为研究对象,将前文中传感器优化配置的相关理论应用到系统中,进一步对前文中的相关理论和方法进行验证,从而为实际复杂机载系统的传感器优化配置提供理论参考和依据。

(6) 研究了经验模式分解(EMD)算法在机电作动系统中的应用,阐述了其算法的基本原理并进行了改进,降低了端点效应的影响,提高了局部均值的求解精度。用改进后的 EMD 算法对机电作动系统驱动电机发生典型故障时的转矩信号进行了分析,得到了信号的瞬时故障信息,并提取了故障信号的本征模能量特征向量。仿真计算结果表明,基于 EMD 改进算法的本征模能量特征向量能够敏感到电机工作状态的微弱变化，有效地反映电机的健康状态。

（7）把灰色预测和最小二乘支持向量机预测结合起来，充分利用二者的优点，提出了一种新的预测模型——灰色－最小二乘支持向量机预测模型，用于机电作动系统的故障预测。仿真计算结果表明，该预测模型相对于单纯的灰色预测和最小二乘支持向量机预测，具有更高的预测精度。提出了一种基于信号EMD奇异值熵健康指数的机电作动系统的健康状态评估方法。将信号EMD分解的自适应性和矩阵奇异值稳定性的优点结合起来，引进信息熵理论，并创造性地提出了健康指数的概念和算法。仿真计算结果表明，该方法能准确地对机电作动系统的健康状态进行评估。

目前，PHM系统的传感器优化配置仍然是一个开放性的课题，本书围绕这一课题从传感器选择、优化算法、传感器配置方案优化设计等方面展开研究，取得了一些成果和结论，但由于所研究问题的复杂性、研究时间和作者能力水平等限制，尚有诸多问题有待进一步进行深入的研究和探索。

（1）多目标优化算法有待进一步研究。优化算法的性能直接影响优化问题求解结果的准确性，而多目标优化问题的求解比单目标要复杂得多，各目标函数可能会相互“矛盾”，不能同时取得最优值。在本书的多目标（两个目标函数）优化模型求解过程中，采用了加权的方法将多目标转化为单目标，对问题进行了简化处理，这样势必会影响求解结果。因此，为提高求解结果的准确性，有必要研究多目标优化算法，避免加权方法不当导致多目标转化为单目标过程对求解结果的影响。

（2）传感器的故障检测能力需进一步研究。传感器的故障检测能力是信噪比、灵敏度和故障反应相对速度等多种因素综合作用的结果，本书只是根据相关文献给出了其经验公式，在仿真应用中由于无从查阅相关参数而主观地赋予某一“合适”的值，这样过于主观臆断。在实际应用中，需要有针对性地对影响传感器故障检测能力的相关参数进行研究，通过对实际数据进行统计分析，得到较为准确的参数值。

（3）需要进一步完善PHM系统的传感器优化配置结果的验证。PHM是一种包含故障检测、诊断、预测和健康管理的综合技术，由于受时间等因素的限制，本书只是结合基于观测器的方法研究了基于传感器优化配置的故障检测问题，故障诊断、预测等方面的研究工作有待进一步研究和完善。

（4）自适应KPCA方法的计算速度有待进一步提高。本书所提自适应KPCA方法解决了常规KPCA方法难以确定合适核函数的难题，故障检测和隔离性能都有所提高，但存在计算速度慢、不能用于在线的实时故障诊断等问题。因此，为将本书所提自适应KPCA方法应用到实际系统的故障诊断中，需要进一步提高算法的运行速度。

（5）需进一步研究系统执行器故障和传感器故障的区别。系统的故障分为执行器故障和传感器故障，二者既有区别也有联系，本书采用了统一的描述形式。严格意义上，研究基于传感器优化配置的故障诊断和传感器故障诊断问题时，应对执行器故障和传感器故障进行区分，这是值得进一步深入研究的问题。

（6）进一步完善故障诊断方法。故障诊断实际上是一个故障特征提取和故障模式识别的过程。对于复杂的机电作动系统，其故障模式和故障征兆之间往往不是一一对应的关系，因此在对其进行故障诊断时，需要从不同的角度来考虑各种因素的影响，以及多种因素间的相互影响，用多种方法进行综合诊断，以提高故障诊断的准确率。

参考文献

[1] 曾声奎，吴际．故障预测与健康管理（PHM）技术的现状与发展[J]．航空学报，2005，26(5)：626－632.

[2] Gandy M，Line K. Joint Strike Fighter-Prognostics and Health Management PHM）[Z]. Lockheed Martin Aeronautics. 2004.

[3] Hess A，Fila L. Prognostics from the deed to reality-from the fleet users and PHM system designer /developers Perspectives[A]. 2002 IEEE Aerospace Conference Proceedings [C]. 2002.

[4] Smith G，chroeder J B，Navarro S，et al. Development of a prognostics & health management capability for the joint strike fighter [A]. Autotestcon [C]. 1997.

[5] Johnson S B. Introduction to system health engineering and management in aerospace [A]. First International forum on Integrated System Health Engineering and Management in Aerospace [C]. Napa，alifornia，SA，005.

[6] 张宝珍．国外综合诊断、预测与健康管理技术的发展及应用[A]．国防科技工业试验与测试技术高层论坛文集[C]．2007：36－42.

[7] 瞿福存，周永兴．新一代战机的故障预测与健康管理系统[J]．航空与航天，2007(4)：1－34.

[8] 郭阳明，蔡小斌，张宝珍．故障预测与健康状态管理技术综述[J]．计算机测量与控制，2008，16(9)：1213－1216.

[9] 冯辅周，司爱威，邢伟，等．故障预测与健康管理技术的应用与发展[J]．装甲兵工程学院学报，2009，23(6)：1－6.

[10] 孙博，康锐，谢劲松．故障预测与健康管理系统研究和应用现状综述[J]．系统工程与电子技术，2007，29(10)：1762－1767.

[11] 张宝珍．预测与健康管理技术的发展及应用[J]．测控技术，2008，27(2)：5－7.

[12] 彭宇，刘大同，彭喜元．故障预测与健康管理技术综述[J]．电子测量与仪器学报，2010，24(1)：1－9.

[13] 曾声奎，Michael G. Pecht，吴际．故障预测与健康管理（PHM）技术的现状与发展[J]．系统工程与电子技术，2005(5).

[14] 彭涛．基于传感器最优配置的故障检测方法研究[D]．长沙：中南大学，2005.

[15] Bagajewicz M J. Process plant instrumentation：design and upgrade [M]. Technomic publishing Company：Lancaster，PA，2001.

[16] Lambert H E. Fault Trees for Locating Sensors in Process Systems [J]. Chemical

Engineering Progress, 1977, 73(8): 81 – 85.

[17] Vaclavek V M, Loucka. Selection of measurements necessary to achieve multi-component mass balances in chemical plant[J]. Chemical Engineering Science, 1976, 31(12): 1199 – 1205.

[18] Madron F V, Veverka. Optimal Selection of Measuring Point in Complex Plants by Linear Models[J]. American Institute of Chemical Engineering Journal, 1992, 38(2): 227 – 236.

[19] Ali Y, Narasimhan S. Sensor network design for maximizing reliability of bilinear processes [J]. American Institute of Chemical Engineering Journal, 1996, 42(9): 2563 – 2575.

[20] Giraud C, Jouvencel B. Sensor Selection: a Geometrical Approach[C]. In Proceedings of the 1995 IEEE/RSJ International Conference, 1995, 2: 555 – 560.

[21] Faulds L Anthony, King Belinda B. Sensor location in feedback control of partial differential equation systems[C]. In Proceedings of the 2000 IEEE International Conference on Control Applications, 2000, 1: 536 – 541.

[22] Al-Shehabi A G, Brett Newman. Aeroelastic vehicle optimal sensor placement for feedback control applications using mixed gain-phase stability[C]. In Proceedings of the American Control Conference, 2001, 3: 1848 – 1852.

[23] Chen S Y, Y. F. Li. A method of Automatic Sensor Placement for Robot Vision in Inspection Tasks [C]. In Proceedings of the 2002 IEEE International Conference on Robotics & Automation, 2002, 3: 2545 – 2550.

[24] Sharon L. Padula, Rex K. Kincaid. Optimization strategies for sensor and actuator placement[R]. NASA/TM-1999-209126, 1999.

[25] Maquin D, Luong M, Ragot J. Fault detection and isolation and sensor network design[J]. European Journal of Automation, 1997, 31(2): 393 – 406.

[26] Bagajewicz M. Design and Upgrade of Process Plant Instrumentation[M]. Lancaster, PA: Technomic Publishers, 2000.

[27] Raghuraj R, Bhushan M, Rengaswamy R. Locating sensors in complex chemical plants based on fault diagnostic observability criteria [J]. American Institute of Chemical Engineering Journal, 1999, 45(2): 310 – 322.

[28] Spanache S, Escobet T L. Trav'e-Massuy'es. Sensor placement optimisation using genetic algorithms[C]. In Proceeding of 15th International Workshop on Principles of Diagnosis (DX'04), Carcassonne, France, June, 2004, 23 – 25.

[29] Staroswiecki M, Hoblos G, Aitouche A. Sensor network design for fault tolerant estimation [J]. Int. J. Adapt. Control Signal Process., 2004, 18(1): 55 – 72.

[30] Nejjari F, P'erez R, Escobet T, et al. Fault diagnosability utilizing quasi-static and structural modeling[J]. Math. Comput. Mod., 2006, 45(5 – 6): 606 – 616.

[31] Commault C, Dion J M. Sensor location for diagnosis in linear systems: A structural

analysis[J]. IEEE Trans. Automat. Contr., 2007, 52(2):155 - 169.

[32] Travé-Massuyès L, Escobet T, Milne R. Modelbased diagnosability and sensor placement application to a frame 6 gas turbine subsystem[C]. Proceedings of the 12th International Workshop on Principles of Diagnosis, Sansicario, Via Lattea, Italy, 2001: 205 - 212.

[33] Blanke M, Kinnaert M, Lunze J, et al. Diagnosis and Fault-tolerant Control [M]. Springer-Verlag, Berlin/Heidelberg, 2006.

[34] 46Abed Alrahim Yassine, Stéphane Ploix, Jean-Marie Flaus. A method for sensor placement taking into account diagnosability criteria [J]. Applied Mathematics and Computer Science, 2008, 18(4): 497 - 512.

[35] Frisk E, Krysander M. Sensor placement for maximum fault isolability[J]. In The 18th International Workshop on Principles of Diagnosis (DX - 07), 2007.

[36] Abed Alrahim Yassine, Albert Rosich, Stephane Ploix. An optimal sensor placement algorithm taking into account diagnosability specifications [J]. Automation Quality and Testing Robotics 2010 IEEE International Conference, 2010, 2(5): 1 - 6.

[37] Shunfeng Cheng, KwokTom, Larry Thomas, et al. A Wireless Sensor System for Prognostics and Health Management[J]. IEEE Sensors Journal, 2010, 10(4): 856 - 862.

[38] Santi L M, Sowers T S, Aguila R B. Optimal sensor selection for health monitoring systems [R]. NASA/TM-2005-213955, 2005.

[39] Maul W A, Kopasakis G. Sensor selection and optimization for health assessment of aerospace systems[R]. NASA/TM-2007-214822, 2007.

[40] Sowers S, Kopasakis G , Simon D L. Application of the systematic sensor selection strategy for turbofan engine diagnostics[R]. NASA/TM-2008-215200, 2008.

[41] Simon D L, Garg S. A systematic approach to sensor selection for aircraft engine health estimation[R]. NASA/TM-2009-215839, 2009.

[42] Cheng S, Azarian M, Pecht M. Sensor systems for prognostics and health management[J]. Sensors, 2010, 10(4): 5774 - 5797.

[43] Cheng S, Tom K, Pecht M. Failure precursors for polymer resettable fuses [J]. IEEE Transactions on Devices and Materials Reliability, 2010, 10(3): 374 - 380.

[44] Cheng S, Tom K, Thomas L, et al. A wireless sensor system for prognostics and health management[J]. IEEE Sensors Journal, 2010, 10(4): 856 - 862.

[45] Fan Li, Upadhyaya, B. R. Design of Sensor Placement for an Integral Pressurized Water Reactor Using Fault Diagnostic Observability and Reliability Criteria [J]. Nuclear Technology, 2011, 173(1): 17 - 25.

[46] Luong M, Maquin D, Huynh C, et al. Observability, Redundancy, Reliability and Integrated Design of Measurement Systems [C]. Proceeding of 2nd IFAC Symposium on Intelligent Components and Instrument Control Applications, Budapest, Hungary, 1994: 8 - 10.

[47] Meyer M, Le Lann J, Koehret B, et al. Optimal Selection of Sensor Location on a Complex Plant Using a Graph Oriented Approach[J]. Comput. Chem Eng., 1994, 18: S535 -S540.

[48] Wang H Q, Song Z H, Li P. Improved PCA with Optimized Sensor Locations for Process Monitoring and Fault Diagnosis[C]. In proceedings of the 39th IEEE Conference on Decision and Control, 2000, 5: 4353 -4358.

[49] Venkatasubramanian V, Rengaswamy R, Yin K. A review of process fault detection and diagnosis. Part I: Quantitative model based methods[J]. Comput. Chem Eng., 2003, 27(3): 293 -311.

[50] Venkatasubramanian V, Rengaswamy R, Kavuri S N. A review of process fault detection and diagnosis. Part II: Qualitative model and search strategies[J]. Comput. Chem Eng., 2003, 27(3): 313 -326.

[51] Maurya M R, Rengaswamy R, Venkatasubramanian V. A signed directed graph-based systematic framework for steady state malfunction diagnosis inside control loops[J]. Chem. Eng. Sci, 2006, 61(6): 1790 -1810.

[52] Maurya M R, Rengaswamy R, Venkatasubramanian V. Application of signed digraph-based analysis for fault diagnosis chemical process flowsheets[J]. Engineering Applications of Artificial Intelligence, 2004, 17(5): 501 -518.

[53] Bhushan M, Rengaswamy R. Comprehensive design of a sensor network for chemical plants based on various diagnosability and reliability criteria. 1: Framework[J]. Ind. Eng. Chem. Res, 2002, 41(7): 1826 -1839.

[54] Bhushan M, Rengaswamy R. Comprehensive design of a sensor network for chemical plants based on various diagnosability and reliability criteria: 2. Applications[J]. Ind. Eng. Chem. Res, 2002, 41(7): 1840 -1860.

[55] BhushanM R. Rengaswamy. Design of sensor network based on the SDG of the process for efficient fault diagnosis[J]. Industrial and Engineering Chemistry Research, 2000, 39(4): 999 -1019.

[56] Bhushan M R, Rengaswamy. Design of sensor location based on various fault diagnostic observability and reliability criteria[J]. Computers and Chemical Engineering, 2000, 24(2): 735 -741.

[57] Maurya M R, Rengaswamy R, Venkatasubramanian V. A systematic framework for the development and analysis of signed digraphs for chemical processes. 1: algorithm and analysis[J]. Ind. Eng. Chem. Res. 2003, 42(20): 4789 -4810.

[58] Maurya M R, Rengaswamy R, Venkatasubramanian V. A systematic framework for the development and analysis of signed digraphs for chemical processes. 2: control loops and flowsheet analysis[J]. Ind. Eng. Chem. Res. 2003, 42 (20): 4811 -4827.

[59] Chang S Y, Chang C T. A fuzzy-logic based fault diagnosis strategy for process control loops

[J]. Chem. Eng. Sci. 2003, 58(15): 3395-3411.

[60] Chen J Y, Chang C T. Fuzzy diagnosis method for control systems with coupled feed forward and feedback loops[J]. Chem. Eng. Sci. 2006, 61(?): 3105-3128.

[61] Chen J Y, Chang C T. Systematic enumeration of fuzzy diagnosis rules for identifying multiple faults in chemical processes[J]. Ind. Eng. Chem. Res. 2007, 46(11): 3635-3655.

[62] Yang F, Xiao D. Sensor location strategy in large-scale systems for fault detection applications[J]. Journal of Computers, 2008, 3(11): 51-57.

[63] Bhushan M, Narasimhan S, Rengaswamy R. Robust sensor network design for fault diagnosis[J]. Computers & Chemical Engineering, 2008, 32(4-5): 1067-1084.

[64] Fan Yang, Deyun Xiao, Sirish L. Optimal Sensor Location Design for Reliable Fault Detection in Presence of False Alarms[J]. Sensors, 2009, 9(11): 8579-8592.

[65] Yonghua Xu, Jin Jiang. Optimal sensor location in closed-loop control systems for fault detection and isolation[C]. In Proceedings of the American Control Conference, 2000, 2: 1195-1199.

[66] Mani Bhushan, Raghunathan Rengaswamy. Design of Sensor Location Based on Various Fault Diagnostic Observability and Reliability Criteria [J]. Computers and Chemical Engineering, 2000, 24(2-7): 735-741.

[67] Hac A, Liu L. Sensor and Actuator Location in Motion Control of Flexible Structures[J]. Journal of Sound and Vibration, 1993, 167(2): 239-261.

[68] Luong M, Maquin D, Huynh C, Ragot J. Observability, Redundancy, Reliability and Integrated Design of Measurement System[C]. Proceedings of the 2nd IFAC Symposium on Intelligent Components and Instruments for Control Applications, SICICA'94, 1994.

[69] Bagajewicz M, Sanchez M. Design and Upgrade of Nonredundant and Redundant Linear Sensor Networks[J]. American Institute of Chemical Engineering Journal, 1999, 45(9): 1927-1938.

[70] Dochain D, Tali-Maanar N, Babary J P. On Modeling, Monitoring and Control of Fixed Bed Bioreactors[J]. Computers and Chemical Engineering, 1997, 21(11): 1255-1266.

[71] Chmielewski D, Palmer T, Manousiouthakis V. On the Theory of Optimal Sensor Placement [J]. American Institute of Chemical Engineering Journal, 2002, 48(5): 1001-1012.

[72] Musulin E, Benqlilou C, Bagajewicz M, et al. Instrumentation Design Based on Optimal Kalman Filtering[J]. Journal of Process Control, 2005, 15(6): 629-638.

[73] Mushini R, Simon D. On Optimization of Sensor Selection for Aircraft Gas Turbine Engines [C]. Proceedings of the 18th International Conference on Systems Engineering, ISCEng' 05, IEEE, 2005: 9-14.

[74] 徐敏强, 宋其江, 王日新. 基于可观测性和可靠性的传感器分布优化设计[J]. 宇航学报, 2010, 31(11): 2618-2622.

[75] Ali Y, Narasimhan S. Sensor Network Design for Maximizing Reliability of Linear Processes [J]. American Institute of Chemical Engineering Journal, 1993, 39(5): 820 - 828.

[76] Sen S, Narasimhan S, Deb K. Sensor Network Design of Linear Processes Using Genetic Algorithms[J]. Computers and Chemical Engineering, 1998, 22(3): 385 - 390.

[77] Bagajewicz M, Sanchez M. Cost-optimal Design of Reliable Sensor Networks [J]. Computers and Chemical Engineering, 2000, 23(11 - 12): 1757 - 1762.

[78] Bagajewicz M. Design and Retrofit of Sensor Networks in Process Plants[J]. American Institute of Chemical Engineering Journal, 1997, 43(9): 2300 - 2306.

[79] Bagajewicz M, Cabrera E. New MILP Formulation for Instrumentation Network Design and Upgrade[J]. American Institute of Chemical Engineering Journal, 2002, 48(10): 2271 - 2282.

[80] Bagajewicz M. On the Definition of Software Accuracy in Redundant Measurement Systems [J]. American Institute of Chemical Engineering Journal, 2005, 51(4): 1201 - 1206.

[81] Bagajewicz M. Value of Accuracy in Linear Systems[J]. American Institute of Chemical Engineering Journal, 2006, 52(2): 638 - 650.

[82] Nguyen Thanh D. Q., Siemanond K., Bagajewicz M. J. Downside Financial Loss of Sensor Networks in the Presence of Gross Errors [J]. American Institute of Chemical Engineering Journal, 2006, 52(11): 3825 - 3841.

[83] Bhushan M, Rengaswamy R. Comprehensive design of a sensor network for chemical plants based on various diagnosability and reliability criteria-1. Framework [J]. Industrial and Engineering Chemistry Research, 2002, 41(7): 1826 - 1839.

[84] Bhushan M, Rengaswamy R. Comprehensive design of a sensor network for chemical plants based on various diagnosability and reliability criteria-2. Applications [J]. Industrial and Engineering Chemistry Research, 2002, 41(7): 1840 - 1860.

[85] 杨光，刘冠军，李金国. 基于故障检测和可靠性约束的传感器布局优化[J]. 电子学报, 2006, 34(2): 348 - 351.

[86] 杨帆，萧德云. 故障检测的可靠性描述及传感器分布优化算法[J]. 应用科学学报, 2006, 24(2): 125 - 130.

[87] Kotecha P R, Bhushan M. A duality based framework for integrating reliability and precision for sensor network design[J]. Journal of Process Control, 2008, 18(2): 189 - 201.

[88] Prakash R. Kotecha, Mani Bhushan, Ravindra D. Gudi. Multi-Objective Optimization based Robust Sensor Network Design[C]. Proceedings of the 9th International Symposium on Dynamics and Control of Process Systems (DYCOPS 2010), Leuven, Belgium, July 5 - 7, 2010 Mayuresh Kothare, Moses Tade, Alain Vande Wouwer, Ilse Smets (Eds.)

[89] Rongxing Duan, Dongxiu Ou, Decun Dong. Optimal Sensor Placement for Fault Diagnosis Based on Diagnosis Cost Specifications[J]. Journal of Computational Information Systems,

2011, 7(9): 3253 -3260.

[90] Bhushan M, Rengaswamy R. Design of Sensor Location Based on Various Fault Diagnostic Observability and Reliability Criteria[J]. Computers and Chemical Engineering, 2000, 24 (2-7): 735-741.

[91] Worden K, Burrows A P. Optimal sensor placement for fault detection[J]. Engineering Structures, 2001, 23(8): 885-901.

[92] Bagajewicz M, Fuxman A, Uribe A. Instrumentation network design and upgrade for process monitoring and fault detection[J]. American Institute of Chemical Engineering Journal, 2004, 50(8):1870-1880.

[93] Azam M, Pattipati K, Patterson-Hine A. Optimal Sensor Allocation for Fault Detection and Isolation[C]. IEEE International Conference on Systems, Man and Cybernetics, 2004, 2: 1309-1314.

[94] Albert Rosich, Ramon Sarrate, Vicenc, et al. Efficient Optimal Sensor Placement for Model-based FDI using an Incremental Algorithm[C]. Proceedings of the 46th IEEE Conference on Decision and Control New Orleans, LA, USA, 2007, 12: 12-14.

[95] Eriksson D, Krysander M, Frisk E. Using quantitative diagnosability analysis for optimal sensor placement[C]. The 8th IFAC Safe Process, 2012: 940-945.

[96] Abdullah M M, Richardson A, Jameel H. Placement of sensors/actuators on civil structures using genetic algorithm[J]. Earthquake Engineering and Structural Dynamics, 2001, 30 (8): 1167-1184.

[97] Huang W P, Liu J, Li H J. Optimal sensor placement based on genetic algorithms[J]. Engineering Mechanics, 2005, 22 (1): 113-117.

[98] Gao H, Rose J L. Sensor placement optimization in structural health monitoring using genetic and evolutionary algorithms[J]. Proceedings of the SPIE, 2006, 6174(11): 310-321.

[99] Fei Kang, Jun-jie Li, Qing Xu. Virus coevolution partheno-genetic algorithms for optimal sensor placement[J]. Advanced Engineering Informatics, 2008, 22(3): 362-370.

[100] Jung Yang Chen, Chuei-Tin Chang. Development of an Optimal Sensor Placement Procedure Based on Fault Evolution Sequences[J]. Industrial & Engineering Chemistry Research, 2000, 47(19): 7335-7346.

[101] Amir Fijany, Farrokh Vatan. A new efficient algorithm for analyzing and optimizing the system of sensors[C]. In Proceeding of the 2006 IEEE Aerospace Conference, Big Sky, Montana, USA, March 4-11, 2006.

[102] Albert Rosich, Ramon Sarrate, Fatiha Nejjari. Optimal Sensor Placement for FDI using Binary Integer Linear Programming[C]. The 20th International Workshop on Principles of Diagnosis, DX'09, 2009: 235-242.

[103] Golonek T, Rutkowski J. Genetic-algorithm-based method for optimal analog test points

selection[J]. IEEE Transaction and Circuits System, 2007, 54(2): 117 - 121.

[104] Prasad V C, Babu N S C. Selection of test nodes for analog fault diagnosis in dictionary approach[J]. IEEE Transaction, Instrument and Measurement, 2000, 49(6): 1289 - 1297.

[105] Zhang C J, He G, Liang S H. Test Point Selection of Analog Circuits Based on Fuzzy Theory and Ant Colony Algorithm[C]. IEEE Autotestcon, 2008: 164 - 168.

[106] 刘晓芹，黄考利，安幼林，等. 改进的混合蛙跳算法在传感器配置优化中的应用[J]. 计算机科学, 2011, 38(2): 72 - 75.

[107] 张文. 基于粒子群体优化算法的电力系统无功优化研究[D]. 济南：山东大学, 2006.

[108] 宋莹. 基于混沌和粒子群优化的非线性建模与控制研究[D]. 天津：南开大学, 2007.

[109] 蒋荣华，王厚军，龙兵. 基于离散粒子群算法的测试选择[J]. 电子测量与仪器学报, 2008, 22(2): 11 - 15.

[110] 黄鑫，连光耀，常天庆，等. 基于技术成熟度和二进制粒子群优化算法的装备测试设计优化方法研究[J]. 兵工学报, 2011, 32(9): 1171 - 1176.

[111] Du M J, Cai J Y, Liu L M. ARRs based sensor placement optimization for fault diagnosis [J]. Procedia Engineering, 2011, 16: 42 - 47.

[112] 郝晋峰，康建设，史宪铭，等. 改进的二进制粒子群算法的传感器优化配置[J]. 火力与指挥控制, 2013, 38(8): 65 - 68.

[113] 郭波，武小悦，张秀斌，等. 系统可靠性分析[M]. 长沙：国防科技大学出版社, 2002.

[114] 赵廷弟. 面向 PHM 系统的扩展式故障模式影响分析技术研究[J]. 航空维修与工程, 2006, 4: 34 - 37.

[115] Tuchband B, Cheng S, Pecht M. Technology Assessment of Sensor Systems for Prognostics and Health Monitoring[C]. In Proceedings of IMAPS on Military, Aerospace, Space and Homeland Security: Packaging Issues and Applications (MASH), Baltimore, MD, USA, May 2007.

[116] Cheng S, Tom K, Thomas L, et al. A Wireless Sensor System for Prognostics and Health Management[J]. IEEE Journal of Sensors, 2010, 10(4): 856 - 862.

[117] ISO/IEC Guide 99: 2007. International Vocabulary of Metrology-Basic and General Concepts and Associated Terms (VIM); ISO: Geneva, Switzerland, 2007.

[118] Wilson J. Sensor Technology Handbook [M]. Elsevier/Newnes: Burlington, MA, USA, 2005.

[119] Gu J, Barker D, Pecht M. Uncertainty Assessment of Prognostics of Electronics Subject to Random Vibration[C]. In Proceedings of AAAI Fall Symposium on Artificial Intelligence for Prognostics, Arlington, VA, USA, November, 2007: 50 - 57.

[120] Ibarguengoytia P, Vadera S, Sucar L. A Probabilistic Model for Information and Sensor Validation[J]. Computer Journal. 2006, 49(1): 113 - 126.

[121] Space Age Control. Sensor Total Cost of Ownership[DB/OL]. Available online: http://www.spaceagecontrol.com/s054a.htm.

[122] 杨光，刘冠军，李金国，等．基于故障检测和可靠性约束的传感器布局优化[J]．电子学报，2006，34(2)：348 - 351.

[123] 邱静，刘冠军，吕克洪，等．机电系统机内测试降虚警技术[M]．北京：科学出版社，2009.

[124] Zhang G F. Optimum sensor localization/selection in a diagnostic/prognostic architecture [D]. Atlanta, USA: Georgia Institute of Technology, 2005.

[125] 马存宝，王彦文，史浩山等．机载电子设备 BIT 优化设计技术研究[J]．系统工程与电子技术，2009，31(9)：2276 - 2279.

[126] 曾天翔．电子设备测试性及诊断技术[M]．北京：航空工业出版社，1996.

[127] 于保华，杨世锡，周晓峰．一种基于 MFM 的传感器优化配置方法[J]．振动、测试与诊断，2012，32(2)：282 - 286.

[128] Duminy W H, Engelbrecht A P. Toumament Particle Swarm Optimization[J]. IEEE Symp Computational Intelligence and Games, Honolulu, Hawaii, l-5APr. 2007: 146 - 153.

[129] 靳其兵，赵振兴，苏晓静．基于粒子健康度的快速收敛粒子群优化算法[J]．化工学报，2011，62(8)：2328 - 2333.

[130] 高芳，崔刚，吴智博，等．一种新型多步式位置可选择更新粒子群优化算法[J]．电子学报，2009，29(3)：529 - 534.

[131] 刘洪波，王秀坤，谭国真．粒子群优化算法的收敛性分析及其混沌改进算法[J]．控制与决策，2006，21(6)：636 - 645.

[132] Van den Bergh F, Engelbrecht A P. A Study of Particle Swarm Optimization Particle Trajectories[J]. Information Sciences, 2006, 176(8): 937 - 971.

[133] 唐贤伦．混沌粒子群优化算法理论及应用研究[D]．重庆：重庆大学，2007.

[134] 吴浩扬，朱长纯，常炳国，等．基于种群过早收敛程度定量分析的改进自适应遗传算法[J]．西安交通大学学报，1999，33(11)：27 - 30.

[135] 张治俊，罗辞勇，张帆，等．采用振荡参数策略的粒子群优化算法[J]．重庆大学学报，2011，34(6)：36 - 41.

[136] Laskari E C, Parsopoulos K E, Vrahatis M N. Particle swarm optimization for integer Programming[C]. In Proceedings of the IEEE Congress on Evolutionary Computation (CEC 2002), Honolulu Hawaii, USA., 2002: 1582 - 1587.

[137] Salman A, Ahmad I, Al-Madani S. Particle swarm optimization for task assignment problem[J]. Microprocessors and Microsystems, 2002, 26: 363 - 371.

[138] 杨光，刘冠军，李金国，等．基于故障检测和可靠性约束的传感器布局优化[J]．电子学报，2006，34(2)：348 - 351.

[139] 颜秉勇，田作华，施颂椒. 基于故障跟踪估计器的非线性时滞系统故障诊断[J]. 控制与决策，2009，24(1)：133－136.

[140] 俞立. 鲁棒控制——线性矩阵不等式处理方法[M]. 北京：清华大学出版社，2002.

[141] 王振华，沈毅，张筱磊，等. 不确定线性描述系统的鲁棒 H∞ 滤波器[J]. 系统工程与电子技术，2012，34(9)：1878－1883.

[142] 吴丽娜，张迎春，贾庆贤，等. 基于 LMI 的 H_/H∞ 故障检测观测器设计[J]. 系统工程与电子技术，2012，34(8)：1675－1679.

[143] 颜秉勇，田作华，施颂椒. 非线性摄动时滞系统的 H∞/H_鲁棒故障检测[J]. 上海交通大学学报，2008，42(2)：253－256.

[144] Ding S X, Zhong M Y, Yang B, Y, et al. An LMI approach to design of fault detection filter for Time-delay TLI systems with unknown inputs[C]. In proceedings of the American control conference, Arlington, VA, 2001, 2137－2142.

[145] Ding S X, Jeinsch T, Frnak P M, et al. A unified approach to the optimization of fault detection systems[J]. International Jounral of Adpative Control and Signal Processing, 2000, 14(7): 725－745.

[146] 姜云春. 基于模型的控制系统鲁棒故障诊断技术研究[D]. 长沙：国防科技大学，2006.

[147] 彭涛，谢勇. 基于传感器最优配置的故障检测观测器设计[J]. 南华大学学报(自然科学版)，2006，20(3)：12－15.

[148] Seung Jin Jang, Sin Ho Lee, Jin Bae Park, et al. Adaptive fault diagnosis observer design for linear system with separated faults and disturbance[C]. 2011 11th International Conference on Control, Automation and Systems, KINTEX, Gyeonggi-do, Korea, 2011: 1903－1907.

[149] 彭涛. 基于传感器最优配置的故障检测方法研究[D]. 长沙：中南大学，2005.

[150] 刘志成. 在线传感器性能评估与故障诊断方法研究[M]. 北京：国防工业出版社，2013.

[151] 何富君，刘小磊，卢晓昭. 传感器的故障诊断技术研究[J]. 科学技术与工程，2010，10(26)：6481－6487.

[152] 李晟. 基于 PCA 方法的定风量空调系统传感器故障诊断研究[D]. 天津：天津大学，2006.

[153] 付克昌. 基于结构优化 PCA 的传感器故障诊断方法及其应用研究[D]. 杭州：浙江大学，2007.

[154] 张冀. 基于多源信息融合的传感器故障诊断方法研究[D]. 北京：华北电力大学，2008.

[155] Lee J M, Yoo C K, Choi S W, et al. Nonlinear Process Monitoring Using Kernel Principal Component Analysis[J]. Chemical Engineering Science, 2004, 59(1): 223－234.

[156] 胡金海，谢寿生，陈卫，等. 基于核函数主元分析的航空发动机故障检测方法[J].

推进技术，2008，29(1)：79－83.
[157] Zhang Y. Enhanced Statistical Analysis of Nonlinear Processes Using KPCA, KICA and SVM[J]. Chemical Engineering Science, 2009, 64(5): 801－811.
[158] YangY, Yu D, et al. A fault diagnosis approach for roller bearing based on IMF envelope spectrum and SVM[J]. Measurement, 2007, 40: 943－950.
[159] 刘永斌. 基于非线性信号分析的滚动轴承状态监测诊断研究[D]. 合肥：中国科学技术大学，2011.
[160] 岳朝龙，黄永兴，严忠. SAS 系统与经济统计分析[M]. 安徽：中国科学技术大学出版社，2003.
[161] Xiong H, Swamy M N S, Ahmad M O. Optimizing the Kernel in the Empirical Feature Space[J]. IEEE Transactions on Neural Networks, 2005, 16(2): 460－474.
[162] Chen B, Liu H, Bao Z. Optimizing the Data-Dependent Kernel Under a Unified Kernel Optimization Framework[J]. Pattern Recognition, 2008, 41(6): 2107－2119.
[163] Weinberger K Q, Saul L K. Unsupervised Learning of Image Manifolds by Semidefinite Programming[J]. International Journal of Computer Vision, 2006, 70(1): 77－90.
[164] Weinberger K Q, Sha F, Saul L K. Learning a Kernel Matrix for Nonlinear Dimensionality Reduction[C]. Alberta: Proceedings of the 21th International Conference on Machine Learning, 2004.
[165] 胡金海，谢寿生，骆广琦，等. 一种基于贡献率图的 KPCA 故障识别方法[J]. 系统工程与电子技术，2008，30(3)：572－576.
[166] 邓晓刚，田学民. 基于免疫核主元分析的故障诊断方法[J]. 清华大学学报(自然科学版)，2008，48(S2)：1794－1798.
[167] 郭明. 基于数据驱动的流程工业性能监控与故障诊断研究[D]. 杭州：浙江大学，2004.
[168] 康荣杰，焦宗夏，王少萍. 电动静液作动器框图建模与控制[J]. 北京航空航天大学学报，2009，35(3)：338－341.
[169] 康荣杰，焦宗夏，Jean Charles Mare，等. 电动静液作动器非线性框图建模与鲁棒控制方法[J]. 航空学报，2009，30(3)：518－525.
[170] 王晓东，华清，焦宗夏，等. 负载模拟器中的摩擦力及其补偿控制[J]. 中国机械工程，2003，14(6)：67－70.
[171] 付永领，王利剑，齐海涛，等. 电动静液作动器故障诊断与管理[J]. 机床与液压，2010，38(9)：120－124.
[172] 马纪明，付永领. 一体化电液作动器容错结构设计[J]. 北京航空航天大学学报，2007，33(8)：920－924.
[173] 金霞，段富海. 基于 GO 法的电动静液作动器可靠性分析[J]. 大连理工大学学报，2013，53(6)：846－850.
[174] 何正嘉，訾艳阳，张西宁. 现代信号处理及工程应用[M]. 西安：西安交通大学出版

社，2007.10

[175] 胡劲松．面向旋转机械故障诊断的经验模态分解时频分析方法及实验研究[D]．杭州:浙江大学，2003.03.

[176] 何正嘉，訾艳阳，孟庆丰，等．机械设备非平稳信号的故障诊断原理及应用[M]．北京:高等教育出版社，2001.

[177] 刘启鹏．非平稳信号特征提取理论研究及其在往复式压缩机故障诊断中的应用[D]．西安:西安交通大学,2004.

[178] 岳建海．非平稳信号处理若干方法及其在故障诊断中的应用研究[D]．北京：北京交通大学，2005.

[179] Huang N E, Shen Z, et al. The empirical mode decomposition and the Hilbert spectrum for non-linear and non-stationary time series analysis. Proc. R. Soc. Lond. A, 1998, 454: 903 -995.

[180] 钟佑明．希尔伯特 - 黄变换局瞬信号分析理论的研究[M]．重庆：重庆大学出版社，2002.

[181] 姜鸣，陈进，秦恺,等．一阶循环矩分析在旋转机械振动信号分析中的应用[J]．振动工程学报，2001，14(4)：424 -428.

[182] 邓拥军，王伟等．EMD 方法及 Hilbert 变换中边界问题的处理[J]．科学通报，2001，46(3)：257 -263.

[183] 赵进平．异常事件对 EMD 方法的影响及其解决方法研究[J]．青岛海洋大学学报，2001，31(6)：805 -814.

[184] 刘慧婷．基于经验模态分解及动态数据挖掘的商务数据分析方法研究[D]．合肥：合肥工业大学，2008.04

[185] 余波．自适应时频方法及其在故障诊断方法中的应用研究[D]．大连：大连理工大学，1998.

[186] 盖强．局部波时频分析方法的理论研究与应用[D]．大连：大连理工大学，2001.

[187] 胥永刚．机电设备检测诊断时频新方法的应用研究[D]．西安：西安交通大学，2003.

[188] 曹立军，杜秀菊，秦俊奇，等．复杂装备的故障预测技术[J]．飞航导弹，2004，20(4)：23 -27.

[189] 王致杰，王耀才，李冬．基于小波网络的矿井提升机运行故障趋势预测研究[J]．中国矿业大学学报，2005，34(4)：528 -532.

[190] 邓聚龙．灰色系统基本方法[M]．武汉:华中理工大学出版社，1987：1 -250.

[191] 张大海，江世芳，史开泉．灰色预测公式的理论缺陷及改进[J]．系统工程理论与实践，2002，22(8)：1 -3.

[192] 邓乃扬．数据挖掘中的新方法支持向量机[M]．北京:科学出版社，2003.

[193] Vapnik V N. 统计学习理论的本质[M]．张学工,译．北京：清华大学出版社，2000.

[194] 张铃．基于核函数的 SVM 机与三层前向神经网络的关系[J]．计算机学报，2002，

25(7)：696 – 700.

[195] 蒋铁军，李积源. 基于支持向量机的武器系统费用预测分析[J]. 系统工程理论与实践，2004，24(9)：121 – 124.

[196] 朱家元. 装备只能综合论证方法研究及应用[M]. 军工程大学，2003.

[197] Alkiviadis G Akritas，Gennadi1 Malachonok. Application of singular-value decomposition (SVD)[J]. Mathematics and Computes in Simulation，2004，67(1)：15 – 31.

[198] 杨宇. 基于 EMD 和支持向量机的旋转机械故障诊断方法研究[D]. 长沙：湖南大学，2005.

[199] 刘式达，刘式适. 分形和分维引论[M]. 气象出版社，1993.

[200] 侯新国. 瞬时功率分解算法在感应电机定子故障诊断中的应用[J]. 中国电机工程学报，2005，25 (5)：110 – 111.

[201] 姜鸣，陈进，秦恺，等. 一阶循环矩分析在旋转机械振动信号分析中的应用[J]. 振动工程学报，2001，14(4)：424 – 428.